AF525668

Praxishandbuch Kontoauszug in SAP S/4HANA®

Claus Wild

Willkommen bei Espresso Tutorials!

Unser Ziel ist es, SAP-Wissen wie einen Espresso zu servieren: Auf das Wesentliche verdichtete Informationen anstelle langatmiger Kompendien – für ein effektives Lernen an konkreten Fallbeispielen. Viele unserer Bücher enthalten zusätzlich Videos, mit denen Sie Schritt für Schritt die vermittelten Inhalte nachvollziehen können. Besuchen Sie unseren YouTube-Kanal mit einer umfangreichen Auswahl frei zugänglicher Videos:

https://www.youtube.com/user/EspressoTutorials.

Kennen Sie schon unser Forum? Hier erhalten Sie stets aktuelle Informationen zu Entwicklungen der SAP-Software, Hilfe zu Ihren Fragen und die Gelegenheit, mit anderen Anwendern zu diskutieren:

http://www.fico-forum.de.

Eine Auswahl weiterer Bücher von Espresso Tutorials:

- Marc Müller:
  Praxishandbuch SAP®-Zahllauf – 2., erweiterte Auflage
  http://5249.espresso-tutorials.de
- Claus Wild:
  Praxishandbuch Cash Management in SAP S/4HANA® Finance
  http://5250.espresso-tutorials.de
- Karlheinz Weber, Christine Frühwirth:
  Praxishandbuch Kreditorenbuchhaltung in SAP S/4HANA®
  http://5471.espresso-tutorials.de
- Prof. Dr. Peter Preuss, Martin Schmidt:
  Konzernreporting mit SAP S/4HANA® Finance for Group Reporting
  http://5491.espresso-tutorials.de
- Janet Salmon:
  Schnelleinstieg in SAP S/4HANA® Finance – 2., erweiterte Auflage
  http://5554.espresso-tutorials.de
- Karlheinz Weber, Christine Werschitz:
  Praxishandbuch Debitorenbuchhaltung in SAP S/4HANA® (FI-AR)
  https://es-tu.de/JT6d

Qualifizieren Sie Ihre Mitarbeiter
ohne Reisekosten und externe Referenten

- 800+ E-Books und Videos in den Sprachen DE, EN, FR, PT, JP, ES
- Über 40 Lernpfade erleichtern die Einarbeitung in neue SAP-Themen
- Laufende Aktualisierung mit neuen Inhalten
- Zugang via Webbrowser oder App (iOS/Android)
- Staffelpreise ab 5 Lizenzen

Die Lernplattform:
https://et.training

7-Tage-Testzugang kostenfrei und unverbindlich:
https://et.training/testzugang

Individuelles Angebot für Firmen:
https://www.espresso-tutorials.de/firmenkunden/

Bibliografische Information der Deutschen Nationalbibliothek
Die Deutsche Nationalbibliothek verzeichnet diese Publikation in der Deutschen Nationalbibliografie; detaillierte bibliografische Daten sind im Internet über https://portal.dnb.de abrufbar.

Claus Wild
Praxishandbuch Kontoauszug in SAP S/4HANA

ISBN: 978-3-960122-1-04

Lektorat: Anja Achilles

Korrektorat: Team Wallmow 65

Coverdesign: Philip Esch

Coverfoto: istockphoto | ipopba | No. 1127255769

Satz & Layout: Johann-Christian Hanke

1. Auflage 2023

© Espresso Tutorials GmbH, Gleichen 2023

URL: *www.espresso-tutorials.de*

Das vorliegende Werk ist in allen seinen Teilen urheberrechtlich geschützt. Alle Rechte sind vorbehalten, insbesondere das Recht der Übersetzung, des Vortrags, der Reproduktion und der Vervielfältigung. Espresso Tutorials GmbH, Bahnhofstr. 2, 37130 Gleichen, Deutschland.

Ungeachtet der Sorgfalt, die auf die Erstellung von Text und Abbildungen verwendet wurde, können weder der Verlag noch die Autoren oder Herausgeber für mögliche Fehler und deren Folgen eine juristische Verantwortung oder Haftung übernehmen.

Feedback:
Wir freuen uns über Fragen und Anmerkungen jeglicher Art. Bitte senden Sie diese an: *info@espresso-tutorials.com*.

Inhaltsverzeichnis

Vorwort

Das Modul für die elektronische Kontoauszugsverarbeitung dürfte mittlerweile zu den »Klassikern« eines SAP-Systems zählen. Eingebettet in die Bankbuchhaltung (Komponente FI-BL) wurden die Modul-Inhalte und -Funktionen von der SAP über die verschiedensten Releases kontinuierlich optimiert und weiterentwickelt. Unter S/4HANA wurden zahlreiche neue Erweiterungen hinzugefügt. Außerdem erfolgte eine konsequente Weiterentwicklung der dazugehörigen Fiori-Apps.

Der elektronische Kontoauszug ist fester Bestandteil in der *Treasury Solution Map* der SAP und eng verzahnt mit den benachbarten Anwendungen. So werden beispielsweise die Informationen aus den Kontoauszügen für Analysen im SAP Cash- und Liquiditätsmanagement verwendet, oder Module wie SAP Multi-Bank Connectivity starten die direkte Verbuchung der Kontoauszüge nach dem Erhalt von der Hausbank.

Auch wenn sich die technischen Rahmenbedingungen in den letzten Jahren ständig weiterentwickelt haben, ist doch eines gleich geblieben: die Anforderung aus der Finanzbuchhaltung ebenso wie aus dem Cash Management an eine schnelle, effektive Bereitstellung und Verbuchung der Kontoauszüge. Mehr denn je werden die Informationen aus den elektronischen Kontoauszügen in den jeweiligen Fachabteilungen für zeitnahe Entscheidungen benötigt, und sie stellen im Einzelfall sogar einen Wettbewerbsvorteil dar.

Dieses Buch eignet sich sowohl für Einsteiger, die einen ersten Blick in die elektronische Kontoauszugsverarbeitung im SAP-Standard gewinnen möchten, als auch für Key-User oder SAP-Berater, die ihr Wissen vertiefen bzw. ausbauen möchten. Es beginnt bei den Grundfunktionen aus dem SAP ERP 6.0 und führt Sie bis zu den aktuellen Erweiterungen unter S/4HANA *Release On Premise (OP) 2021 FPS2* bzw. *2022 Initial Shipment*. Mit S/4HANA OP 2023 hat die SAP auf einen zweijährigen Releasezyklus umgestellt. Zukünftige Innovationen sollen in diesem Zeitfenster durch häufigere Feature Packs ausgeliefert werden. Somit dürften Sie im Buch einen soliden Kernumfang vorfinden, der in den kommenden Jahren nur punktuell ergänzt werden könnte.

Außerdem möchte ich Ihnen zunächst einen Überblick über die Lösungen der SAP im Zahlungsverkehr bzw. der Bankenkommunikation geben. Hier hat das Softwarehaus im Laufe der letzten Jahre das Angebot an Modulen ständig erweitert und diese eng mit angrenzenden Modulen verknüpft.

Anschließend schauen wir uns die Importmöglichkeiten sowie die Weiter- bzw. Nachbearbeitung von Kontoauszügen im SAP-Standard an, und Sie lernen eine Reihe neuer Fiori-Apps kennen, die mit S/4HANA ausgeliefert werden.

In Kapitel 3 beschäftigen wir uns dann umfassend mit dem Customizing für die elektronische Kontoauszugsverarbeitung. Neben den Einstellungsmöglichkeiten, die bereits unter SAP ERP 6.0 ausgeliefert worden sind und die unter S/4HANA auch weiterhin verwendet werden können, werfen wir einen detaillierten Blick auf die Neuerungen, die im Zusammenhang mit SAP Fiori bzw. mit dem aktuellen S/4HANA-Release zur Verfügung stehen. Das Kapitel schließt mit umfangreichen Informationen zum Set-up und Customizing von ISO 20022-Kontoauszügen ab.

In den darauffolgenden Kapiteln gebe ich Ihnen einen kurzen Einblick in den Funktionsumfang von SAP Cash Application.

Beenden werde ich das Buch mit einer Art »Werkzeugkasten« für die tägliche Arbeit bzw. dem Customizing für und mit dem elektronischen Kontoauszug. Dort lernen Sie einige Tipps und Tricks kennen, die Sie beim Set-up Ihrer Kontoauszugsverarbeitung unterstützen.

Danksagungen

Ein besonders herzliches Dankeschön geht an meine Kollegen von der Payyxtron GmbH, Kristina Crämer, Michael Englert und Ahmed Moussa. Ebenso herzlich bedanke ich mich bei unserer Marketingberaterin Marion Rehor (enlinea) und unserer Grafikerin Stefanie Steinle (Steinle-Designbüro). Ohne euch alle wäre das Buch nicht so geworden, wie es jetzt ist. Danke dafür!

An dieser Stelle bedanke ich mich außerdem herzlich bei dem Team von Espresso Tutorials, das geduldig auf die Abgabe des Manuskripts gewartet hat.

In den Text sind Kästen eingefügt, um wichtige Informationen besonders hervorzuheben. Jeder Kasten ist zusätzlich mit einem Piktogramm versehen, das diesen genauer klassifiziert:

Hinweis

Hinweise bieten praktische Tipps zum Umgang mit dem jeweiligen Thema.

Beispiel

Beispiele dienen dazu, ein Thema besser zu illustrieren.

! Achtung

Warnungen weisen auf mögliche Fehlerquellen oder Stolpersteine im Zusammenhang mit einem Thema hin.

Die Form der Anrede

Um den Lesefluss nicht zu beeinträchtigen, verwenden wir im vorliegenden Buch bei personenbezogenen Substantiven und Pronomen zwar nur die gewohnte männliche Sprachform, meinen aber gleichermaßen Personen weiblichen und diversen Geschlechts.

Hinweis zum Urheberrecht

Sämtliche in diesem Buch abgedruckten Screenshots unterliegen dem Copyright der SAP SE. Alle Rechte an den Screenshots hält die SAP SE. Der Einfachheit halber haben wir im Rest des Buches darauf verzichtet, dies unter jedem Screenshot gesondert auszuweisen.

1 Lösungen für den Zahlungsverkehr und die Bankenkommunikation im SAP-Standard

Innovative Lösungen, Entwicklungen und Trends – ob nun technologisch oder regulatorisch getrieben – haben das Treasury in den letzten Jahren geprägt und werden auch weiterhin im Fokus stehen. Unternehmen, die diese aktuellen Trends und die damit verbundenen Herausforderungen frühzeitig aufgreifen, können ihre Wettbewerbsfähigkeit steigern und verbessern. Im folgenden Kapitel möchte ich Ihnen eine kurze Übersicht über die Lösungen im Zahlungsverkehr sowie in der Bankenkommunikation geben, die aktuell von der SAP bereitgestellt werden.

In den vergangenen Jahren wurden von der SAP zahlreiche neue Softwarelösungen im Rahmen der »Treasury Management Process Map« in SAP S/4HANA entworfen, entwickelt und ausgeliefert. Diese reihen sich in die »Invoice-To-Pay«- sowie »Invoice-To-Cash«-Prozesse eines Unternehmens ein und sind auch inhaltlich sehr eng miteinander verknüpft, wodurch eine bestmögliche Integration in Ihre bestehende System-Architektur und die damit verbundenen Prozesse ermöglicht wird (siehe Abbildung 1.1).

Am Ende der dargestellten Prozessketten stehen Ihnen im SAP S/4HANA Treasury Management umfangreiche Werkzeuge zur Verfügung, die Sie bei den Aufgaben und Maßnahmen zur Sicherung, Planung und Steuerung der Liquidität unterstützen.

Eine der Herausforderungen an dieser Stelle dürfte die fachliche Einordnung der Funktionen und Inhalte der hier vorgestellten Komponenten sein, oder anders ausgedrückt: Zu welchem Zeitpunkt in den Prozessketten wird welches Modul verwendet? Im Regelfall sind die nachfolgenden Lösungen nicht im SAP-S/4HANA-Finance-Lizenzumfang enthalten, sondern gesondert zu lizenzieren.

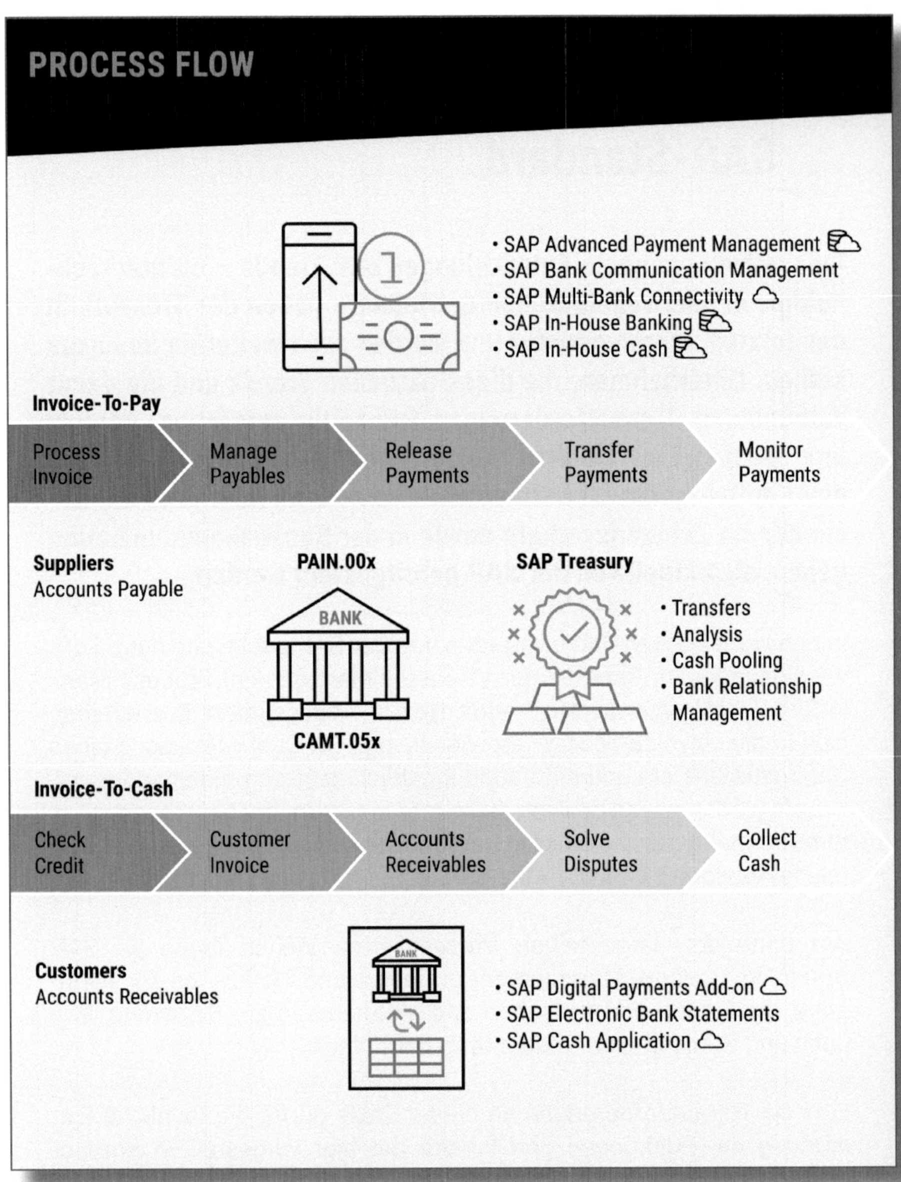

Abbildung 1.1: SAP-Module im elektronischen Zahlungsverkehr

Die meisten der hier vorgestellten Lösungen wurden explizit für SAP S/4HANA entwickelt, können aber mit bestehenden Adaptern bzw. Konnektoren ebenso an klassische SAP-ERP-6.0-Systeme angebunden werden, sodass auch die Integration von älteren SAP-Systemen gewährleistet ist.

! Im Umfeld von SAP S/4HANA beachten

Für ältere Releases wurde nicht immer ein Downport realisiert, sodass neuere Komponenten, wie beispielsweise das SAP Advanced Payment Management (APM), erst ab dem Release On Premise (OP) 1909 zur Verfügung stehen.

☛ Überblick behalten mit dem SAP Roadmap Explorer

Mithilfe des SAP Roadmap Explorers können Sie die geplanten Entwicklungen der SAP verfolgen. Rufen Sie dazu die Seite *https://roadmaps.sap.com/* auf und wählen Sie ein Produkt aus. Sie können bei der Auswahl unterscheiden, ob Sie Informationen zu Produkten unter SAP S/4HANA oder S/4HANA Cloud angezeigt bekommen möchten. SAP selbst verfolgt an der Stelle einen »Cloud-first«-Ansatz, d. h., Neuentwicklungen erfolgen im Regelfall zunächst für die Cloud und werden erst in den weiteren Zyklen in den On-Premise-Releases bereitgestellt.

Für eine bessere inhaltliche Einordnung der Komponenten werfen wir in einem ersten Schritt einen Blick auf die von der SAP vorgesehene Architektur des »Invoice-To-Pay«-Prozesses (siehe Abbildung 1.2).

Hier können wir schon recht gut erkennen, zu welchen Zeitpunkten bzw. Prozessschritten welches Modul im Einsatz ist und wie der jeweilige Verlauf dazu aussieht. Demgegenüber haben wir den »Invoice-To-Cash«-Prozess, auf den wir im weiteren Verlauf detailliert eingehen werden.

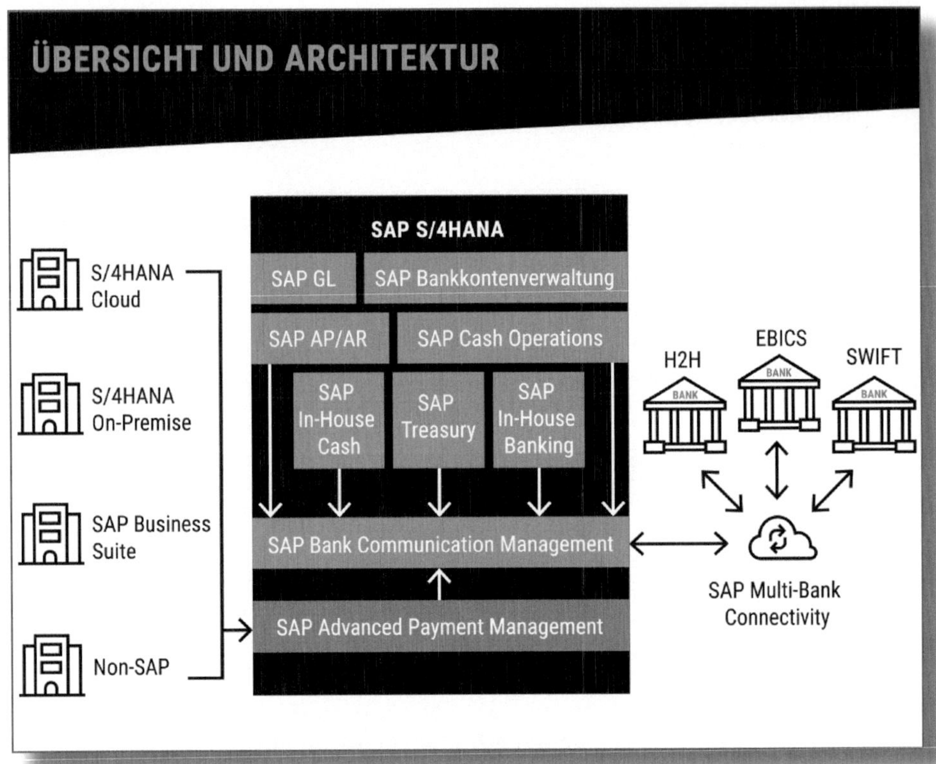

Abbildung 1.2: Übersicht und Architektur für Bezahlprozesse

In diesem Zusammenhang haben sich mit der Zeit im SAP-Sprachgebrauch die meist dreistelligen Akronyme wie APM, MBC oder BCM etabliert, die ich in das Buch so aufgenommen habe.

1.1 Erweiterte Zahlungsverwaltung (SAP Advanced Payment Management)

Beginnend mit dem Release OP 1909 stellte die SAP mit der erweiterten Zahlungsverwaltung oder *Advanced Payment Management* (APM) einen weiteren Baustein bzw. eine technische Komponente für den Betrieb einer *Payment Factory* zur Verfügung. Die Lösung selbst verbindet mehrere Module miteinander, wie beispielsweise die hier beschriebenen Lösungen SAP Bank Communication Management, SAP Multi-Bank Connectivity, SAP In-House Cash, SAP In-House Banking sowie SAP Cash Operations und den Zahlungsverkehr (Überweisungen & Lastschrifteinzüge) des SAP-FI-Moduls. Darüber hinaus dient das APM als Schnittstelle für Zahlungen bzw. Datenträger, die von Umsystemen bereitgestellt und für den Freigabeprozess in SAP BCM importiert werden müssen.

☛ Produktbezeichnung und Sprachgebrauch

Umgangssprachlich wird die erweiterte Zahlungsverwaltung *SAP Advanced Payment Management* bzw. nur SAP APM genannt. Dieser Begriff hat sich in den vergangenen Jahren auch im deutschen Sprachgebrauch etabliert, sodass ich ihn im weiteren Verlauf einfachheitshalber verwende.

Durch die enorme Vielfalt an Funktionen in SAP APM und deren enge Verzahnung können alle Zahlungsvorgänge eines Unternehmens bzw. Konzerns an einer Stelle zentralisiert und harmonisiert werden.

1.1.1 Übersicht und Inhalte des Moduls

Welche zentralen Inhalte bietet das Modul und welche Prozesse werden damit abgedeckt? Schauen wir uns in einem kurzen Überblick einige der wesentlichen Funktionen und zugehörige Szenarien an. Im Grunde lassen sich mit SAP APM die vergleichbaren Kernprozesse abbilden, die wir auch bei Geschäftsbanken für deren Gestaltung des Zahlungsverkehrs vorfinden. In dem Zusammenhang wurden die Funktionalitäten für den Zahlungsverkehr in S/4HANA angepasst bzw. erweitert, so erfolgte beispielsweise mit dem Release OP 2022 eine Integration der Komponente SAP IHB in das SAP APM.

Beginnen wir zunächst mit den Zahlungsszenarien, die über das SAP APM abgebildet werden können:

1. **Zahlungen »im Namen von« ohne Leitweg**
   Bei Zahlungen »im Namen von« ohne Leitweg – vergleichbar mit einem »Forwarding-Szenario« – hat die zahlende Gesellschaft bereits zu Beginn festgelegt, über welches Hausbankkonto die Zahlung erfolgen soll. SAP APM dient an der Stelle nur als Kanal für den weiteren elektronischen Zahlungsverkehr. Die Zahlungsinformationen, beispielsweise von einem Umsystem importiert, werden beim Import validiert und können bei Bedarf mit zahlungsrelevanten Informationen angereichert werden. Diese Informationen werden in Form eines sogenannten »Memo Records« (Cash Flow Analyzer) an das Cash Management übermittelt, und nach der Freigabe in SAP BCM wird eine Datei erstellt.

2. **Zahlungen »im Namen von« mit Leitweg**
   Im Fall von Zahlungen »im Namen von« mit Leitweg hat die sendende Konzerngesellschaft noch nicht festgelegt, über welche Hausbank bezahlt werden soll, sodass dies im Rahmen des Routings bzw. der Leitwegsteuerung noch gesteuert werden kann. Die weiteren Prozesse in dem Kontext sind vergleichbar mit dem ersten Beispiel.

3. **Zahlungen »im Auftrag von«**
   Dieses Szenario ist vergleichbar mit dem »zentralen Zahlen« aus SAP IHC, bei dem ein Buchungskreis (Holding oder Konzernmutter) die Zahlung im Auftrag eines anderen Buchungskreises durchführt. Die aus dem Zahllauf resultierenden Buchungen werden auf internen Bankkonten gebucht und über das ermittelte Bankverrechnungskonto transferiert sowie Forderungen und Verbindlichkeiten am Tagesende umgebucht.

4. **Zahlungen als interne Umbuchungen**
   Bei den internen Umbuchungen schließlich werden Zahlungen zwischen Konzerngesellschaften ohne die Einbeziehung von externen Banken getätigt und verbucht.

Werfen wir nach den Szenarien noch einen kurzen Blick auf den Funktionsumfang von SAP APM. Wie bereits erwähnt dient SAP APM unter anderem als technische Grundlage einer Payment Factory. Die Navigation dazu wird in erster Linie über Fiori-Apps gesteuert, wie in Abbildung 1.3 dargestellt ist.

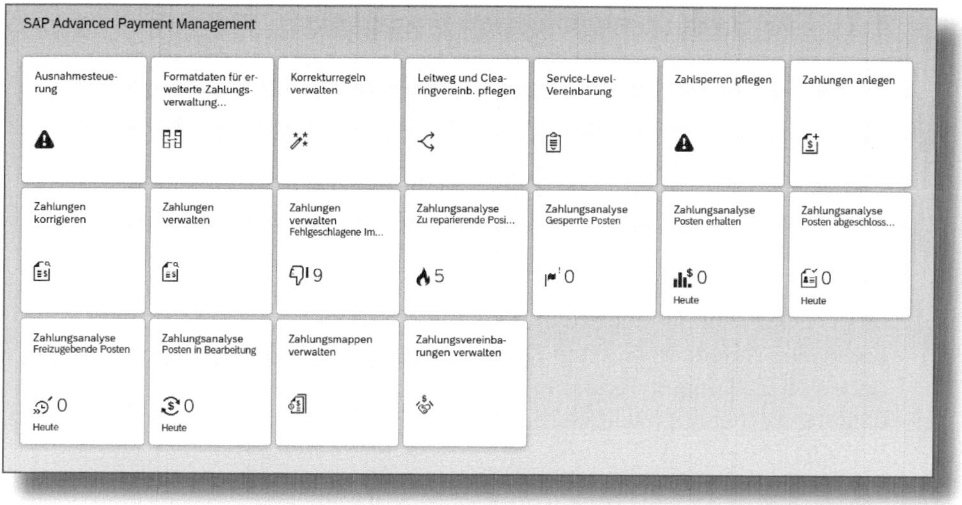

Abbildung 1.3: Übersicht der Fiori-Apps in SAP APM

So steht beispielsweise für den Import von Zahlungen eine Reihe von Eingangskanälen (Input Manager) zur Verfügung, über die mithilfe von bereits vordefinierten Formaten externe Zahlungsträger im Rahmen einer Formatkonvertierung (File Handler) importiert wie auch im weiteren Verlauf exportiert werden können.

In der Phase der sogenannten »Anreicherung und Validierung« werden die Daten bzw. Datenträger auf Richtigkeit und Konsistenz geprüft. Interne Reparaturfunktionen in SAP APM können fehlende bzw. falsche Daten hinzufügen oder korrigieren – über die im Modul verfügbaren Apps kann dies bei Bedarf auch manuell erfolgen.

Für das Routing der Zahlungen steht Ihnen eine Leitwegsteuerung zur Verfügung, mit deren Hilfe sich interne wie auch externe Zahlungen an die Hausbanken übergeben lassen. Über die Clearingvereinbarung wird die finale Erstellung des Datenträgers bzw. das zu sendende Hausbankkonto und der Ausführungszeitpunkt der Zahlungen gesteuert.

1.2 SAP Bank Communication Management

Mit dem SAP Bank Communication Management (BCM) stelle ich Ihnen eine der ältesten und bekanntesten SAP-Komponenten aus dem Financial Supply Chain Management vor. Sie wurde bereits im Jahr 2007 bzw. 2008 von der SAP veröffentlicht, hatte aber zunächst nichts mit einer direkten, physischen Bankenkommunikation zu tun. Die primären Aufgaben von SAP BCM liegen seit jeher bei der Gruppierung von Zahlungen auf Basis eines eigenen Regelwerks sowie der Freigabe bzw. Signatur der sogenannten *Zahlungsbatches*. Es werden an der Stelle also Aufgaben direkt in SAP ausgeführt, beispielsweise die Freigabe von Zahlungen, für die in der Vergangenheit Software von Drittanbietern verwendet werden musste.

1.2.1 Übersicht und Inhalte des Moduls

Erweitert man den zuletzt genannten Grundgedanken, so lassen sich daraus die folgenden Vorteile der Komponente BCM ableiten:

- Reduzierung der Gesamtkosten im Unternehmen bzw. Konzern durch eine einheitliche Infrastruktur des Zahlungsverkehrs
- Verbesserung der Compliance durch gesicherte Verfahren in der Zahlungsverkehrsabwicklung
- Anbindung weiterer (internationaler) Banken im Rahmen möglicher Expansionen
- Reduzierung von Schnittstellen
- Keine Manipulation von Datenträgern möglich, da diese erst mit der finalen Unterschrift erstellt werden
- Verwendung eines einzigen Kommunikationskanals (SWIFT oder EBICS) zum Senden und Empfangen von Datenträgern und Kontoauszügen

Der letzte Punkt in der Aufzählung hat in der Vergangenheit oftmals zu Fragen bezüglich des Funktionsumfangs von SAP BCM geführt. Die physische Übertragung von Daten erfordert/e im Regelfall eine weitere Komponente. In Kombination mit dem Datenaustausch war lange Zeit eine »Middleware« der SAP notwendig. Mit der ersten Auslieferung von SAP BCM war dies die *SAP Exchange Infrastructure* (XI) bzw. *SAP Process Integration* (PI), die heutige *SAP Process Orchestration* (PO). Beide benötigen für die Kommunikation mit den Banken weitere Komponenten wie beispielsweise das *SAP Integration Package for SWIFT* für eine direkte Kommunikation mit dem SWIFT-Netzwerk oder einen Adapter für die Kommunikation zwischen den Hausbanken in Deutschland bzw. Europa via EBICS – alternativ einen EBICS-Adapter einer Drittanbieter-Lösung.

Für viele Unternehmen waren diese zusätzlichen Investitionen sowie der Aufwand der Implementierung Anlass, nach Alternativen in der physischen Bankenkommunikation zu suchen. Mittlerweile wurde das Lösungsportfolio in dem Bereich durch die Cloud-Lösung *SAP Multi-Bank Connectivity (MBC)* erweitert.

! Unterstützung des EBICS-Adapters in SAP PI/PO

Mit dem Beratungshinweis 2343032 informiert die SAP darüber, dass die PI/PO-EBICS-Adapter-Beratungslösung eingestellt wird bzw. für Neukunden auch nicht mehr zur Verfügung steht. Die alternative EBICS-Lösung ist nun die SAP MBC.

Neben der Datenübertragung war auch die Integration von Datenträgern, die aus Um- oder Fremdsystemen in SAP BCM verarbeitet werden sollten, herausfordernd. Die Verarbeitung von Zahlungen ist bzw. war nur mithilfe von Zahlläufen möglich, die direkt in SAP über die Transaktionen F110 oder F111 erzeugt worden sind. Für diese Zahlungen stellte die SAP frühzeitig die kostenpflichtige Lösung *SAP Bank Communication Management, option for multisystem payment consolidation* bereit. Hinter diesem sperrigen Namen verbirgt sich ein Add-On, das den Import von Zahlungsträgern sowie die weitere Verarbeitung der Daten in SAP BCM ermöglicht. Diese Lösung hat in der Zwischenzeit das Ende ihres Lebenszyklus erreicht und wurde mit der Einführung von Release S/4HANA OP 1909 durch SAP APM ergänzt bzw. abgelöst.

1.2.2 Grundlagen und Prozesse von SAP BCM

Wie bereits im vorigen Abschnitt erwähnt, werden die Zahlungen vor der Erstellung und dem Versand der Datenträger zunächst auf Basis eines Regelwerks – etwa gruppiert nach Buchungskreisen, Beträgen oder Zahlwegen – in sogenannten *Zahlungsbatches* zusammengeführt (siehe Abbildung 1.4).

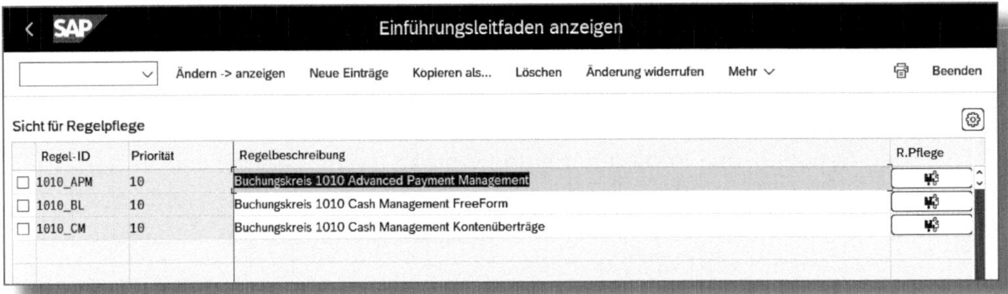

Abbildung 1.4: Gruppierungsregeln für Zahlungsbatches

Anschließend wird im Customizing eine Freigabestrategie definiert, über die der Kreis der zeichnungsberechtigten Benutzer festgelegt wird.

In dem Zusammenhang ist es aktuell möglich, Unterschriftenszenarien zu definieren, die wir auch aus Funktionen von Drittsystemen kennen – beispielsweise A-, B-, E- oder T-Unterschriften.

Nach der Zusammenführung der Zahlungen in einem Batch werden die gebildeten Bündel via Workflow den zuvor zugeordneten Usern zur Unterschrift vorgelegt. Dies kann im Rahmen von SAP BCM wahlweise über die SAP GUI erfolgen oder mit SAP S/4HANA bevorzugt über Fiori-Apps.

Für die Freigabe von Zahlungen steht Ihnen aktuell die App »Bankzahlungen genehmigen« (Fiori-ID F0673A) zur Verfügung. Nach deren Start erhalten Sie eine Übersicht aller Bankzahlungen, die Ihnen zur Genehmigung vorliegen (siehe Abbildung 1.5).

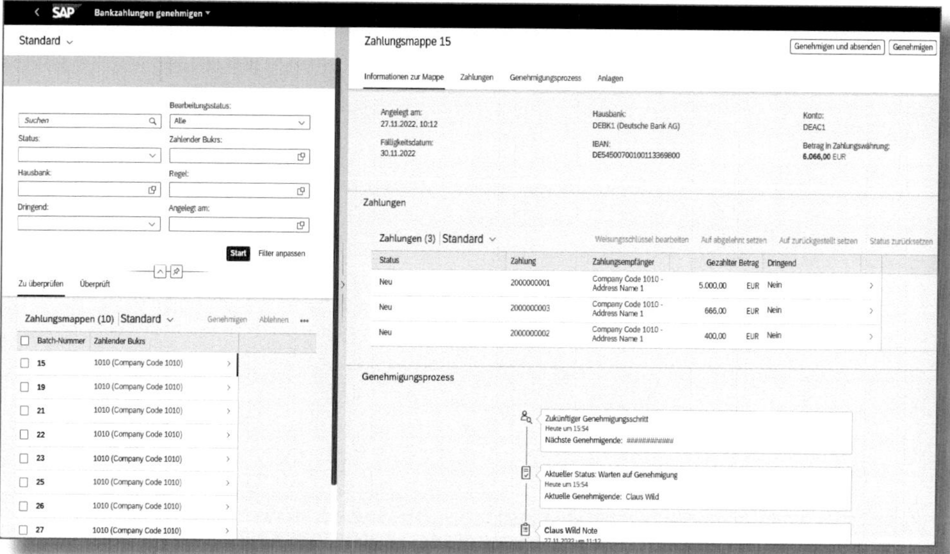

Abbildung 1.5: Detailansicht im Genehmigungsprozess

An dieser Stelle können Sie in die Details zu einem Batch verzweigen, einzelne Belege in einem Batch ablehnen und somit stornieren oder einen bzw. mehrere Batches genehmigen und freigeben.

Nach der Freigabe eines Zahlungsbatches wird dieser entweder an den nächsten Benutzer weitergeleitet oder, wenn Sie der letzte User in der Freigabefolge sind, es wird der Datenträger erstellt und über einen der Kommunikationskanäle an die Bank gesendet.

Mithilfe der Fiori-App »Zahlungen überwachen« (Fiori-ID F2388) behalten Sie den Status einer Zahlung bzw. Datei im Auge (siehe Abbildung 1.6).

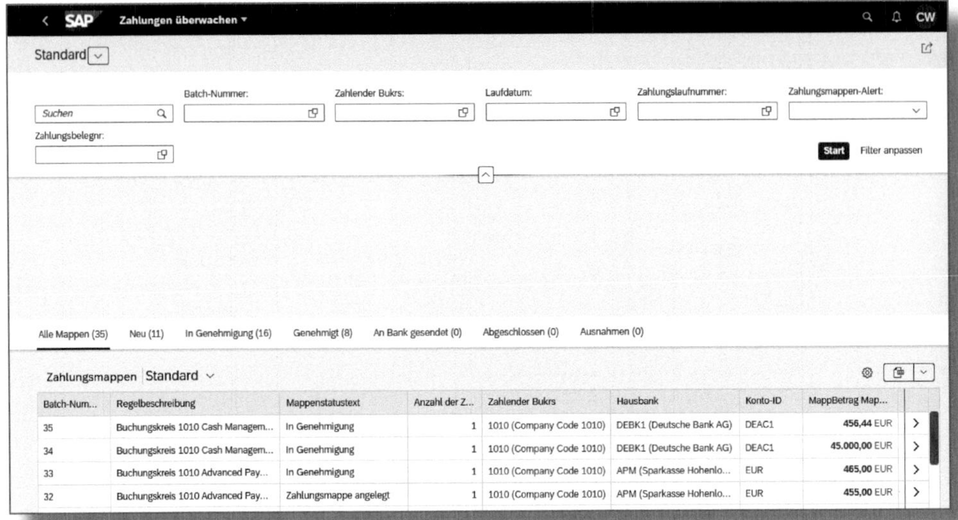

Abbildung 1.6: Übersicht und Status von Zahlungsbatches

Nachdem im letzten Freigabeschritt der Datenträger erstellt wurde und der Versand der Zahlung erfolgt ist, wird im Regelfall von der empfangenden Hausbank eine Statusmeldung in Form einer PAIN.002-Nachricht zurückgemeldet. Diese wird in der Spalte MAPPENSTATUSTEXT dargestellt, sodass Sie zu jedem Zeitpunkt einen aktuellen Status Ihrer Zahlung abfragen können.

1.3 SAP Multi-Bank Connectivity

Bereits 2013 startete die SAP ihre ersten Gehversuche mit der Anbindung von Banken sowie Financial Service Providern für den elektronischen Zahlungsverkehr. Unter dem Begriff *Financial Services Network* (FSN) entstand schon damals die Idee, mithilfe der SAP-HANA-Cloud-Lösung einen zentralen Service für Unternehmenskunden anzubieten, in den sich der Zahlungsverkehr integrieren ließe.

Der Grundsatz bei der Integration bzw. den dahinterliegenden Prozessen war vergleichbar mit der heutigen SAP Multi-Bank Connectivity

(MBC): Die SAP stellte für die Kunden einen Tenant in der Cloud zur Verfügung, der sich mittels ausgelieferter Konnektoren anbinden ließ.

Diese Architektur ermöglichte den Versand und Empfang von Zahlungen und Kontoauszügen. Das sollte die bis dahin eher aufwendige technische Implementierung des physischen Transfers von Informationen über die damalige SAP XI bzw. PI oder eine projektbasierte Host-2-Host-Verbindung zu den Banken hin, die für Unternehmen oftmals ein Hinderungsgrund für die Einführung von SAP BCM war, deutlich vereinfachen.

SAP FSN kam allerdings nie über den damals veröffentlichten Auslieferungsstatus hinaus und wurde relativ schnell wieder eingestellt. Das Einzige, was im System verblieb, waren die Komponenten im *SAP Implementation Guideline* (IMG), die unter dem Abschnitt Financial Services Network Connector zu finden waren bzw. heute in älteren Systemen noch vorhanden sind.

Im Rahmen der »Treasury Management Process Map« wurde das damalige Grundgerüst für die Neuentwicklung von SAP MBC herangezogen und kontinuierlich weiterentwickelt.

1.3.1 Übersicht und Inhalte des Moduls

Ab dem Jahr 2019 ging das damalige SAP FSN in dem neuen Modul SAP MBC auf. Der Grundgedanke war der gleiche, aber die technischen Komponenten wurden von Grund auf erneuert. Das Netzwerk bietet eine Reihe von Anbindungsmöglichkeiten, die über einen einzigen Kanal in der Cloud zentral von der SAP gesteuert werden (siehe Abbildung 1.7).

So kann beispielsweise auf Seiten von SAP MBC eine direkte Anbindung der Hausbanken über Host-to-Host, über eine EBICS-Verbindung oder alternativ über eine SWIFT-Verbindung erfolgen. Damit sind im Regelfall alle notwendigen technischen Anbindungen im Bankenverkehr abgedeckt, über die Unternehmen ihre Hausbanken für den Nachrichtenaustausch erreichen können.

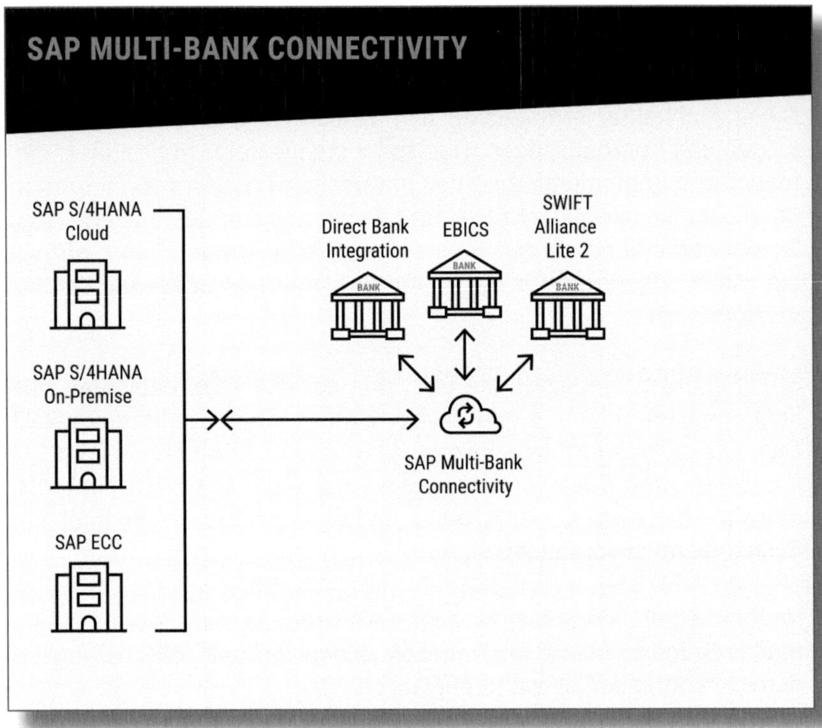

Abbildung 1.7: Anbindungsmöglichkeiten an SAP MBC

Diese Anbindung kann über eine der drei Umgebungen SAP ECC, SAP S/4HANA Cloud oder SAP S/4HANA On-Premise erfolgen, was eine zusätzliche Drittanbieter-Software für die Bankenkommunikation obsolet macht. Darüber hinaus ist SAP MBC sehr eng mit weiteren SAP-Komponenten verknüpft, wie beispielsweise mit SAP BCM oder SAP APM. Alles zusammen bildet den Kern für eine *Payment Factory*.

Werfen wir einen kurzen Blick auf die technische Umsetzung der Anbindung an SAP MBC. Sie erfolgt über einen von der SAP bereitgestellten Konnektor, der eine direkte und sichere Verbindung in einen eindeutigen und dem Unternehmen zugewiesenen Tenant ermöglicht. Sowohl die Mitgliedschaft als auch die Konnektivität sind nicht öffentlich zugänglich und ermöglichen so die Integrität der Daten.

Im Hinblick auf Sicherheitsaspekte unterstützt SAP MBC End-to-End-Sicherheitsfunktionen für Secure and Forward (SSF) und eine Reihe von Kommunikationsprotokollen, wie beispielsweise SFTP, HTTPS, EBICS oder SWIFT. Nachrichteninhalte werden ver- und entschlüsselt, sodass diese nur von berechtigten Parteien gelesen werden können, und ergänzt durch die digitale Signatur sowie die Verifizierung von Nachrichten.

SAP MBC unterstützt aktuell die gängigsten Nachrichtentypen in der Bankenkommunikation, wie beispielsweise PAIN.00x, CAMT.05x; SWIFT MT94x oder Lockbox-Nachrichten, sowie die ein- und ausgehenden Handelsbestätigungsdateien MT300 bzw. MT320.

! Nachrichtenformatierungen

Im Zusammenhang mit geplanten Implementierungen von SAP MBC taucht oftmals die Frage auf, ob Formatkonvertierungen in dem Modul möglich sind bzw. durchgeführt werden. SAP MBC übernimmt an der Stelle keine Nachrichtentransformationen oder ein Mapping. Diese müssen zuvor im ERP-System bzw. alternativ über SAP APM erfolgen.

Zusammenfassend ergeben sich die folgenden wichtigsten Vorteile für Unternehmen bei der Implementierung von SAP MBC:

- Geringer Implementierungsaufwand, da zahlreiche Banken bereits auf SAP MBC integriert sind
- Systemwartung und Upgrades entfallen, da SAP MBC eine von der SAP gehostete Client-Anwendung ist
- Bankenunabhängige Lösung für die Anbindung von mehreren Hausbanken
- Hohe Verfügbarkeit und Support im Rahmen der Service-Level-Vereinbarung
- Verbessertes Straight-Truth-Processing durch automatisches Prozessieren von PAIN.002-Nachrichten wie auch vom elektronischen Kontoauszug
- Schnelles Onboarding der Gesamtlösung

Sobald mit der SAP eine Subscription für die SAP-MBC-Cloud abgeschlossen ist, beginnt der Onboarding-Prozess an das System (siehe Abbildung 1.8). Dazu wird üblicherweise neben einem produktiven Tenant noch ein Test-Tenant bereitgestellt, der sich an das SAP-Test bzw. -Qualitätssystem anbinden lässt, um darüber im Rahmen der technischen Funktionstests die ersten »Penny-Testzahlungen« an die Hausbanken senden zu können.

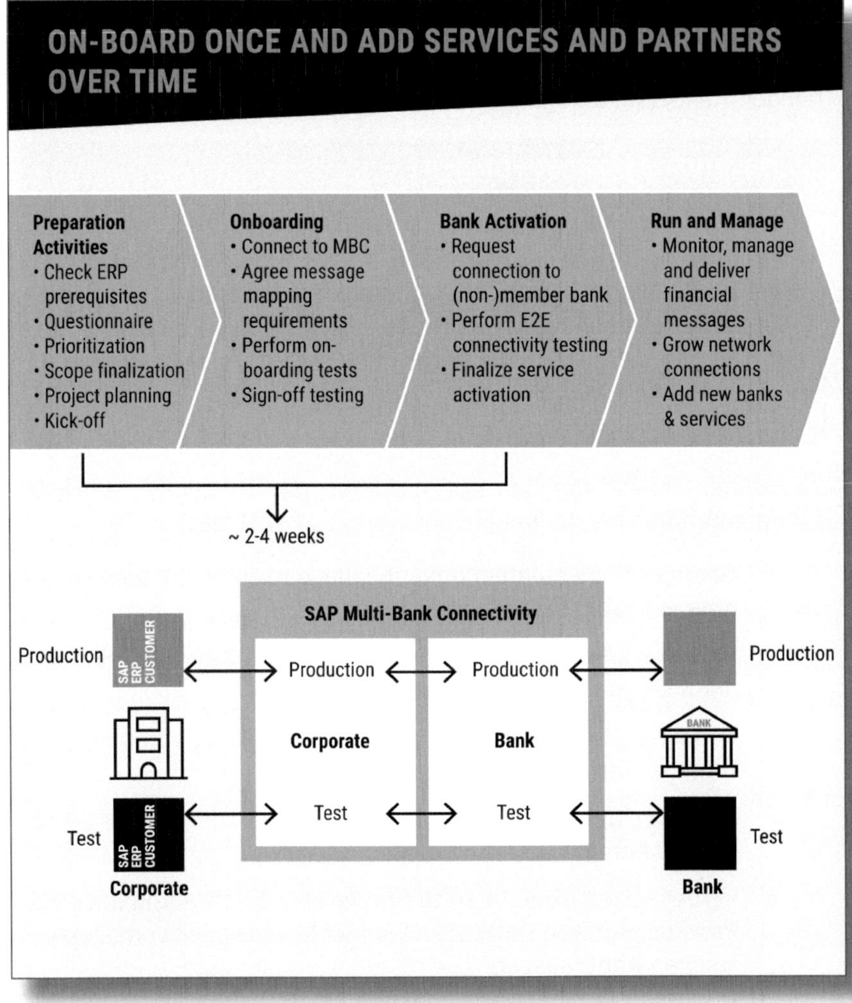

Abbildung 1.8: Übersicht des Onboarding-Prozesses an SAP MBC

Das Onboarding verläuft in der Regel über mehrere Phasen:

1. Zu den vorbereitenden Aufgaben gehören beispielsweise die eigentliche Projektplanung sowie die Priorisierung der Anbindung von Hausbanken.
2. Im anschließenden technischen Onboarding erfolgt die Anbindung an die SAP MBC-Cloud sowie das Set-up bzw. Customizing des ERP-Systems.
3. Ist die technische Anbindung abgeschlossen, können die ersten End-to-End-Tests mit den priorisierten Hausbanken durchgeführt werden. Erst wenn diese erfolgreich verlaufen sind, werden die Einstellungen in den produktiven Tenant übertragen und genutzt.
4. Für das Monitoring der Transfers von und zu den Banken steht in SAP die Transaktion /BSNAGT/MONITOR zur Verfügung (siehe Abbildung 1.9). Diese ist die zentrale Komponente zur Überwachung des Datenaustauschs zwischen SAP MBC und den Hausbanken.

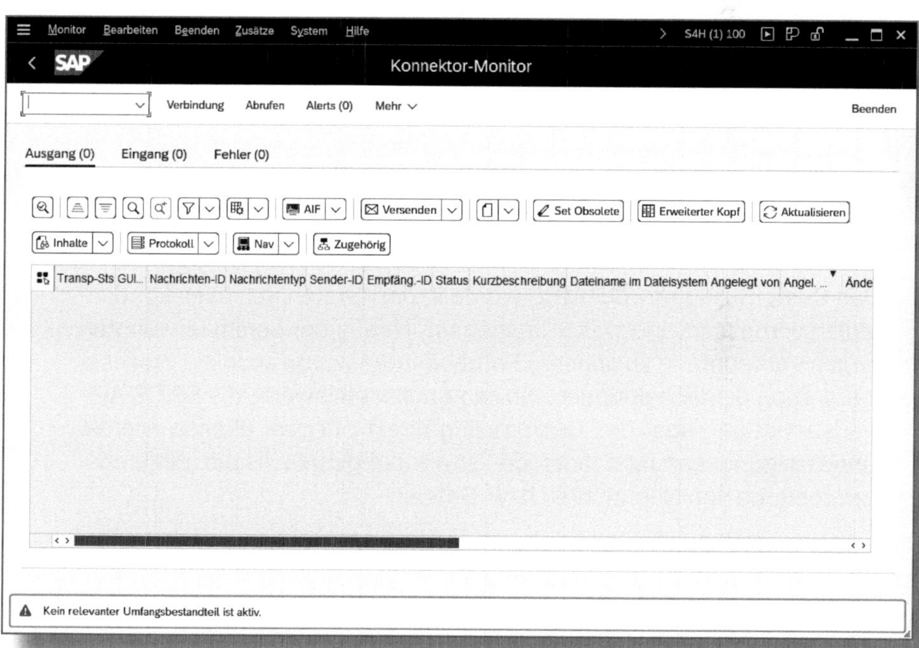

Abbildung 1.9: Zahlungsaufträge im Konnektor-Monitor

Alternativ können Sie den Status von Zahlungen über die App »Banknachrichten verwalten« (ID F4385) überprüfen. Diese enthält aktuell einen etwas reduzierten Funktionsumfang gegenüber der Transaktion /BSNAGT/MONITOR (siehe Abbildung 1.10).

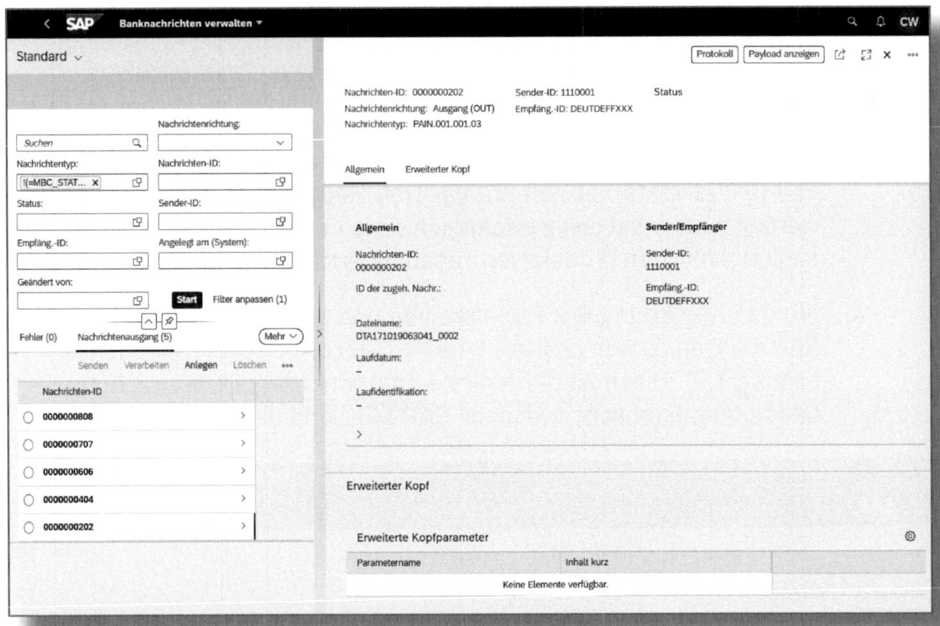

Abbildung 1.10: Details zu einer MBC-Nachricht

Das Customizing für SAP MBC wurde in den letzten Releases kontinuierlich verbessert und weiter ausgebaut. Neben der bereits erwähnten engen Verknüpfung zu anderen Komponenten wurde auch die Prozessintegration deutlich optimiert. So ist nun beispielsweise die EBICS-Auftragsermittlung über das Customizing direkt pflegbar ebenso wie die Genehmigungsbenutzer oder die anwendungsspezifische Eingangsverarbeitung von Nachrichten bzw. Dateien.

1.4 SAP In-House Cash

In den vergangenen Jahren wurden von den Unternehmen verstärkt Überlegungen in den Raum gestellt, wie der unternehmensweite Zahlungsverkehr weiter optimiert bzw. ausgebaut werden kann: zum einen, um die konzerninternen Prozesse zu verbessern, zum anderen für eine zielorientierte Umsetzbarkeit regulatorischer Anforderungen. Neben den hier vorgestellten (technischen) Komponenten und Lösungen finden wir mit dem Modul SAP In-House Cash (IHC) einen weiteren Baustein für den konzerninternen wie auch externen Zahlungsverkehr.

Mit SAP IHC wird es den Unternehmen ermöglicht, die betriebswirtschaftlichen Prozesse einer Payment Factory bzw. einer In-House Bank umzusetzen. Es soll dazu beitragen, sowohl die Effizienz der Zahlungsströme zu steigern als auch die Risiken im Zahlungsverkehr zu reduzieren. Das Modul umfasst eine Reihe von Funktionalitäten, die schrittweise bzw. nach Bedarf der jeweiligen Geschäftsprozesse aktiviert werden können.

SAP IHC dürfte, betrachtet man es aus der Gesamtsicht (SAP S/4HANA) der Zahlungsverkehrslösungen im SAP-Standard, eine in Teilen eher obsolete Komponente sein, deren Nachfolgeprodukt SAP In-House Banking (IHB) bereits mit dem Release OP 2022 ausgeliefert wird. Passende SAPUI5-Apps für das SAP IHC stehen aktuell nicht zur Verfügung, lediglich die Integration von SAP-GUI-Transaktionen im Fiori Launchpad ist möglich. Lassen Sie uns dennoch einen schnellen Blick auf die wesentlichen Funktionen werfen.

1.4.1 Übersicht und Funktionen des Moduls

Aus der betriebswirtschaftlichen Sicht von Tochtergesellschaften stellt das In-House Cash Center eine virtuelle Bank dar, die bei der Muttergesellschaft bzw. Holding betrieben wird und die gleichen Funktionen beinhaltet wie die einer Hausbank. So können darüber beispielsweise Kontoauszüge versendet sowie Zinsen und Gebühren berechnet werden. Für die angeschlossenen Gesellschaften werden Kontokorrentkonten (Inter-Company-Konten) in einem Bankkreis angelegt und in einer zentralen Kontokorrentverwaltung gesteuert.

Der Zahlungsverkehr zwischen der Konzernzentrale und den Tochtergesellschaften kann dabei auf unterschiedlichen Organisationsformen aufgesetzt werden. Neben einer dezentralen Struktur lassen sich zentrale wie auch gemischte Organisationseinheiten abbilden.

Jede der Tochtergesellschaften kann im IHC ein oder mehrere Konten in unterschiedlichen Währungen führen. Neben den bereits erwähnten Möglichkeiten für die Zins- und Gebührenrechnungen sind für die einzelnen Konten folgenden Limite einstellbar und können überwacht werden:

- **Überziehungslimit:** steuert die Berechnung der Zinsen
- **internes Dispolimit:** steuert die Dispositionsgrenze für den Zahlungsverkehr
- **externes Dispolimit:** hat lediglich Informationsfunktion und steuert keine weiteren Funktionalitäten

Die Limite selbst können zeitabhängig definiert werden bzw. einem Freigabeverfahren (Vier-Augen-Prinzip) unterliegen. Eine Aggregation der verschiedenen Kontokorrentsalden sowie die mittelfristige Planung von ein- und ausgehenden Zahlungen inkl. der Übergabe der Informationen an das angeschlossene Cash Management sind möglich.

Wesentliche Zahlungsprozesse und deren Integration in SAP IHC

Einer der gängigsten Prozesse, der in einem Integrationsprojekt abgebildet werden dürfte, ist der *konzerninterne Zahlungsverkehr,* auch als *Netting* bekannt. An der Stelle werden durch Zahlläufe die Forderungen und Verbindlichkeiten zwischen den verbundenen Unternehmen intern verrechnet und somit effizient gesteuert, ohne Hinzunahme der jeweiligen Hausbanken.

Mit dem *konzernexternen Zahlungsverkehr* kann der Zahlprozess in einem nächsten Schritt um Zahlungen zwischen den Konzernunternehmen und deren Lieferanten erweitert werden. Das In-House Cash Center übernimmt dabei die Rolle der zentralen Einheit zwischen der Holding bzw. dem Konzern und den externen (Haus-)Banken.

Hierfür kommt ein Clearing-Partner-Konzept zum Einsatz, das sämtliche Zahlungen nach außen über externe Bankkonten abwickelt. Die zentrale Einheit verfügt, wie die Tochtergesellschaften, über entsprechende IHC-Konten und wickelt darüber die ihr überstellten Umsätze ab.

Mit dem *zentralen Geldeingang* können die externen Bankkonten des Clearing-Partners (Konzernzentrale bzw. Holding) als Eingangskonten für den gesamten Konzern dienen. Die Kunden aller im Bankkreis zugeordneten Tochtergesellschaften zahlen auf diese Bankkonten ein – diese werden im Anschluss über die elektronische Kontoauszugsverarbeitung verrechnet. In der Praxis dürfte dieses Szenario allerdings eher wenig verbreitet sein bzw. von der jeweils gewählten Organisationseinheit abhängen. Was über diesen Weg gerne abgebildet wird, sind die Prozesse des externen Cash-Pooling (Zero-Balancing), bei dem die Umsätze auf die internen Bankkonten gebucht und verzinst werden können.

Sind am Tagesende alle Transaktionen durchgeführt worden, erfolgt im Rahmen der periodischen Arbeiten die *Tagesendverarbeitung*, die automatisiert über eine Jobkette laufen kann. Zu ihren wichtigsten Aufgaben gehören:

- der **Buchungsschnitt** inkl. Abgrenzung aller Buchungen mit einem vom Buchungstag abweichenden Datum (Rückvaluten sind an der Stelle möglich),
- der **Kontenabschluss**, mit dem beispielsweise Zinsen und Gebühren ermittelt werden,
- die **Zinskompensation**, bei der Soll- und Haben-Salden mehrerer Konten logisch zusammengefasst und verzinst werden können,

- die **Bilanzvorbereitung**, welche die aktuellen Salden der Kontokorrentkonten für jede Gesellschaft zur Umbuchung auf Forderungs- und Verbindlichkeitskonten vorbereitet,
- die **Hauptbuchübergabe**, bei der alle Umsätze auf den Kontokorrentkonten kumuliert und in die Hauptbuchhaltung übernommen werden.

Optional kann über eine Cash Concentration das automatische Clearing von Kontensalden in einer Währung innerhalb einer bestimmten Kontenhierarchie durchgeführt werden.

1.5 SAP In-House Banking

Mit dem *SAP In-House Banking (IHB)* hat die SAP nun ihre letzte bzw. neueste Komponente für den Zahlungsverkehr veröffentlicht. Zunächst stand SAP IHB als reine Cloud-Version, ab dem Release OP 2022 auch in einer On-Premise-Lösung zur Verfügung, welche in SAP APM integriert ist und auch nur damit gemeinsam verwendet werden kann.

Für den Aufbau einer In-House-Bank haben Sie in Abschnitt 1.4 bereits die Funktionalitäten des SAP IHC kennengelernt. Werfen wir einen Blick auf den Lebenszyklus dieses Moduls, dann müssen wir schon etwas weiter zurückblicken. SAP IHC wurde Ende der 1990er Jahre auf Basis der SAP-Bankensoftware SAP Bank Customer Accounts (BCA) veröffentlicht, was nun schon über Jahre hinweg der Kern dieser Anwendung ist. Beide Lösungsansätze sind von der Zielrichtung her ähnlich, SAP IHB weist aber im Gesamtkontext gegenüber SAP IHC einige Unterschiede auf, die wir uns im nächsten Abschnitt ansehen wollen.

1.5.1 Übersicht und Inhalte des Moduls

So erfolgt die Steuerung der Komponente IHB im Gegensatz zum SAP IHC überwiegend bzw. ausschließlich über Fiori-Apps, was die Navigation an einer zentralen Stelle, nämlich über das Fiori-Launchpad, bündelt und damit deutlich vereinfacht (siehe Abbildung 1.11).

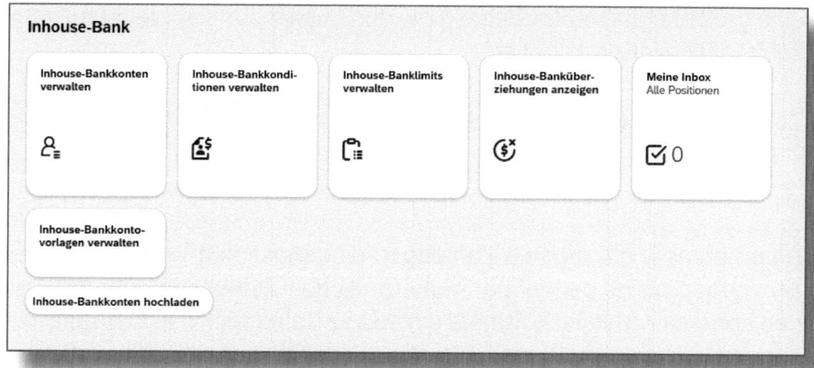

Abbildung 1.11: Übersicht von Fiori-Apps für das SAP IHB

Die Kontenführung der internen Hausbankkonten beinhaltet die klassischen Prozesse wie beispielsweise das Eröffnen, Ändern oder Schließen von Konten – optional über Workflows. Darüber hinaus steht für den Import von internen Bankkonten eine Upload-Funktion via Excel-Tabellen zur Verfügung, über welche die Verarbeitung mehrerer Konten möglich ist.

Analog zum SAP IHC können Sie in dem IHB-Modul Konditionen für die interne Verzinsung der Konten wie auch die Definition der Limite festlegen und die Verbuchung der Zahlungsposten aus den Buchungsprozessen durchführen.

Bei der Tagesendverarbeitung werden abschließend neben dem Kontoabschluss und der Umbuchung der Zahlungsposten im Hauptbuch noch die Kontoauszüge erstellt, die nun entweder als CAMT.053- oder als PDF-Datei zur Verfügung stehen.

1.6 SAP Digital Payments Add-On

Aus einem modernen Zahlungsverkehr sind die sogenannten »alternativen Bezahlmethoden« nicht mehr wegzudenken. Egal ob es sich dabei um Kreditkartenzahlungen oder Real-Time-Zahlungsmethoden handelt, Unternehmen müssen ihren Kunden in den Cash-Prozessen eine größtmögliche Flexibilität bzw. den Zugriff auf diverse digitale Bezahlmöglichkeiten anbieten.

Zahlreiche Anbieter und Methoden sind mittlerweile auf dem Markt verfügbar und ermöglichen den Marktteilnehmern eine flexible, schnelle und einfache Durchführung des Zahlungsverkehrs.

Unternehmen, die digitale Zahlungen eingangsseitig verbuchen müssen, haben dabei gegenüber herkömmlichen Zahlungen allerdings einen höheren Aufwand. Oftmals sind diese Zahlungen mit Abzügen verbunden, etwa einem Disagio oder dem Verweis auf ein Zahlungsavis.

Mit SAP Digital Payments Add-On steht an der Stelle eine gesondert lizenzpflichtige Cloud-Plattform zur Verfügung, mit der eine vereinfachte und zentralisierte Steuerung dieser Prozesse möglich ist.

1.6.1 Übersicht und Inhalte des Moduls

Die SAP Business Technology Platform ist auf sogenannte »SAP-Consumer-Anwendungen« wie auch auf »Nicht-Consumer-Anwendungen« ausgerichtet. Bei den Consumer-Anwendungen handelt es sich um von der SAP vordefinierte Geschäftsprozessmodelle, deren Bezahlprozesse an das SAP Digital Payments Add-On angebunden werden können.

Beispiele von Integrationsszenarien

Im Rahmen vordefinierter Prozesse werden von der SAP diverse vordefinierte Integrationsszenarien, die sogenannten »Scope Items« oder »SAP-S/4HANA-Consumer-Anwendungen«, ausgeliefert.

Ein Beispiel dafür ist der Prozess 1S0 für Debitorenzahlungen. Der Umfangbestandteil für das SAP Digital Payments Add-On selbst ist das Scope Item 1S2.

Die Systemlandschaft für die Zahlungsszenarien besteht aus drei Elementen:

1. der **Consumer-Anwendung**, welche die Kommunikation zwischen dem Integrationsszenario und dem Kundenkonto in der SAP Cloud Platform steuert,
2. dem **SAP Digital Payments Add-On** auf der SAP Cloud Platform, welches die Anforderungen aus der Consumer-Anwendung verarbeitet und an den externen Zahlungsdienstleister weiterleitet,
3. dem Zahlungsdienstleister bzw. der Kommunikation zum Paymentservice Provider (PSP) via **Web-Services**.

Aufgrund dieser drei Elemente ergeben sich im Rahmen der Implementierung die folgenden Vorteile:

- Vereinfachte und zentrale Abläufe auf Basis der SAP Cloud Platform Integration
- Das SAP Digital Payments Add-On entspricht dem *Payment Card Industry Data Security Standard (PCI DSS)*
- Durch den Tokenisierungsansatz werden keine sensiblen Daten im SAP-System gespeichert
- Automatische Abstimmung von Zahlungen und offenen Posten

Betrachten wir dies am oben erwähnten Beispiel der Consumer-Anwendung 1S0:

Der Kunde ordnet im Rahmen eines »Electronic Bill Presentment and Payment« seine offenen Rechnungen einem Kreditkartenzahlweg zu (siehe Abbildung 1.12). Dafür meldet er sich zunächst an der Cloud für Customer Payments an, um seinem Kundenkonto eine Kreditkarte hinzuzufügen.

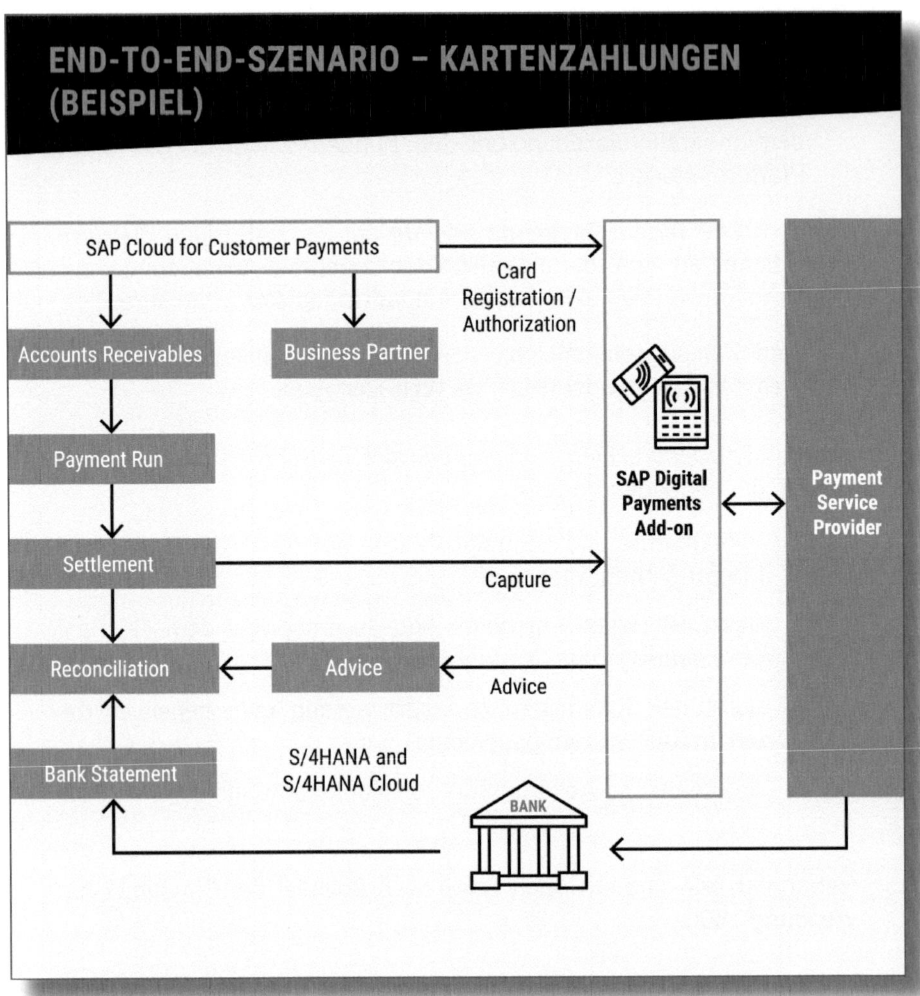

Abbildung 1.12: Exemplarisches End-To-End-Szenario einer Kundenzahlung

☛ Unterstützte Zahlungsdienstleister bzw. Payment Service Provider

Im SAP-System steht mittlerweile eine Reihe von Zahlungsarten bereit, wie etwa Kreditkartenzahlungen über die entsprechenden Payment Service Provider oder die Integration von PayPal. Darüber hinaus stellt beispielsweise der Zahlungsdienstleister Stripe auf der Zahlungsseite Plug-ins für die Verarbeitung von Apple Pay, Google Pay, Klarna oder giropay zur Verfügung.

Im nächsten Schritt gleicht der Lieferant die offenen Posten der Rechnungen durch einen Zahllauf aus und versendet anschließend die Zahlungsnachricht an den Dienstleister. Dieser leitet die Nachricht nach dem Empfang an die Clearingstelle weiter, welche die Anfrage prüft und die Information zurückliefert, ob die Kreditkartenzahlung dem Konto gutgeschrieben wird oder nicht.

Zum Abschluss erfolgt die Überweisung der Gutschrift auf das Girokonto des Verkäufers. Im Regelfall geschieht das abzüglich Gebühren bzw. des Disagios des Dienstleisters. Die Verbuchung des Kontoauszugs erfolgt über die Standardfunktionalitäten des elektronischen Kontoauszugs inkl. der Zuordnung der regulierten Posten, die vom Dienstleister nach Rücksprache als Avis übermittelt werden können, wie auch der automatischen Verbuchung der Abzüge.

1.7 Fazit

Die Treasury Management Process Map wurde von der SAP in den vergangenen Jahren kontinuierlich erweitert und um fehlende Funktionalitäten ergänzt. Wir finden hier eine Reihe von Lösungsansätzen, die in der Cloud betrieben werden, aber auch Komponenten, die von den Unternehmen in ihrer eigenen Infrastruktur gehostet und gewartet werden können.

Alle Komponenten sind, was den Funktionsumfang betrifft, eng miteinander verzahnt und bieten somit eine bestmögliche Integration und Durchgängigkeit der zugehörigen Prozesse im Treasury bzw. Cash Management und im Zahlungsverkehr. Folgt man der von der SAP vorgestellten Road Map, so werden die Inhalte und Funktionen in den kommenden Releases in S/4HANA Cloud wie auch in S/4HANA On-Premise kontinuierlich erweitert, sodass aus Unternehmenssicht die technischen wie auch prozessualen Anforderungen an die Software über die kommenden Jahre abgedeckt sein dürften.

2 Import und Verarbeitung von Kontoauszügen im SAP-Standard

Mit der Einführung von SAP S/4HANA wurden über die unterschiedlichen Release-Zyklen hinweg die Optionen für den automatischen wie auch manuellen Import von elektronischen Kontoauszügen erweitert und optimiert. Neben den klassischen Transaktionen bzw. Reports, die bereits seit SAP ECC 6.0 zur Verfügung stehen, können Sie nun auch Kontoauszüge via Fiori-App oder über Funktionen der SAP Multi-Bank Connectivity verarbeiten. Ich möchte Ihnen in diesem Kapitel die unterschiedlichen Möglichkeiten dazu etwas näher erläutern.

Grundlegende Einstellungen für den Import von elektronischen Kontoauszügen im SAP-Standard werden im Regelfall in der Transaktion FF_5 oder auch durch Aufruf des Reports RFEBKA00 vorgenommen. Dieser beinhaltet alle notwendigen Parameter sowohl für die Verbuchung der Kontoauszüge als auch für die Übergabe der Daten an das Cash Management – beispielsweise beim Import von SWIFT MT942- oder CAMT.052-Kontoinformationen.

Schauen wir uns zunächst die einzelnen Abschnitte bzw. Parameter an, die uns der Report RFEBKA00 für die Verarbeitung der Kontoauszüge zur Verfügung stellt (siehe Abbildung 2.1).

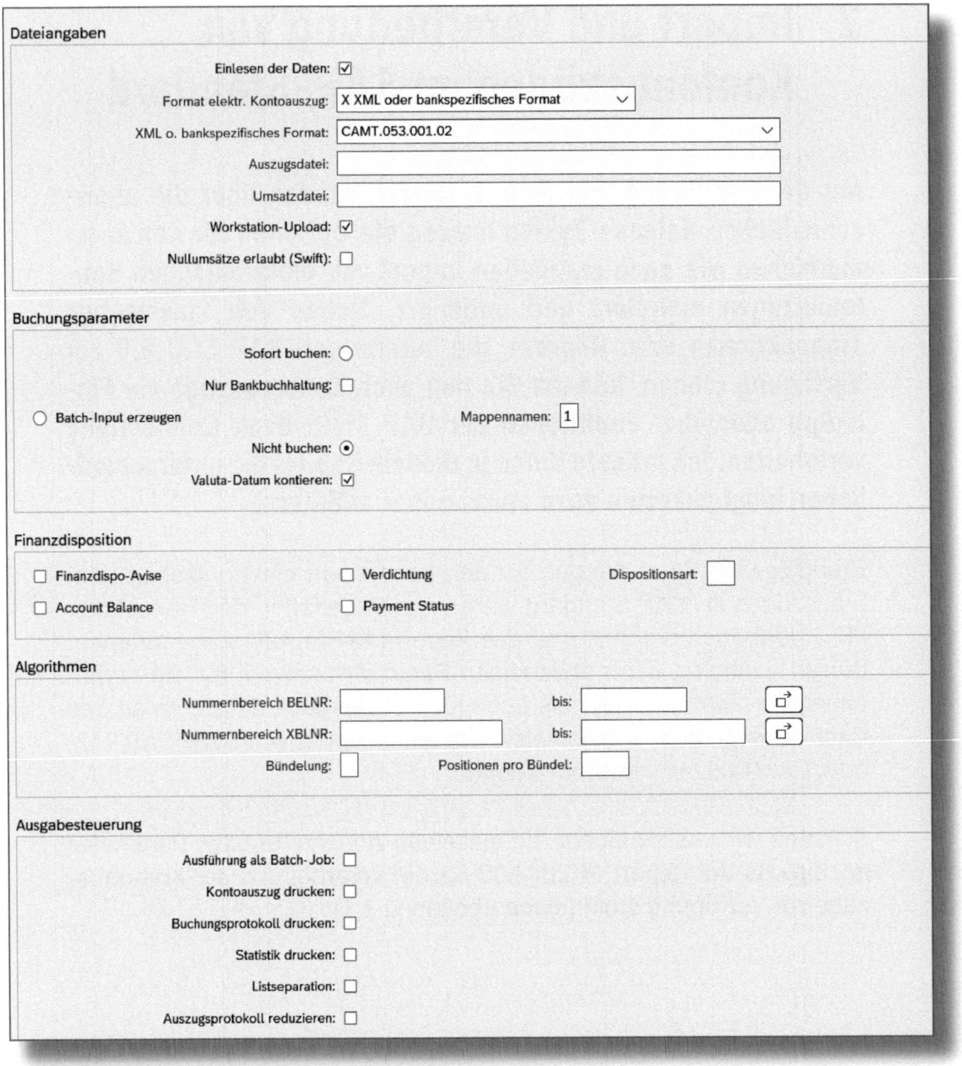

Dateiangaben

Einlesen der Daten: ☑

Format elektr. Kontoauszug: X XML oder bankspezifisches Format

XML o. bankspezifisches Format: CAMT.053.001.02

Auszugsdatei:

Umsatzdatei:

Workstation-Upload: ☑

Nullumsätze erlaubt (Swift): ☐

Buchungsparameter

Sofort buchen: ○

Nur Bankbuchhaltung: ☐

○ Batch-Input erzeugen

Mappennamen: 1

Nicht buchen: ⦿

Valuta-Datum kontieren: ☑

Finanzdisposition

☐ Finanzdispo-Avise

☐ Verdichtung

Dispositionsart:

☐ Account Balance

☐ Payment Status

Algorithmen

Nummernbereich BELNR: bis:

Nummernbereich XBLNR: bis:

Bündelung: Positionen pro Bündel:

Ausgabesteuerung

Ausführung als Batch-Job: ☐

Kontoauszug drucken: ☐

Buchungsprotokoll drucken: ☐

Statistik drucken: ☐

Listseparation: ☐

Auszugsprotokoll reduzieren: ☐

Abbildung 2.1: Import von Kontoauszügen über den Report RFEBKA00

Dateiangaben

In diesem Bereich legen Sie fest, mit welchem Format die Kontoauszüge verarbeitet werden sollen. Dazu stehen Ihnen bereits von SAP vordefinierte Formate zur Verfügung. Mit der Auswahl *XML oder bankspezifisches Format* können Sie neben den ausgelieferten ISO 20022-Standardformaten weitere bzw. eigene Formate aufrufen, die Sie im Customizing kundenindividuell angelegt haben. Selektieren Sie außerdem in den Feldern AUSZUGSDATEI bzw. UMSATZDATEI (für das Multicash-Format) die Dateien, die Sie verarbeiten möchten, und markieren Sie entweder das Feld EINLESEN DER DATEN oder das Feld WORKSTATION-UPLOAD, wenn Sie die Datei von einem lokalen Laufwerk verarbeiten möchten. Über das Ankreuzfeld NULLUMSÄTZE ERLAUBT (SWIFT) können Sie festlegen, ob Einzelumsätze, die im Feld :61 den Betrag 0,00 enthalten, an die vorherige Position angehängt und im dazugehörigen Feld :86 interpretiert werden sollen.

Buchungsparameter

Im Abschnitt BUCHUNGSPARAMETER legen Sie fest, wie die Verbuchung der Kontoauszüge erfolgen soll. Wünschen Sie diese direkt nach Einplanung des Jobs, so markieren Sie den Radio-Button SOFORT BUCHEN. Für eine Verbuchung im Hintergrund wählen Sie die Option BATCH-INPUT ERZEUGEN (BI) inkl. Mappennamen der BI-Mappen, oder Sie markieren den Radio-Button NICHT BUCHEN, wenn Sie beispielsweise nur Testbuchungen erzeugen möchten.

Haben Sie das Cash Management aktiviert, so sollte der Haken im Feld VALUTA-DATUM KONTIEREN gesetzt werden, damit Sie eine valutengenaue Darstellung der Buchungen im Hauptbuch erhalten.

☛ Verwendung von Batch-Input-Mappen

Mit Veröffentlichung von SAP R/3 in den 1990er Jahren war die Verbuchung von Kontoauszügen via BI der übliche Prozess, der heute im Regelfall durch das sofortige Buchen der Kontoauszüge abgelöst worden ist. In Verbindung mit den Suchmustern kann diese Art der Verbuchung allerdings oftmals eine Hilfestellung sein. Durch das manuelle Abspielen der Mappen werden gezielt alle Dynpros der Buchung inkl. der durch die Suchmuster gefüllten Felder durchlaufen, sodass sich Fehler in der Zuweisung durch ein Suchmuster schnell identifizieren lassen.

Finanzdisposition

Wenn Sie mit dem Cash Management arbeiten, können Sie hier die notwendigen Einstellungen vornehmen, beispielsweise für die Verarbeitung von SWIFT MT942- oder CAMT.052-Dateien. Markieren Sie dazu das Feld DISPOSITIONSART und hinterlegen Sie dort einen Wert, mit dem Sie die Umsätze im weiteren Verlauf der Cash-Flow-Analyse darstellen möchten. Wollen Sie nicht für jeden einzelnen Kontoauszugsposten einen Planposten erstellen, so markieren Sie das Feld VERDICHTUNG, um pro Valutadatum eine Verdichtung der Umsätze zu erzielen.

Möchten Sie SWIFT MT942 oder CAMT.052 auch für die Analyse der darin enthaltenen Umsätze importieren, dann markieren Sie zusätzlich das Feld ACCOUNT BALANCE. Liefert Ihnen Ihre Hausbank Rücklastschriften bzw. Rückläufer im Format PAIN.002 an, so können Sie die Art der Verarbeitung über das Feld PAYMENT STATUS vorgeben. Sofern Sie Kontoauszüge noch über Batch Input verarbeiten und Sie die Informationen daraus für das Cash Management nutzen möchten, so müssen Sie das Feld FINANZDISPO-AVISE markieren.

Algorithmen

Mithilfe der ALGORITHMEN steuern Sie die spätere Interpretation der Belege für den automatischen Ausgleich. So können Sie beispielsweise Nummernintervalle für BELNR- oder XBLNR-Belegnummernkreise hinterlegen. Arbeiten Sie noch mit der BI-Verarbeitung, so können Sie die darin erzeugten Mappen in einzelne Bündel aufteilen bzw. die Anzahl der Bündel hinterlegen.

Verwendung der XBLNR

Bei Verwendung der XBLNR ist eine gewisse Vorsicht geboten. Fasst man den Belegnummernkreis ggf. zu weit, um vermeintlich viele Belegtreffer daraus zu generieren, so können im Umkehrschluss auch Belege identifiziert werden, die ursprünglich nicht in die Selektion fallen und somit im Zweifelsfall Fehlbuchungen auslösen würden.

Ausgabesteuerung

Im Bereich AUSGABESTEUERUNG hinterlegen Sie abschließend noch, zu welchen Zeitpunkten ein Protokoll der Verarbeitung erstellt werden soll. Unter S/4HANA ist der Parameter (KONTO)AUSZUGSPROTOKOLL REDUZIEREN neu hinzugekommen. Bei der Verarbeitung der Kontoauszüge über die Transaktion FEB_FILE_HANDLING können umfangreiche Protokolle erzeugt werden. Durch das Markieren dieses Feldes werden die Nachrichten auf Positionsebene ausgeschaltet.

! Abkündigung von SWIFT MT940- und MT942-Kontoauszügen

Neben Auslandsüberweisungen im DTAZV-Format hat die Deutsche Kreditwirtschaft (DK) angekündigt, ab Ende November 2025 keine Kontoauszüge in den Formaten SWIFT MT940 und MT942 mehr bereitzustellen. Die Nachfolgeformate dazu sind CAMT.053 bzw. CAMT.052 als neuer DK-Standard ab November 2025. Nähere Informationen finden Sie unter *www.ebics.de* in der Version 3.4 der Anlage 3.

2.1 Import von Kontoauszügen über die Transaktion FEB_FILE_HANDLING

Nachdem wir uns mit dem Umfang bzw. den Inhalten des Reports RFEBKA00, der den grundlegenden Import der elektronischen Kontoauszüge steuert, befasst haben, werfen wir nun einen Blick auf die weiteren Optionen, die wir im Rahmen des Importprozesses vorfinden.

Seit der Bereitstellung des Enhancement Package (EhP) 6 in SAP ECC 6.0 können Sie die Verarbeitung vom Import bis zur Sicherung der elektronischen Kontoauszüge nun auch automatisiert vornehmen.

Mithilfe der Transaktion FEB_FILE_HANDLING (siehe Abbildung 2.2) werden die Kontoauszüge der Hausbanken automatisch eingelesen und bei Bedarf als sogenannte *Transferinformationen* für die Verarbeitung in anderen Systemen bereitgestellt. Grundlage dafür sind die im Customizing hinterlegten Einstellungen, über die der Import bzw. die weitere Verarbeitung der Kontoauszüge gesteuert werden.

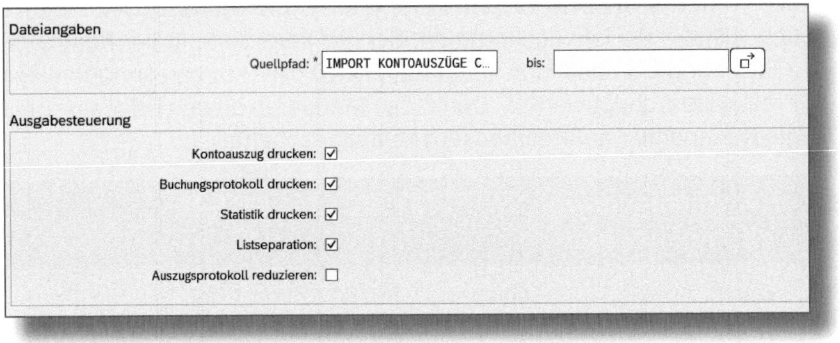

Dateiangaben

Quellpfad: * IMPORT KONTOAUSZÜGE C... bis:

Ausgabesteuerung

Kontoauszug drucken: ☑

Buchungsprotokoll drucken: ☑

Statistik drucken: ☑

Listseparation: ☑

Auszugsprotokoll reduzieren: ☐

Abbildung 2.2: Import von Kontoauszügen über FEB_FILE_HANDLING

Dabei werden alle gängigen Kontoauszugsformate unterstützt, wie beispielsweise SWIFT MT940, MT942 und auch die XML-Formate CAMT.05x.

Die Einplanung des Reports kann über einen periodischen Job in der Transaktion SM36 erfolgen oder alternativ über den Schedule Manager (Transaktion SCMA). Dadurch können Sie eine flexible und zeitunabhängige Verarbeitung Ihrer Kontoauszüge erreichen. Nähere Informationen zum Set-up bzw. Customizing finden Sie im Abschnitt 4.1.

2.2 Import von Kontoauszügen über SAP Multi-Bank Connectivity (MBC)

Haben Sie SAP Multi-Bank Connectivity (MBC) im Einsatz, so steht Ihnen darüber eine weitere Möglichkeit zur Verfügung, mit der Sie Kontoauszüge direkt nach dem Empfang vollautomatisiert verarbeiten können.

SAP MBC wird Ihnen, nachdem die Kontoauszüge auf der SAP Business Technology Platform empfangen bzw. abgerufen worden sind, die Kontoauszüge direkt an den KONNEKTOR-MONITOR weiterleiten (siehe Abbildung 2.3), sodass Sie die weiteren Prozessschritte aus dem Customizing heraus steuern können.

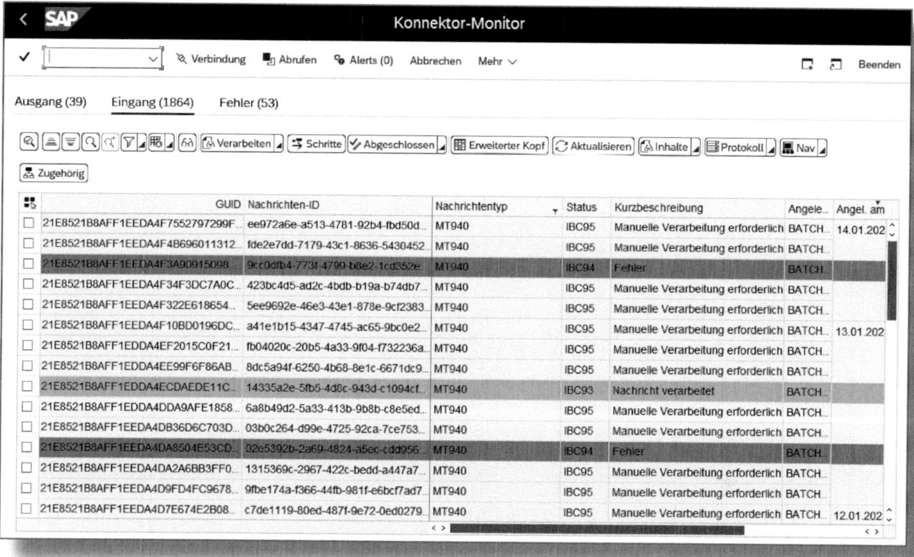

Abbildung 2.3: Übersicht des Konnektor-Monitors von SAP MBC

So können Sie beispielsweise nach dem Empfang der Kontoauszüge einen Download starten und die Dateien im Anschluss mithilfe der Transaktion FEB_FILE_HANDLING weiterverarbeiten, oder Sie nutzen alternativ die Möglichkeiten der sogenannten *Eingangsverarbeitungsschritte*, die Ihnen SAP MBC an dieser Stelle anbietet. Dazu müssen Sie zuvor im Customizing festlegen, welche Schritte nach dem Empfang der Dateien durchlaufen werden sollen – eine Option ist beispielsweise die direkte Verarbeitung bzw. der Import der Kontoauszüge über die Anwendungen FIBNKSTMT1 oder FIBNKSTMX1.

Den Status der Verarbeitung Ihrer Kontoauszüge können Sie dem jeweiligen Protokoll des Konnektor-Monitors (Transaktion /BSNAGT/MONITOR) oder alternativ der Fiori-App »Banknachrichten Verwalten« (ID F4385) entnehmen (Abbildung 2.4).

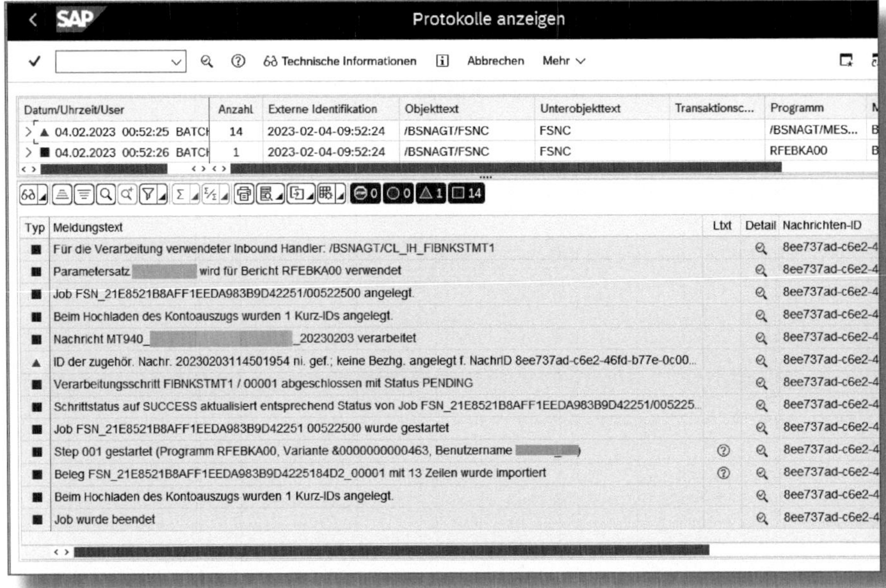

Abbildung 2.4: Protokoll der Verarbeitungsschritte in SAP MBC

Weitere Informationen zur Steuerung der Verarbeitung von Kontoauszügen finden Sie im Abschnitt 4.2.1.

2.3 Import von Kontoauszügen über die Fiori-App »Eingangszahlungen verwalten«

Eine weitere Option, mit der Sie Kontoauszüge schnell und effizient in SAP verarbeiten, ist der Import der Daten mithilfe der Fiori-App »Eingangszahlungsdateien verwalten« (ID F1680). Nach Aufruf der App haben Sie die Möglichkeit, einen Kontoauszug direkt mit dem Importieren-Button einzulesen; alternativ rufen Sie die Gesamtübersicht Ihrer verarbeiteten Dateien über den Start-Button auf. Sie erhalten im Anschluss eine Übersicht aller verarbeiteten Kontoauszüge (siehe Abbildung 2.5). Diese Darstellung lässt sich über die Auswahl verschiedener Filter noch weiter verfeinern.

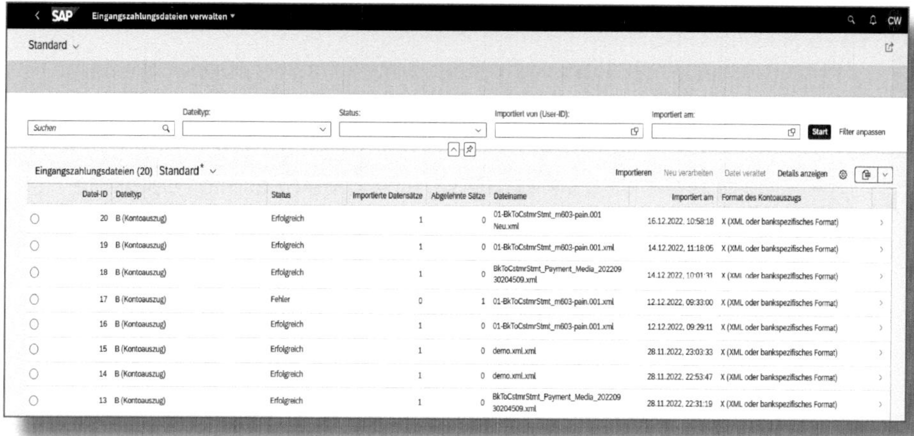

Abbildung 2.5: Übersicht und Verarbeitungsstatus von Eingangszahlungsdateien

Starten wir mit dem Import eines Kontoauszugs, indem wir über den Button [Importieren] zunächst die Formatauswahl aufrufen (siehe Abbildung 2.6).

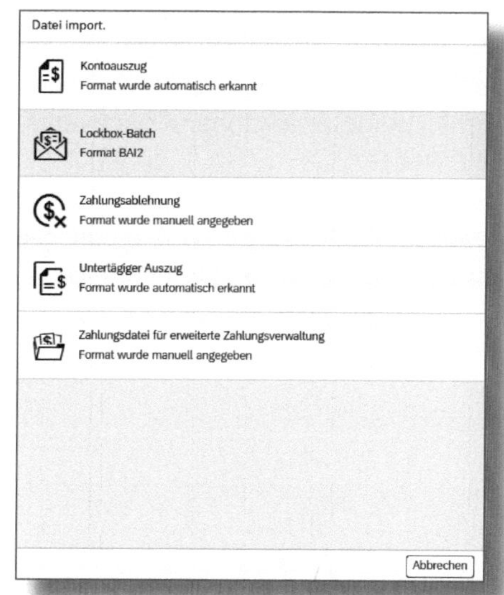

Abbildung 2.6: Formatübersicht für den Import von Kontoauszügen

Die hier wählbaren Importoptionen haben folgende Bedeutung:

- Kontoauszug, Format wurde automatisch erkannt = verarbeitet die Formate SWIFT MT940, CAMT.053 sowie CAMT.054 bzw. ISO 20022
- Lockbox-Batch, Format BAI2 = importiert das hier definierte Format
- Zahlungsablehnung, Format wurde manuell angegeben = verarbeitet Rücklastschriften im Format PAIN.002
- Untertägiger Auszug, Format wurde automatisch erkannt = verarbeitet SWIFT MT942- wie auch CAMT.052-Dateien
- Zahlungsdatei für erweiterte Zahlungsverwaltung, Format wurde manuell angegeben = ermöglicht den direkten Datenimport von Zahlungsaufträgen in das SAP Advanced Payment Management (APM)

In unserem Beispiel möchten wir einen ISO 20022-Kontoauszug im Format CAMT.053 verarbeiten und wählen dazu *Kontoauszug, Format wurde automatisch erkannt* aus. In dem nachfolgenden Pop-up selektieren wir das Format CAMT.053.001.08 mit einem dazugehörigen Parametersatz für den Import (siehe Abbildung 2.7). Der Parametersatz steuert beim Import der Kontoauszüge, über welchen Belegnummernkreis die Belegfindung erfolgen soll. Beide Selektionsmöglichkeiten werden in Abschnitt 4.3 näher beschrieben.

Für die Dateiauswahl stehen Ihnen zwei Optionen zur Verfügung: Sie können die Datei entweder via Drag-and-drop in das Eingabefeld ziehen oder über [Hinzufügen] von Ihrem lokalen Laufwerk auswählen und hinzuselektieren (siehe Abbildung 2.7).

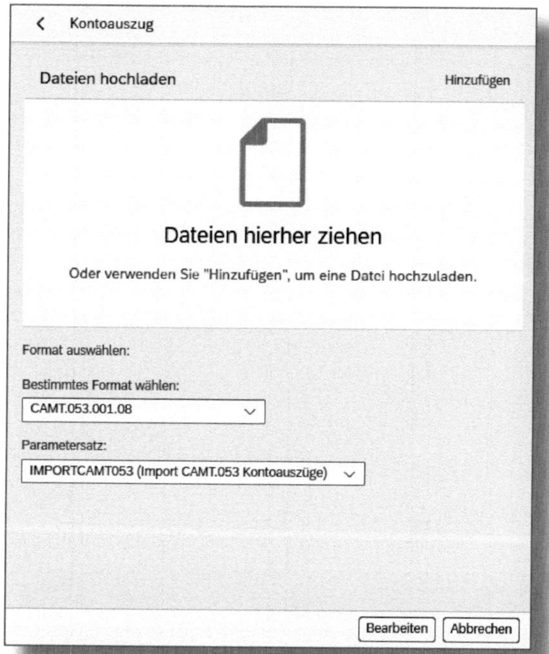

Abbildung 2.7: Dateiimport von Formaten und Parametersätzen

Sobald Sie die Selektion abgeschlossen haben, starten Sie den Import mit Klick auf [Bearbeiten]. Im darauffolgenden Pop-up (hier nicht gezeigt) erhalten Sie die Information, dass die Bearbeitung gestartet worden ist. Indem Sie mit OK bestätigen, gelangen Sie wieder zurück zu Ihrem Startbildschirm.

Selektieren Sie nun Ihre Kontoauszüge erneut, um das Ergebnis bzw. den Status der Verarbeitung auszuwerten. Klicken Sie dazu auf die Zeile des Kontoauszugs, der zuvor eingelesen worden ist. Es öffnen sich die Details aus der Verarbeitung, wie in Abbildung 2.8 dargestellt.

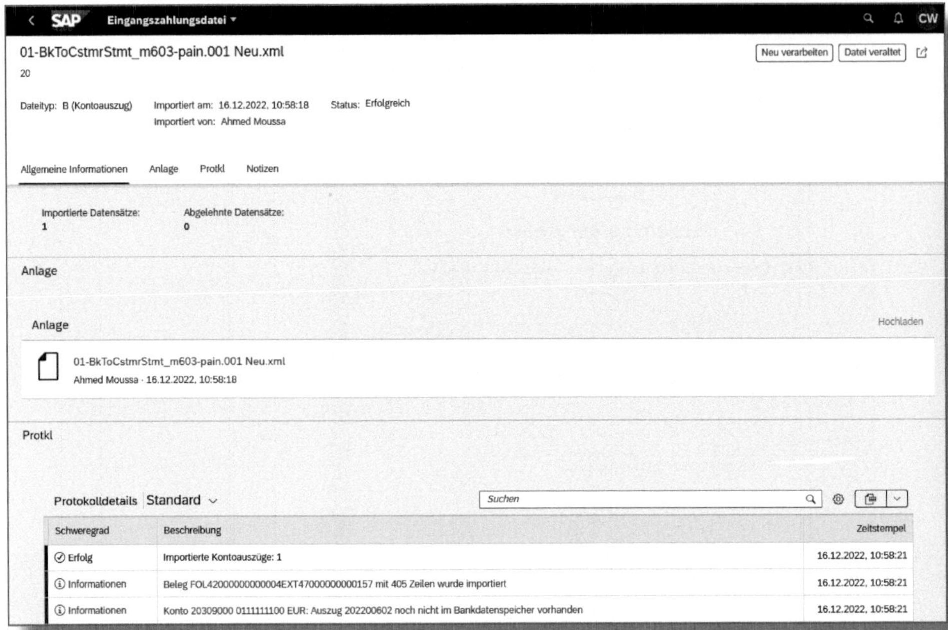

Abbildung 2.8: Verarbeitungsprotokoll der Eingangszahlungsdatei

Sie erhalten an der Stelle umfangreiche Protokolldetails zu der importieren Datei – die importierte Datei selbst wird zusätzlich als ANLAGE beigefügt. Im Fall eines Fehlers können Sie die Datei dem Protokoll entnehmen, im Customizing korrigieren und anschließend über den Button [Neu verarbeiten] erneut verarbeiten. Alternativ können Sie die Datei als obsolet kennzeichnen, indem Sie auf den Button [Datei veraltet] drücken.

☛ API für die Kontoauszugsverarbeitung

Alternativ zu den hier vorgestellten Möglichkeiten für den Import von elektronischen Kontoauszügen stellt die SAP eine API für die Verarbeitung bereit. Im »SAP API Business Hub« steht dazu die SOAP API Bank Statement Post zur Verfügung, mit der sich Kontoauszüge über einen synchronen Eingangsservice verarbeiten bzw. buchen lassen.

2.4 Automatischer Upload von Kontoauszugsdateien (4X2)

Im vorherigen Abschnitt 2.3 haben Sie gelernt, wie Sie die Kontoauszüge mithilfe der Fiori-App »Eingangszahlungsdateien verwalten« in SAP importieren können. Dieser manuelle Prozess lässt sich mithilfe von *SAP Intelligent Robotic Process Automation (RPA)* bzw. eines Bots auch automatisieren. In diesem Abschnitt möchte ich Ihnen noch eine kurze Übersicht darüber geben, wie Sie diesen Prozess in Ihr SAP-System integrieren.

SAP RPA unterstützt Sie bei der Automatisierung von Geschäftsprozessen. Dabei können einfache Routinearbeiten wie auch komplexe Aufgaben automatisiert werden, wie beispielsweise:

- manuelle und wiederkehrende Aufgaben,
- arbeitsintensive Aufgaben,
- Multi-System-Aufgaben.

In dem Zusammenhang gibt es zwei Arten von RPA-Modellen. Wir unterscheiden zwischen dem sogenannten *unbeaufsichtigten RPA*, bei dem Bots die Arbeiten ohne Eingriff des Menschen durchführen, und dem *beaufsichtigten RPA*, bei dem ein Mensch durch Interaktion auf der Workstation bzw. dem Desktop den Bot erst aktivieren muss und er beim Auftreten eines Fehlers wieder übernimmt. Bereitgestellt wird diese Technologie auf der SAP Business Technology Platform (BTP), für deren Einsatz Sie eine zusätzliche Subskription benötigen.

Für den automatischen Import der Kontoauszüge über die App »Eingangszahlungsdateien verwalten« steht Ihnen das Scope Item 4X2 – Automated Upload of Bank Statement Files – mit einem vordefinierten Content zur Verfügung, den Sie im SAP Intelligent Robotic Process Automation Store finden. Der Store enthält neben dem ausgelieferten Business Content noch Lernpakete, die Sie dabei unterstützen, sich mit dem SAP RPA sowie mit diversen Paketen des SAP Process Automation Development Kit vertraut zu machen.

☛ Informationen zum SAP Intelligent Robotic Process Automation Store

Eine umfangreiche Übersicht zum Thema »SAP Intelligent Robotic Process Automation« finden Sie im SAP Help Portal *https://help.sap.com/docs/IRPA*, wo Sie neben Installationshilfen und Dokumentationen die Möglichkeiten haben, sich zu einem *Free Plan* anzumelden, um die Funktionalitäten zu erkunden.

Das Paket 4X2 steht Ihnen ab dem SAP S/4HANA Release OP 1909 zur Verfügung und ermöglicht Ihnen den automatischen Upload von Kontoauszügen, die Sie per E-Mail oder von lokalen Verzeichnissen bzw. von solchen, die auf Netzlaufwerke gemappt sind, erhalten haben.

Den Bot für die automatische Verarbeitung aus dem Paket 4X2 starten Sie mithilfe des sogenannten Desktop Agents – Sie können dort zu Beginn festlegen, ob Sie die Dateien bzw. Kontoauszüge aus Ihrem Mail-Postfach oder von einem Ihrer lokalen bzw. gemappten Laufwerke verarbeiten möchten. Der Bot wird nun den Import der Kontoauszüge in der Fiori-App »Eingangszahlungsdateien verwalten« analog zu einem manuellen Import automatisiert durchführen. Hat der Bot den Prozess beendet, erhalten Sie direkt in der Fiori-App eine Information über den Verarbeitungsstatus bzw. eine Mail mit detaillierten Informationen zum Verarbeitungsprozess Ihrer Kontoauszüge.

2.5 Die Kontoauszugsmonitore in SAP

Nachdem wir in einem ersten Schritt die Kontoauszüge über eine der hier dargestellten Möglichkeiten in unser SAP-System importiert haben, möchten wir im weiteren Verlauf wissen, ob auch alle Bankkonten, die wir für den Abruf bei unseren Hausbanken hinterlegt haben, vollständig empfangen worden sind. Der SAP-Standard bietet uns eine Reihe von Möglichkeiten zur Überwachung des Imports bzw. Verarbeitungsstatus.

! Bereitstellung der unterschiedlichen Kontoauszugsmonitore

Wenn Sie die im Folgenden dargestellten Kontoauszugsmonitore verwenden möchten, dann benötigen Sie eine gesonderte Lizenz (voller Umfang) für das SAP S/4HANA Finance Cash Management. Möchten Sie nur den Monitor aus der Transaktion FTE_BSM verwenden, dann reicht die gesonderte Lizenz für das SAP Bank Communication Management aus.

Nachfolgend möchte ich Ihnen die einzelnen Möglichkeiten kurz vorstellen. In Abschnitt 4.4 gehe ich detailliert auf das jeweilige Customizing ein.

2.5.1 Fiori-App »Kontoauszugsmonitor – Tagesabschluss«

Die Fiori-Smart-Business-App »Kontoauszugsmonitor – Tagesabschluss« (ID F1734) bietet Ihnen eine erste Möglichkeit, den Verarbeitungsstatus Ihrer Kontoauszüge zu visualisieren (siehe Abbildung 2.9).

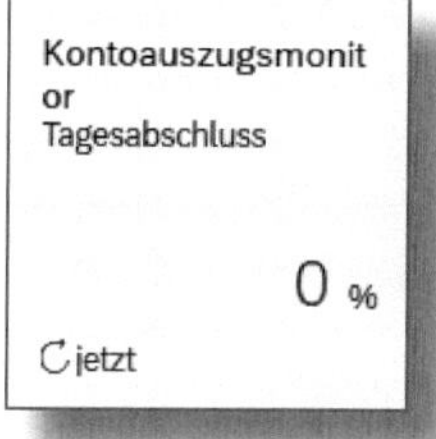

Abbildung 2.9: Fiori-App »Kontoauszugsmonitor – Tagesabschluss«

Die App selbst zeigt Ihnen bereits vor dem Aufruf eine Prozentzahl aller für den Bankarbeitstag erwarteten bzw. aktuell verarbeiteten Kontoauszüge. Für weitere Details zum Importstatus starten Sie nun die App. Sie erhalten anschließend, wie in Abbildung 2.10 dargestellt, eine grafische Übersicht über den jeweiligen Verarbeitungsstatus aller

Hausbankkonten, die Sie für das Monitoring in der App »Bankkonten verwalten« (ID F1366A) hinterlegt haben. Weitere Informationen zu den dazugehörigen Einstellungsmöglichkeiten finden Sie im Abschnitt 4.4.

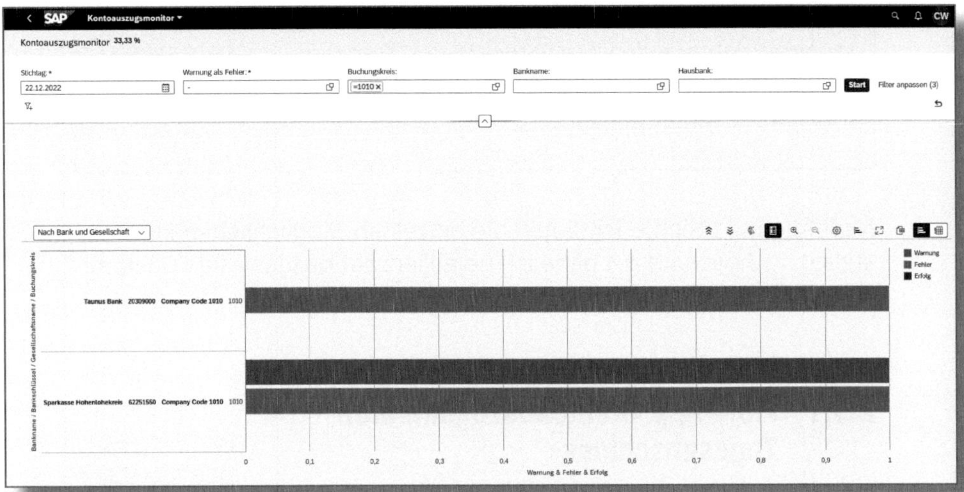

Abbildung 2.10: Übersicht zum Verarbeitungsstatus von Kontoauszügen

Die App selbst bietet eine Reihe von Filtermöglichkeiten, mit deren Hilfe Sie die Suche bzw. Darstellung der Ergebnisse weiter eingrenzen und verfeinern können. Anhand der Farblegende können Sie den Verarbeitungsstatus der Auszüge erkennen. In der Standardauslieferung der Fiori-App gibt es drei Farben mit folgender Bedeutung:

- **Rot**: Es gibt einen Fehler bzw. der Kontoauszug fehlt.
- **Blau**: Warnung, dass der Kontoauszug zwar importiert, aber noch nicht vollständig gebucht wurde.
- **Grün**: Erfolg, der Kontoauszug wurde erfolgreich importiert und verbucht.

☛ Anpassungen von KPIs

Mithilfe der Fiori-App »KPIs und Berichte verwalten« (ID F2814) können Sie die Metrik in den KPIs der Smart-Business-Apps konfigurieren bzw. an Ihre Bedürfnisse anpassen. Weitere Informationen dazu finden Sie auch im SAP-Hinweis 2384598.

Die grafische Illustration zum Verarbeitungsstatus der Kontoauszüge lässt sich über den Button auf eine Listdarstellung der Ergebnisse umstellen (siehe Abbildung 2.11).

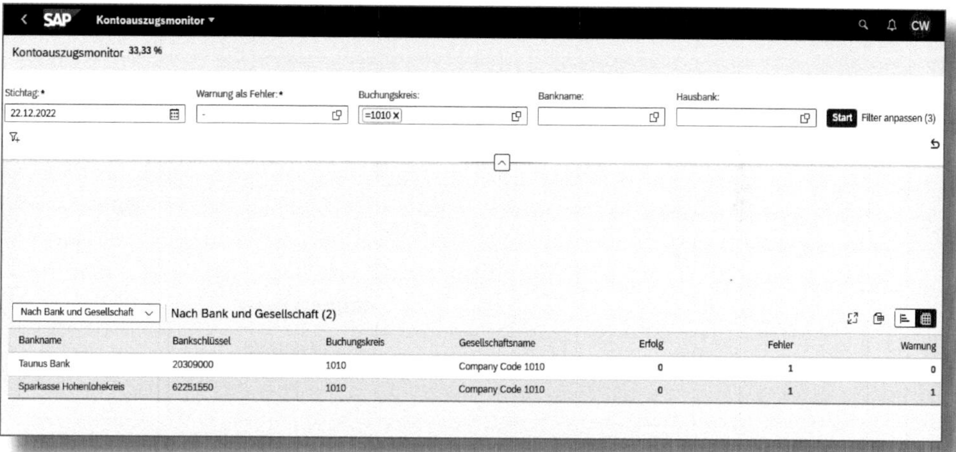

Bankname	Bankschlüssel	Buchungskreis	Gesellschaftsname	Erfolg	Fehler	Warnung
Taunus Bank	20309000	1010	Company Code 1010	0	1	0
Sparkasse Hohenlohekreis	62251550	1010	Company Code 1010	0	1	1

Abbildung 2.11: Listdarstellung des Verarbeitungsstatus von Kontoauszügen

2.5.2 Fiori-App »Kontoauszugsmonitor (Untertägig)«

Neben dem Kontoauszugsmonitor für den Tagesabschluss steht für das Monitoring der untertägigen Kontoauszüge (SWIFT MT942 und CAMT.052) eine weitere Fiori-App zur Verfügung: der »Kontoauszugsmonitor (Untertägig)« (ID F3671). Anders als bei der (einmaligen)

Bereitstellung von Kontoauszügen am Tagesende können die untertägigen Kontoauszüge nach Absprache mit der Hausbank mehrmals täglich angeliefert werden. Der dazugehörige Importstatus kann mit der App auf Basis von definierten Terminen (Datum und Uhrzeit) sowie der erwarteten Anzahl der Importe überwacht werden.

Um eine Übersicht über den Importstatus zu erhalten, starten Sie zunächst die App und wählen den Stichtag für die Kontoauszüge aus, die Sie überwachen möchten (siehe Abbildung 2.12). Die App ist zweigeteilt aufgebaut: Auf der linken Seite werden die Hausbank, der Importstatus sowie die erwarteten und tatsächlich importierten Kontoauszüge dargestellt, auf der rechten Seite der App wird der dazugehörige Zeitstrahl visualisiert.

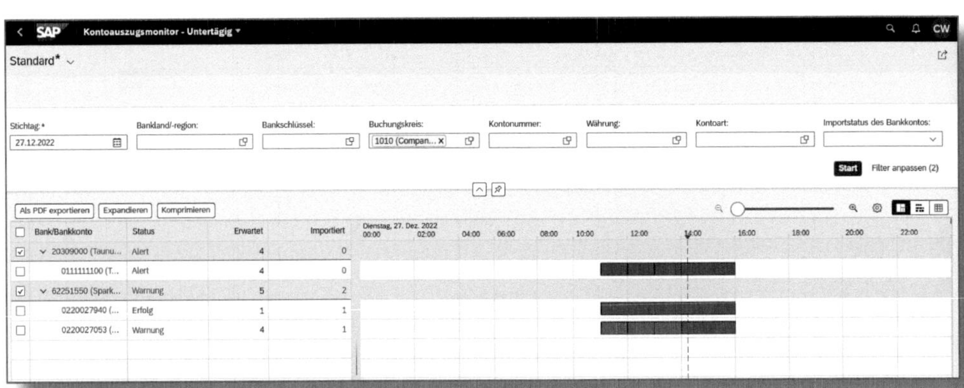

Abbildung 2.12: Verarbeitungsstatus von untertägigen Kontoauszügen

Der aktuelle Verarbeitungsstatus in unserem Beispiel zeigt zwei Szenarien für den Import der Dateien: Für die erste Hausbank sind mehrere Abschnitte bzw. Zeitpunkte definiert, an denen wir für das Hausbankkonto Kontoauszüge erwarten. Wie wir an der Stelle sehen, wurde ein Alert erzeugt, da von den erwarteten Kontoauszügen zum definierten Zeitrahmen noch keiner eingegangen ist.

Bei der zweiten Hausbank erwarten wir für zwei Hausbankkonten Kontoauszüge: Für das erste Konto nur einen Kontoauszug – der auch angekommen ist – für das zweite Konto vier Auszüge, von denen nur einer von der Bank angeliefert wurde.

Die Darstellung bzw. Aufbereitung der Informationen ist bei dieser Fiori-App deutlich dynamischer und flexibler als bei den anderen Apps, die lediglich einen Kontoauszug pro Auszugsdatum verarbeiten bzw. darstellen. Wie Sie die Einstellungen für die App vornehmen, erfahren Sie im Abschnitt 4.4.

2.5.3 Kontoauszugsmonitor FTE_BSM

Möchten Sie zur Fiori-App »Kontoauszugsmonitor – Tagesabschluss« eine alternative Darstellung des Verarbeitungsstatus Ihrer Kontoauszüge, so steht Ihnen weiterhin der Kontoauszugsmonitor in der SAP GUI zur Verfügung, den Sie direkt über die Transaktion FTE_BSM oder über den Menüpfad im SAP Easy Access RECHNUNGSWESEN • FINANCIAL SUPPLY CHAIN MANAGEMENT • BANK COMMUNICATION MANAGEMENT • STATUSVERWALTUNG • MAPPEN- UND ZAHLUNGSMONITOR aufrufen.

Dieser Kontoauszugsmonitor bietet Ihnen im Vergleich zur Fiori-App deutlich mehr Informationen, benötigt aber, wie bereits erwähnt, eine gesonderte Lizenz für das »Cash Management im vollen Funktionsumfang« bzw. das »Bank Communication Management (BCM)«. Um eine Übersicht zum Verarbeitungsstatus Ihrer Konten zu erhalten, starten Sie die Transaktion oder navigieren über den angegebenen Menüpfad. Hinterlegen Sie im Monitor einige Informationen zum Kontoauszug sowie die ZEITLICHE ABGRENZUNG für den Kontoauszug wie das EINLESEDATUM (siehe Abbildung 2.13).

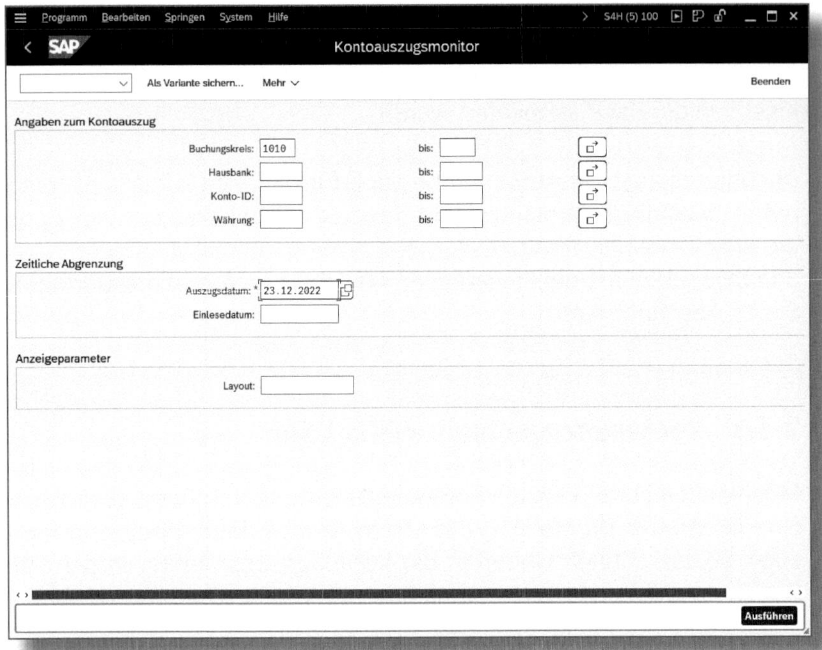

Abbildung 2.13: Kontoauszugsmonitor FTE_BSM

Starten Sie anschließend mittels **Ausführen** die Selektion. In der Übersicht zum Verarbeitungsstatus Ihrer selektierten Kontoauszüge können Sie nun das Layout anpassen oder direkt in weitere Transaktion abspringen, wie beispielsweise zum Zahlungsmonitor im BCM oder in die Kontoauszugsnachbearbeitung.

Weitere hilfreiche Informationen über den Verarbeitungsstatus eines Kontoauszugs liefern Ihnen die Statusmeldungen, wie beispielhaft in Abbildung 2.14 dargestellt.

Prozess-Status	Differenzstatus	Serienstatus	Abgleichstatus
●○○ Kontoauszug nicht vorhanden.	●○○ Kontoauszug nicht vorhanden.	●○○ Kontoauszug nicht vorhanden.	●○○ Kontoauszug nicht vorhanden.
●○○ Kontoauszug nicht vorhanden.	●○○ Hauptbuchkontosaldo kann nicht ermittelt werden.	○○■ Kontoauszugsserie ist vollständig.	●○○ Abgleichstatus ist nicht OK!
○▲○ Kontoauszug noch nicht vollständig gebucht.	●○○ Hauptbuchkontosaldo kann nicht ermittelt werden.	○○■ Kontoauszugsserie ist vollständig.	●○○ Abgleichstatus ist nicht OK!

Abbildung 2.14: Statusübersicht von Kontoauszügen in der FTE_BSM

Zu unterscheiden sind Meldungen zum

- PROZESS-STATUS,
- DIFFERENZSTATUS,
- SERIENSTATUS und
- ABGLEICHSTATUS.

Prozess-Status

Der *Prozess-Status* gibt Ihnen Auskunft darüber, ob der Kontoauszug zum selektierten Auszugsdatum korrekt verarbeitet bzw. gebucht worden ist. Mit der Ampelfunktion haben Sie die Statusdetails direkt im Blick:

- **Rot:** Der Kontoauszug wird zwar im Customizing bzw. in den Stammdaten der Bankkontenverwaltung angezeigt, er ist aber nicht vorhanden (z. B. durch Importfehler oder fehlende Bereitstellung durch die Bank).
- **Gelb:** Der Kontoauszug ist vorhanden, aber nicht alle Positionen daraus konnten verbucht werden.
- **Grün:** Der Kontoauszug wurde komplett bzw. korrekt verarbeitet.

Differenzstatus

Über den *Differenzstatus* erkennen Sie mögliche Abweichungen zwischen dem Endsaldo des Kontoauszugs und dem tatsächlichen Saldo auf dem Hauptbuchkonto. Die zulässigen Toleranzen hinterlegen Sie in der Bankkontenverwaltung. Auch Details zum Differenzstatus entnehmen Sie der Ampelfunktion:

- **Rot:** Die Kontensaldendifferenz überschreitet die zulässige Höhe.
- **Gelb:** Der Differenzbetrag liegt innerhalb des Toleranzbereichs.
- **Grün:** Es liegen keine Kontensaldendifferenzen vor.

Serienstatus

Über die *Serie* wird ermittelt, ob die Sequenz der letzten fünf Kontoauszüge auf Basis des selektierten Auszugsdatums vollständig ist. Wiederum können Sie über die Ampelfunktion die Details zum Status entnehmen – allerdings sind hier nur zwei Optionen möglich:

- **Rot:** Die Sequenz der letzten fünf Kontoauszüge ist nicht vollständig.
- **Grün:** Die Sequenz der letzten fünf Kontoauszüge ist vollständig.

Abgleichstatus

Über den *Abgleichstatus* erhalten Sie die Information, ob noch offene Posten auf dem Hauptbuchkonto existieren. Die Ampelfunktion gibt folgende Hinweise:

- **Rot:** Es sind noch offene Posten vorhanden.
- **Gelb:** Es sind noch nicht alle Posten gebucht.
- **Grün:** Alle Posten sind gebucht.

Die Einstellungen für diesen Kontoauszugsmonitor wurden mit dem Release SAP S/4HANA OP 2020 in die Stammdatenverwaltung der Hausbankkonten integriert. Die Einstellungen aus dem dazugehörigen Customizing des SAP BCM sind seither obsolet. Weitere Informationen zum Set-up finden Sie in Abschnitt 4.4.

2.6 Bankkontensalden überwachen

Eine weitere Möglichkeit für die Anzeige des Verarbeitungsstatus bietet Ihnen die Fiori-App »Bankkontensalden überwachen« (ID F5176). Die App wird im Rahmen des erweiterten Cash Managements im Bereich der Bankkontenverwaltung bereitgestellt (siehe Abbildung 2.15).

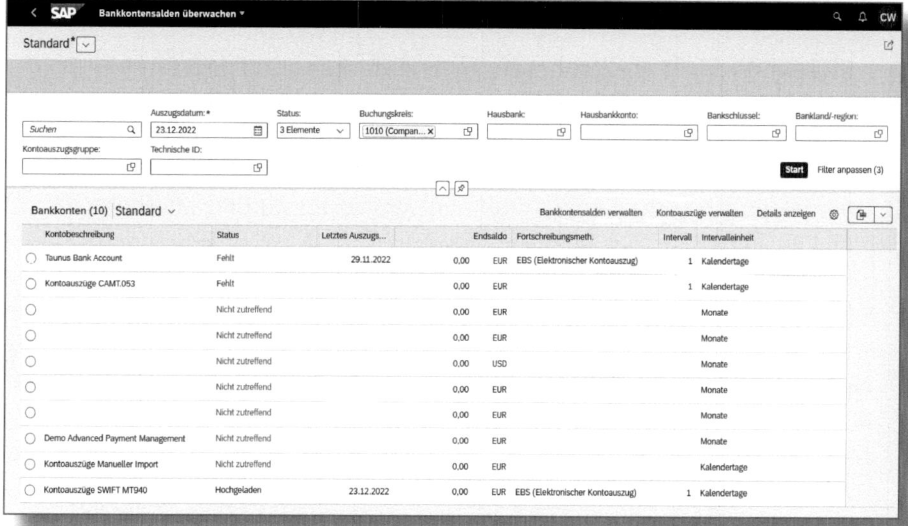

Abbildung 2.15 Übersicht von Bankkontensalden

Die App bietet Ihnen eine Übersicht über den aktuellen Verarbeitungsstatus zum gewählten Auszugsdatum ähnlich der in Transaktion FTE_BSM, allerdings mit einem etwas reduzierten Funktionsumfang. So bietet sie Ihnen lediglich Informationen zum Intervall bzw. der Intervalleinheit auf Basis eines optionalen Fabrikkalenders. Die weiteren Informationen zur Konfiguration finden Sie im Abschnitt 4.4.

2.7 Anlage manueller Kontoauszüge

Nicht immer ist es möglich, dass Ihnen Ihre Hausbanken Kontoauszugsdateien in einem Format zur Verfügung stellen, welches Sie direkt über die SAP-Standardfunktionalitäten importieren können. In diesem Fall benötigen Sie eine Option zur manuellen Erfassung dieser Kontoauszüge. Bereits seit Release ECC 6.0 existiert die *manuelle Erfassungstransaktion FF67*, mit deren Hilfe Sie Kontoinformationen manuell verarbeiten können. Mit SAP S/4HANA wurde diese Funktion mit Entwicklung der Fiori-App »Kontoauszüge verwalten« (ID F1564) erweitert bzw. deutlich verbessert. Die App können Sie im Rahmen der bestehenden SAP-S/4HANA-Finance-Lizenz nutzen.

Dateiformate für den Import von Kontoauszügen

Ergänzend zu den Standardformaten dürften sich in den vergangenen Jahren die SWIFT MT- und, in der jüngeren Zeit, die ISO 20022-Formate etabliert haben. Proprietäre bzw. bankspezifische Formate können in SAP über die Transaktion FEBC direkt in ein Multicash-Format konvertiert und verarbeitet werden; alternativ stehen Ihnen weitere bankspezifische Formate im SAP-Standard für den Import zur Verfügung.

Neben der manuellen Anlage von Kontoauszügen bietet Ihnen die App auch eine Übersicht über den Verarbeitungsstatus Ihrer elektronischen Kontoauszüge (siehe Abbildung 2.16). Zahlreiche Filter unterstützen Sie bei der Selektion Ihrer Kontoauszüge.

Transaktion FF67 vs. SAP-Fiori-App

Da die Fiori-App »Kontoauszüge verwalten« gegenüber der Transaktion FF67 einen deutlich erweiterten Funktionsumfang bietet, gehe ich im weiteren Verlauf nicht näher auf die Transaktion ein.

Abbildung 2.16: Übersicht angelegter bzw. importierter Kontoauszüge

Aus der Übersicht der Kontoauszüge besteht die Möglichkeit, direkt in die App »Kontoauszugspositionen nachbearbeiten« (ID F1520) abzuspringen, um dort fehlerhafte Belegpositionen nachzubearbeiten. Wir möchten aber zunächst einen manuellen Kontoauszug erstellen und drücken dazu den Button [Anlegen]. Das System wechselt nun in einen »zweigeteilten« Bildschirm, wo wir im Kopfteil (siehe Abbildung 2.17) Angaben in den markierten Pflichtfeldern hinterlegen:

- HAUSBANKKONTO,
- HAUSBANK,
- BUCHUNGSKREIS,
- KONTOAUSZUGSNUMMER,
- KONTOAUSZUGSDATUM sowie
- den ANFANGS- und ENDSALDO.

Der Status des Kontoauszugs wird an der Stelle auf IN ERFASSUNG gesetzt.

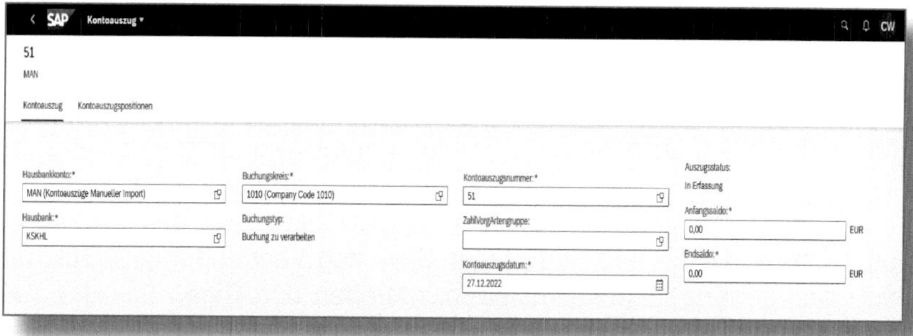

Abbildung 2.17: Anlage eines manuellen Kontoauszugs

Nachdem wir die Kopfdaten des Auszugs hinterlegt haben, wechseln wir in die KONTOAUSZUGSPOSITIONEN und erfassen dort die einzelnen Positionen. Die Standarderfassung bietet dazu eine Reihe vordefinierter Spalten, die Sie über den Button [⚙] nach Ihren Bedürfnissen weiter anpassen können.

Wir beginnen mit der ersten Belegposition, die wir über den Button [Anlegen] einfügen. Anschließend wählen wir einen manuellen Vorgang aus (siehe Abbildung 2.18), über den die Buchung im weiteren Verlauf gesteuert wird. Dem Vorgang selbst sind eine Buchungsregel sowie optional ein Interpretationsalgorithmus zugeordnet, über die sich die spätere Verbuchung bzw. Belegidentifizierung steuern lassen.

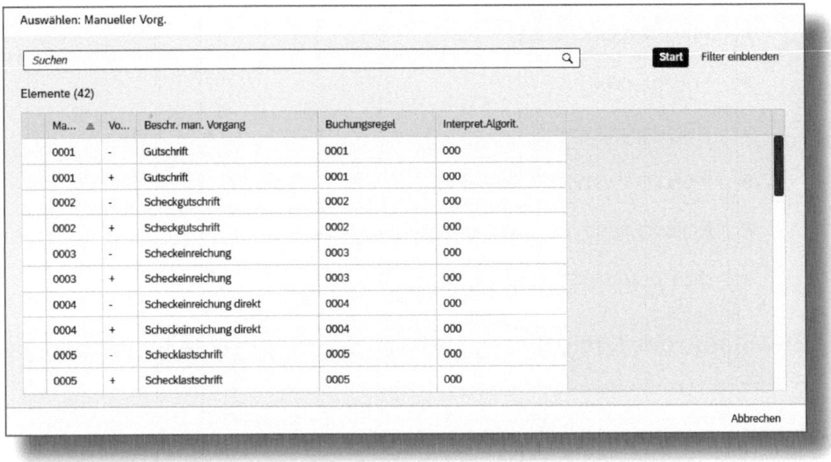

Auswählen: Manueller Vorg.

Suchen | Start | Filter einblenden

Elemente (42)

Ma...	Vo...	Beschr. man. Vorgang	Buchungsregel	Interpret.Algorit.
0001	-	Gutschrift	0001	000
0001	+	Gutschrift	0001	000
0002	-	Scheckgutschrift	0002	000
0002	+	Scheckgutschrift	0002	000
0003	-	Scheckeinreichung	0003	000
0003	+	Scheckeinreichung	0003	000
0004	-	Scheckeinreichung direkt	0004	000
0004	+	Scheckeinreichung direkt	0004	000
0005	-	Schecklastschrift	0005	000
0005	+	Schecklastschrift	0005	000

Abbrechen

Abbildung 2.18: Auswahloptionen des manuellen Vorgangs

Mit einem Klick auf eine Zeile wählen Sie den Vorgang aus und kehren anschließend zurück in die Kontoauszugsposition (hier nicht extra gezeigt). Dort tragen Sie das Valutadatum sowie den Betrag in die weiteren Felder ein. Hinterlegen Sie einen Verwendungszweck mit den dazugehörigen Ausgleichsinformationen und fügen Sie eine Bezeichnung der Transaktion bzw. des Vorgangs ein. Sobald Sie die erste Position erfasst haben, können Sie bei Bedarf noch weitere Belegpositionen erfassen, indem Sie den Button [Anlegen] drücken und so eine zusätzliche Zeile erzeugen; negative Beträge versehen Sie dabei mit einem Minuszeichen. Möchten Sie dem Beleg noch ergänzende Informationen hinzufügen, so können Sie mit einem Klick auf die Belegzeile in die Details der Position abspringen (siehe Abbildung 2.19).

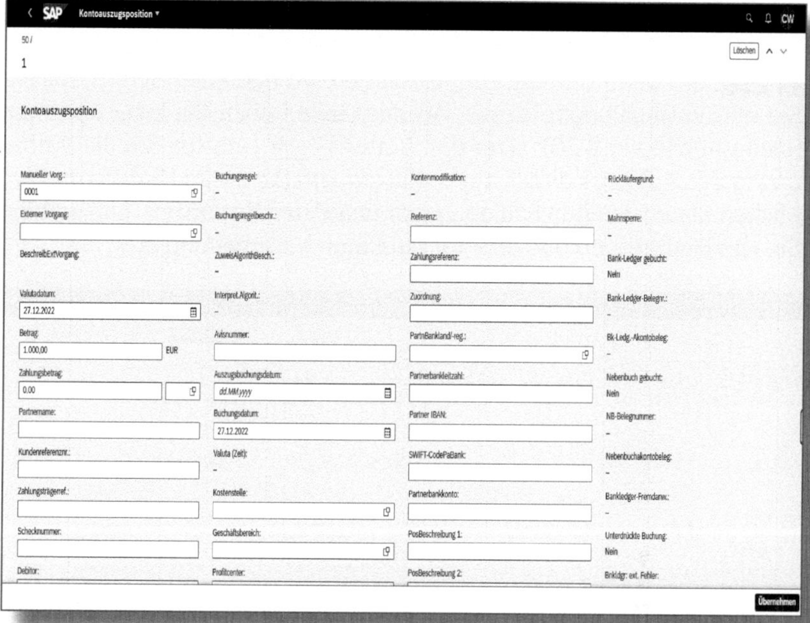

Abbildung 2.19: Übersicht und Details der Kontoauszugsposition

Tragen Sie die Werte in die dafür vorgesehenen Felder ein und übernehmen Sie Ihre Angaben. Die Nachbearbeitungsfunktion der Belegpositionen ist zu dem Zeitpunkt noch »ausgegraut«, der Auszugsstatus ist weiterhin auf »In Erfassung«.

> **! Externer Vorgang vs. interner Vorgang**
>
> Sie haben bei der Anlage eines manuellen Kontoauszugs die Möglichkeit, der Belegposition einen manuellen Vorgang zuzuordnen oder alternativ einen externen Vorgang, der auch bei der Verarbeitung des elektronischen Kontoauszugs verwendet wird. Möchten Sie mit den externen Vorgängen arbeiten, so müssen Sie zusätzlich eine Vorgangsart im Feld ZAHLVORGARTENGRUPPE der Kopfinformationen auswählen. Das Feld MANUELLER VORG. bleibt in diesem Fall leer.

Nachdem alle Belegpositionen des Kontoauszugs erfasst sind, starten Sie mit der Verbuchung. Dazu drücken Sie zunächst den Button Anlegen, um den Kontoauszug anzulegen. Im nächsten Schritt starten Sie den Verbuchungsprozess. An der Stelle haben Sie zwei Optionen (siehe Abbildung 2.20): Über den Button Buchen starten Sie die Verbuchung des Auszugs direkt, alternativ steuern Sie sie im Hintergrund an. Klicken Sie im zweiten Fall oben rechts auf den Button ••• und wählen Sie »Im Hintergrund buchen« für die Batch-Verarbeitung aus.

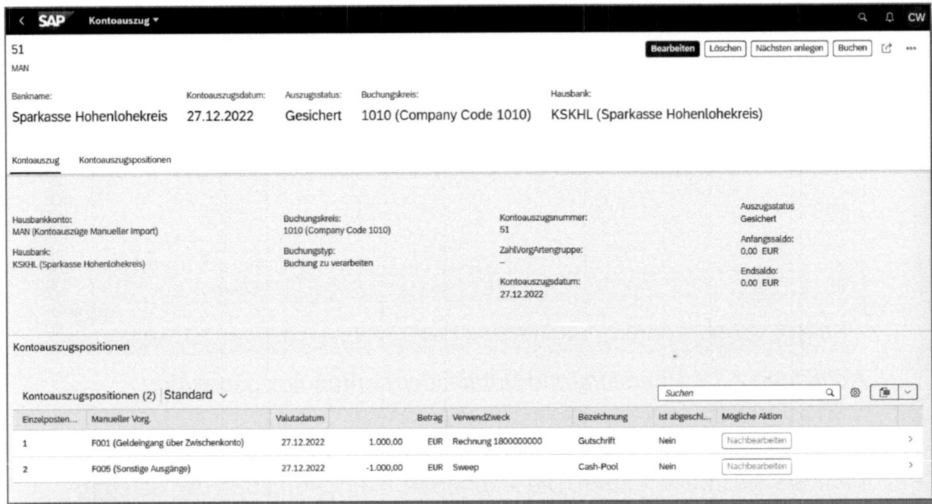

Abbildung 2.20: Übersicht von Kontoauszugspositionen für die Nachbearbeitung

Im Anschluss können Sie die Belege nachbearbeiten, bei denen der automatische Ausgleich bzw. die Verbuchung nicht erfolgreich war.

Um die Verarbeitung bzw. Erfassung noch weiter zu vereinfachen, sollten Sie mit einer vordefinierten Excel-Vorlage arbeiten. Im Rahmen der Kontoauszugserfassung können Sie das Excel-Template über den Button Vorlage generieren auf Ihren lokalen PC speichern und mit den Inhalten des Kontoauszugs füllen. Über den Button Importieren können Sie im Anschluss die Daten aus der Vorlage importieren.

! Import aus Excel-Vorlage

Bitte beachten Sie beim Import über die Excel-Vorlage: Bereits erfasste Kontoauszugspositionen werden durch den Import gelöscht.

2.8 Fazit

Der Import von elektronischen Kontoauszügen gehört im Rahmen der Bankbuchhaltung sicher zu den Prozessen, für die ein hoher Automatisierungsgrad gefordert ist. Bereits mit dem Release ECC 6.0 hat die SAP erste Möglichkeiten geschaffen, diesen Prozess – beispielsweise mit der Transaktion FEB_FILE_HANDLING – nachhaltig zu optimieren. Unter S/4HANA sind die Möglichkeiten für den Import von elektronischen Kontoauszügen inklusive Monitoring des Verarbeitungsstatus nochmals verbessert worden und ermöglichen damit einen hohen Grad an Automatisierung.

Was in diesem Zusammenhang allerdings zu bedenken ist: Für einen Teil der hier aufgezeigten Möglichkeiten sind gesonderte Lizenzen notwendig, beispielsweise für den Import der Kontoauszüge über SAP MBC oder auch für das Monitoring der Kontoauszugsverarbeitung.

3 Nachbearbeitung von Kontoauszügen im SAP-Standard

Nachdem Sie die Importmöglichkeiten für elektronische Kontoauszüge kennengelernt haben, wenden wir uns in diesem Kapitel den Optionen zu, die uns im SAP-Standard für die Nachbearbeitung der Kontoauszüge zur Verfügung stehen. Wir werfen dazu einen Blick auf die klassische GUI-Transaktion FEB_BPSPROC sowie auf die neuen Möglichkeiten, die einige Fiori-Apps unter S/4HANA bieten. In Ergänzung zur Kontoauszugsnachbearbeitung werden von der SAP nun auch sogenannte Nachbearbeitungsregeln ausgeliefert, die wir ebenfalls näher betrachten werden.

Auch unter SAP S/4HANA steht uns die etablierte Nachbearbeitung der elektronischen Kontoauszüge mit der Transaktion FEB_BSPROC zur Verfügung. Während man die zugehörigen Funktionalitäten im SAP ECC 6.0 noch über die Business Function FIN_BL_EB_1 gesondert aktivieren musste, ist diese in S/4 standardmäßig aktiv. Schauen wir uns nachfolgend die einzelnen Komponenten der Transaktion an.

3.1 Die Nachbearbeitungstransaktion FEB_BSPROC

Mit der Einführung von SAP ECC 6.0 EhP6 wurde die ursprüngliche Nachbearbeitungstransaktion für elektronische Kontoauszüge FEBAN komplett überarbeitet, benutzerfreundlicher gestaltet sowie um einige neue Funktionalitäten erweitert. Dabei herausgekommen ist die Transaktion FEB_BSPROC, deren Benutzeroberfläche an vielen Stellen für ein effizientes Kontoauszugsmanagement optimiert wurde.

Kernelement ist die Ein-Bild-Transaktion, die auch unter SAP S/4HANA noch nahezu unverändert besteht. Alle wichtigen Informationen und Bearbeitungsschritte können inzwischen nahezu über ein einziges

Dynpro übersichtlich durchgeführt werden. Es verhilft dem Anwender zu einer produktiven Nachbearbeitung der fehlerhaften Kontoauszugspositionen.

Den Einstieg in die Kontoauszugsnachbearbeitung können Sie entweder über die alte Transaktion FEBAN oder über die FEB_BSPROC bzw. den Menüpfad RECHNUNGSWESEN • FINANZWESEN • BANKEN • EINGÄNGE • KONTOAUSZUG • NACHBEARBEITEN vornehmen.

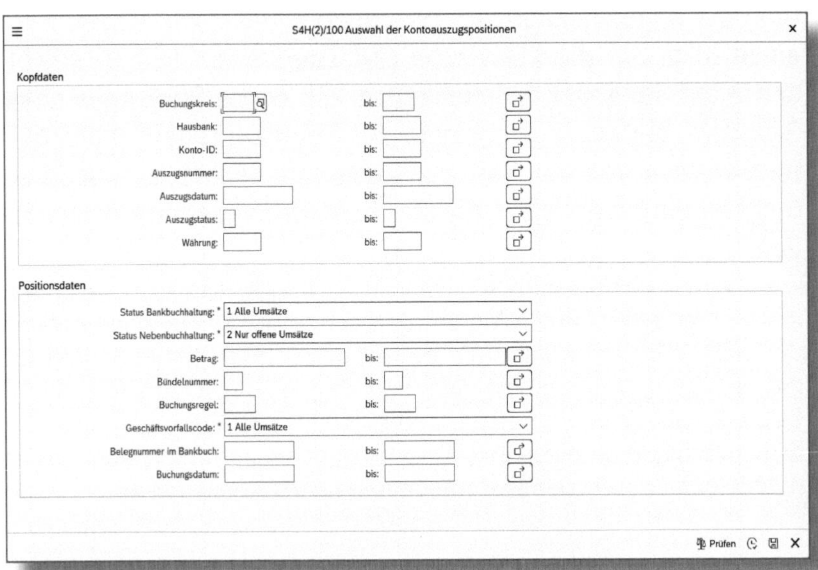

Abbildung 3.1: Auswahl von Kontoauszugspositionen

Bei der Auswahl von Kontoauszugspositionen stehen Ihnen nun weitere Optionen zur Verfügung (siehe Abbildung 3.1). Neben dem STATUS der BANK- und NEBENBUCHHALTUNG ist es außerdem optional möglich, die Beleganzeige über den GESCHÄFTSVORFALLCODE (GVC) weiter einzuschränken:

- 1 Alle Umsätze
- 2 Nur Umsätze mit unbekannten Geschäftsvorfallcode
- 3 Nur Umsätze mit bekanntem Geschäftsvorfallcode

Im Customizing sind die GVCs der Banken im Regelfall einem internen Vorgang zugeordnet. Übermittelt die Hausbank einen externen Vorgang, der im Customizing noch keine Zuweisung hat, lässt sich der Beleg dem unbekannten Vorgang (UNALLOCATED) zuordnen. Die Selektion der Kontoauszüge kann so auf diese Vorgänge eingeschränkt werden (siehe auch Abschnitt 4.2.2).

Parameterwerte für Benutzer

Soll die Nachbearbeitungstransaktion nicht für alle Benutzer nutzbar sein, so kann dies individuell über den Benutzerparameter FIN_BSPROC_UI festgelegt werden. Mit dem Parameterwert FEBAN kann beispielsweise weiterhin die vorherige Nachbearbeitungstransaktion FEBAN aufgerufen werden. Weitere Hinweise zu den Parametern liefert Ihnen der SAP-Hinweis 1852491.

Wie schon unter der Transaktion FEBAN können Sie die Auswahl der Kontoauszugspositionen im Einstiegsbild als Variante sichern. Die Auswahl der Belege lässt sich hier beschleunigen, indem beispielsweise bei der Selektion der Daten die buchungskreisrelevanten Daten bereits fest hinterlegt sind und nur noch das Auszugsdatum aktualisiert werden muss. Achten Sie dabei unbedingt auf die Anlage sinnvoller Varianten! Wird die Variante mit einem Auszugsdatum oder einer Auszugsnummer hinterlegt, werden nach dem Aufruf im ungünstigsten Fall keine Kontoauszüge zur Bearbeitung angezeigt.

In Abbildung 3.2 sind die Kernbereiche der Transaktion FEB_BSPROC dargestellt. Diese werden wir uns in den Abschnitten 3.1.1 bis 3.1.3 etwas genauer ansehen:

- oben die Übersicht der selektierten Belegpositionen,
- in der Mitte die Zuordnung des Belegs mit änderbarem Verwendungszweck und
- im unteren Bereich die Registerkarten mit den jeweils dazugehörigen Verbuchungsoptionen.

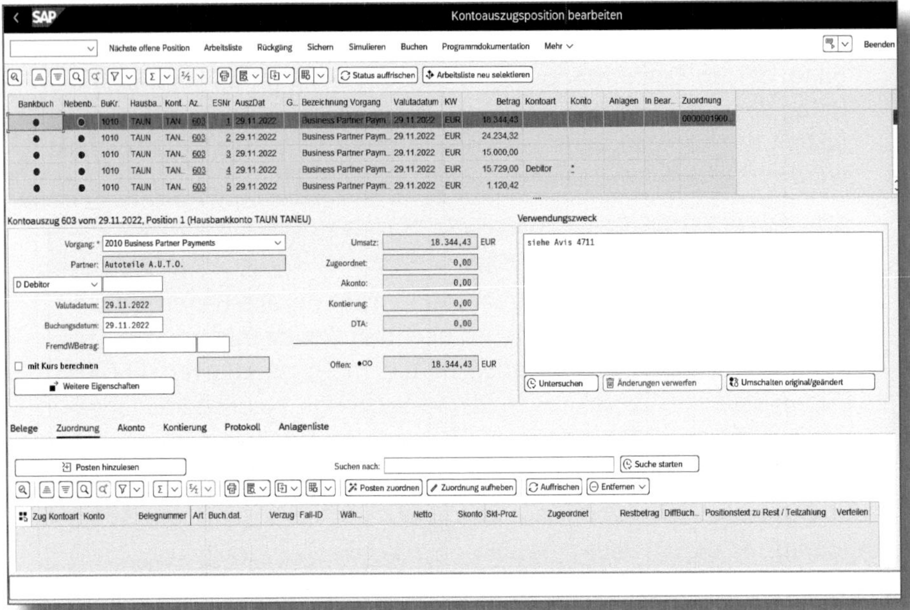

Abbildung 3.2: Detailansicht Kontoauszugspositionen in der Transaktion FEB_BSPROC

Darüber hinaus kann der Anwender in fast allen Bereichen der Nachbearbeitung die Listenausgabe in der ALV-Darstellung selbstständig sortieren und filtern. Zusätzlich wurden in der Menüleiste einige neue Funktionalitäten ergänzt, die Ihnen bei der Navigation durch den Kontoauszug helfen. Die wichtigsten Funktionen der Menüleiste sind:

- ARBEITSLISTE
- BEARBEITEN
- EINSTELLUNGEN

Über den Menüpunkt ARBEITSLISTE können Sie direkt aus der Nachbearbeitung den Status Ihrer selektierten Belege auffrischen, neu selektieren oder die Belegübersicht komplett ausblenden. Blenden Sie an der Stelle die Arbeitsliste vollständig aus, steht Ihnen mehr Platz für die weitere Verarbeitung der Belege zur Verfügung. Nach der erfolgten Verbuchung wird automatisch der nächste fehlerhafte Beleg aufgerufen, sofern diese Option in den persönlichen Einstellungen hinterlegt ist.

In der Praxis kann es immer wieder vorkommen, dass Belege außerhalb der elektronischen Kontoauszugsverarbeitung manuell gebucht werden. Diese Belege werden später in der Kontoauszugsnachbearbeitung als fehlerhaft markiert. Da diese Belege über die FEB_BSPROC nicht mehr gebucht werden müssen, empfiehlt es sich, die entsprechenden Positionen über den Menüpfad BEARBEITEN • STATUS ÄNDERN als ERLEDIGT zu kennzeichnen.

Wurden die Belege im Buchungsbereich 1 (Hauptbuch) nicht korrekt verbucht, dann können Sie dies unter BEARBEITEN • BANKBUCH NACHBUCHEN nachholen.

3.1.1 Personalisieren der Kontoauszugsverarbeitung

Wichtige Möglichkeiten des Personalisierens bieten in der Menüleiste die ALLGEMEINEN EINSTELLUNGEN sowie die EINSTELLUNGEN ZUM BUCHEN von Belegen. Beide werden Ihnen im Regelfall beim erstmaligen Aufruf der Transaktion FEB_BSPROC angeboten (siehe Abbildung 3.3).

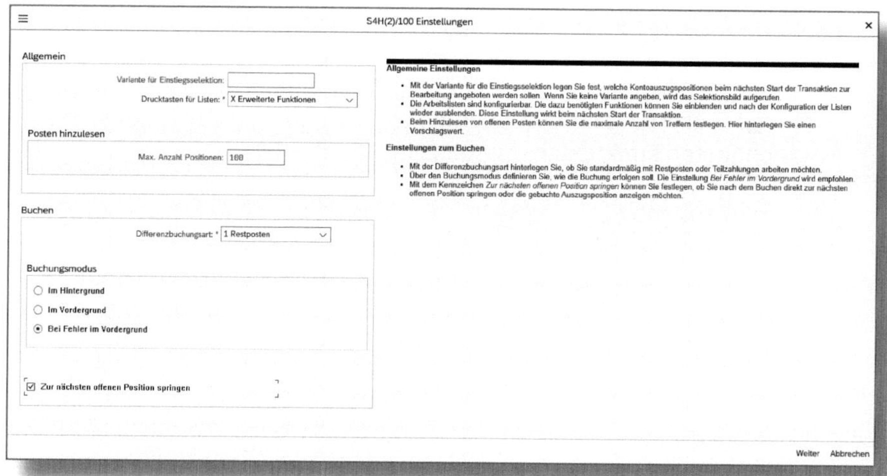

Abbildung 3.3: Personalisierung der Kontoauszugsverarbeitung

Allgemeine Einstellungen

Hier können Sie beispielsweise eine Variante für die Einstiegsselektion zum Start der FEB_BSPROC anlegen. Legen Sie keine Variante an, werden die Daten aus der Standard-Selektion verwendet.

Des Weiteren können Sie eine maximale Anzahl an Belegpositionen pro Geschäftspartner festlegen, die Ihnen bei der Selektion in der Arbeitsliste angezeigt wird. Über die Option BUCHEN haben Sie die Wahl zwischen den Differenzbuchungsarten RESTPOSTEN oder TEILZAHLUNG. Der Buchungsmodus steuert an der Stelle die Sicht des Belegs zum Zeitpunkt der Buchung bzw. der Nachbearbeitung. Idealerweise verwenden Sie hier den Modus IM HINTERGRUND. Wenn Sie den Haken bei ZUR NÄCHSTEN OFFENEN POSITION SPRINGEN setzen, werden Sie nach erfolgter Verbuchung automatisch zum nächsten offenen Beleg geführt.

Haben Sie persönliche Kontierungsvorlagen angelegt, können diese bei Bedarf ebenfalls unter EINSTELLUNGEN • PERSONALISIERUNG gelöscht oder geändert werden.

Optional sind Änderungen über den Menüpunkt EINSTELLUNGEN auch zu einem späteren Zeitpunkt möglich.

Die Symbolleiste

Unterhalb der Menüleiste in Abbildung 3.2 befindet sich die Symbolleiste mit Icons für die Verbuchung und Navigation in der Arbeitsliste. Die wichtigsten Funktionen daraus zeigt Tabelle 3.1:

Icon	Name	Funktion
Nächste offene Position	Nächste offene Position	Standardmäßig steht der Cursor immer auf der nächsten zu bearbeitenden Belegposition. Diese Funktion können Sie bei Bedarf mittels Personalisierung anpassen. Soll ein Beleg ausgelassen werden, können Sie mit dem Symbol Nächste offene Position zum nächsten offenen Beleg springen.

Icon	Name	Funktion
Arbeitsliste	Arbeits-liste	Über das Icon Arbeitsliste oder über den gleichnamigen Menüpunkt in der Menüleiste blenden Sie die Arbeitsliste ein bzw. aus.
	Sichern	Befinden Sie sich in der Bearbeitung einer umfangreichen Belegposition und die Buchung kann nicht vollständig abgeschlossen werden, erhalten Sie über das Symbol SICHERN den aktuellen Bearbeitungsstatus. Mit dieser Funktionalität fixieren Sie bereits getätigte Selektionen, ohne dass diese beim Verlassen der Transaktion verloren gehen. Bei einer Neuselektion stehen Ihnen somit die Daten zur weiteren Verarbeitung unverändert zur Verfügung. Zusätzlich wird der Beleg in der Arbeitsliste mit dem Icon gekennzeichnet. Technisch wird dazu für das Debitorenkonto ein Avis erstellt, welches in der Avis-Datenbank mit einer internen Avis-Nummer abgelegt wird. Für die spätere bzw. weitere Verarbeitung wird der Inhalt des Avis automatisch hinzuselektiert.
Simulieren	Simulie-ren	Möchten Sie vor der Verbuchung den Beleg prüfen, können Sie über das Symbol Simulieren die spätere Buchung simulieren.
Buchen	Buchen	Mit diesem Symbol schließen Sie die Verbuchung ab und gleichen die zuvor selektierten Positionen aus.

Tabelle 3.1: Icons für Verbuchung und Navigation in Arbeitsliste

☛ Zurücksetzen des Bearbeitungsstatus

Möchten Sie einen Beleg, den Sie zuvor über die Funktionalität des Sicherns in der Avis-Datenbank gespeichert haben, wieder in den ursprünglichen Zustand zurücksetzen, dann drücken Sie im Verwendungszweck den Button UNTERSUCHEN. So wird der Originalzustand des Belegs wiederhergestellt und gespeichert.

Die Arbeitsliste selbst wird über eine ALV-Darstellung umgesetzt. Dabei können sämtliche Vorteile genutzt werden, die diese Funktionalität bietet. Im Standard wird ein Layout angeboten, welches alle buchungsrelevanten Informationen des jeweiligen Kontoauszugs anzeigt (siehe Abbildung 3.4).

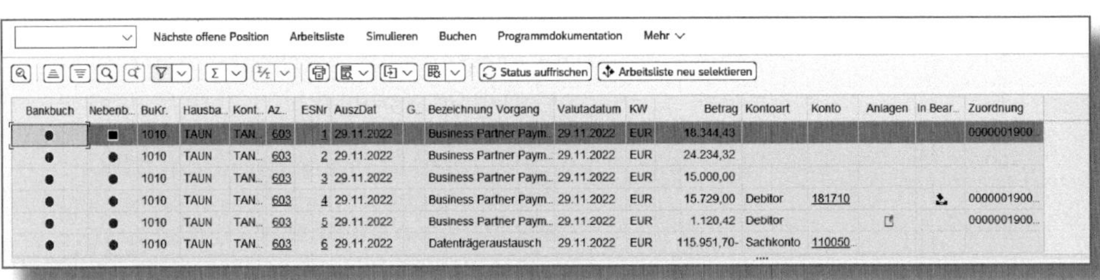

Bankbuch	Nebenb...	BuKr.	Hausba...	Kont...	Az...	ESNr	AuszDat	G...	Bezeichnung Vorgang	Valutadatum	KW	Betrag	Kontoart	Konto	Anlagen	In Bear...	Zuordnung
●	■	1010	TAUN	TAN...	603	1	29.11.2022		Business Partner Paym...	29.11.2022	EUR	18.344,43					0000001900...
●	●	1010	TAUN	TAN...	603	2	29.11.2022		Business Partner Paym...	29.11.2022	EUR	24.234,32					
●	●	1010	TAUN	TAN...	603	3	29.11.2022		Business Partner Paym...	29.11.2022	EUR	15.000,00					
●	●	1010	TAUN	TAN...	603	4	29.11.2022		Business Partner Paym...	29.11.2022	EUR	15.729,00	Debitor	181710			0000001900...
●	●	1010	TAUN	TAN...	603	5	29.11.2022		Business Partner Paym...	29.11.2022	EUR	1.120,42	Debitor				0000001900...
●	●	1010	TAUN	TAN...	603	6	29.11.2022		Datenträgeraustausch	29.11.2022	EUR	115.951,70-	Sachkonto	110050...			

Abbildung 3.4: Buchungsrelevante Informationen im Kontoauszug

Über die Funktion LAYOUT ÄNDERN kann, wie in allen ALV-Listen, die Darstellung und Anzeige individuell oder auch systemübergreifend angepasst werden. Selektieren Sie hier die Felder hinzu, die Sie für Ihre Nachbearbeitung benötigen. In der FEBAN-Transaktion werden die kompletten Informationen zum Verwendungszweck in einem gesonderten Fenster angezeigt – unter der FEB_BSPROC reduziert sich die Anzeige des Originalbelegs auf den Verwendungszweck. Möchten Sie weitere Details zum Kontoauszug selbst oder zum Geschäftspartner sehen, erreichen Sie dies einfach über einen Mausklick auf den Kontoauszug in der Spalte AUSZUGNR oder auf den Einzelsatz in der Spalte ESNR.

Ausblenden von Kontensalden

In manchen Fällen kann es notwendig sein, zur Klärung eines Sachverhalts eine Kopie des Kontoauszugs an den Geschäftspartner zu senden. Beim Einzelausdruck des Bildschirminhalts werden die Kontensalden angezeigt.

Mit dem Einbau des Hinweises 1810539 steht der Benutzerparameter FEBAN_NO_BALANCES zur Verfügung, über den sich die Anzeige der Salden unterdrücken lässt. Alternativ können Sie die Salden bereits beim Import unterdrücken. Der Hinweis 3310420 liefert die dazugehörige Erweiterung aus.

3.1.2 Zuordnen von Belegen

Im mittleren Teil der Nachbearbeitungstransaktion FEB_BSPROC können Sie nachträglich die jeweiligen Geschäftspartner entweder einem im Standard ausgelieferten Vorgang oder auch selbst definierten Vorgängen zuordnen (siehe Abbildung 3.5). Eine zusätzliche Änderung der Buchungsregel ist an dieser Stelle ebenfalls möglich. Die wichtigsten Elemente sind:

- VORGANG
- PARTNER
- WEITERE EIGENSCHAFTEN (BÜNDELNUMMER und BUCHUNGSREGEL)
- VERWENDUNGSZWECK

Mit der FEB_BSPROC werden die einzelnen Belegpositionen des Kontoauszugs einem betriebswirtschaftlichen Vorgang zugeordnet. Wie ich Ihnen in Abschnitt 4.11 noch beschreiben werde, ordnen Sie Ihre jeweiligen Belege einem zuvor definierten Standardvorgang oder einem individuell im Customizing erstellten Vorgang zu.

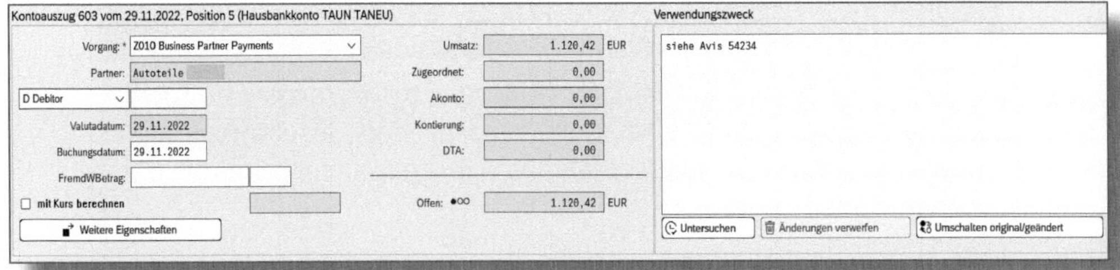

Abbildung 3.5: Detailinformationen zum Kontoauszug

Passt der zugeordnete Vorgang nicht zur Belegposition, weisen Sie ihr über die Auswahlmöglichkeit einen anderen Vorgang zu, der im Einzelfall weitere Kontierungs- und Buchungsmöglichkeiten erlaubt. Dabei gehen allerdings alle bis dahin vorgenommenen Änderungen oder Selektionen zum Beleg verloren.

Wenn Sie für die Belegfindung Interpretationsalgorithmen verwenden, bei denen Sie im Customizing keinen Vorgangstyp hinterlegt haben, wird automatisch ein UNBEKANNTER VORGANG zugeordnet.

Gegenüber der Vorgängertransaktion FEBAN können Sie nun eine flexible Zuordnung zum Geschäftspartner vornehmen. Die ehemals starre Regelung der Zuteilung auf einen zuvor festgelegten Partner wurde an dieser Stelle aufgelöst. Eine Belegposition kann nun einem

- Debitor,
- Kreditor oder
- Sachkonto

zugeordnet werden. Welcher Partner für die Buchung auswählbar ist, hängt allerdings davon ab, welchem Vorgang oder welcher Buchungsregel der Beleg zuvor zugeordnet worden ist. So kann beispielsweise die Überweisungsgutschrift eines Lieferanten nicht mit der Buchungsregel einer Debitorengutschrift verbucht werden.

Der Wechsel einer Buchungsregel war bereits in der Grid- oder Tabellendarstellung der Transaktion FEBAN möglich. In der aktuellen Version wird diese Funktionalität über den Button [Weitere Eigenschaften] ermöglicht. Im Fehlerfall kann so der Beleg optional auf eine dafür vorgesehene Buchungsregel (siehe Abbildung 3.6) umgeleitet werden.

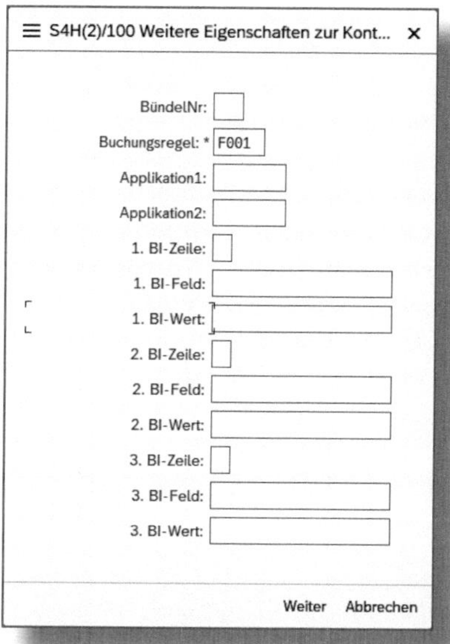

Abbildung 3.6: Auswahl der Buchungsregel

Eine der wichtigsten Funktionalitäten dieser Transaktion dürfte die Flexibilität des Verwendungszwecks sein. Beginnend bei der Transaktion FEBA bis hin zur FEBAN war die Darstellung des Verwendungszwecks nur als statische Anzeige möglich. Inzwischen kann dieses Feld in einen Änderungsmodus gesetzt werden (siehe Abbildung 3.7).

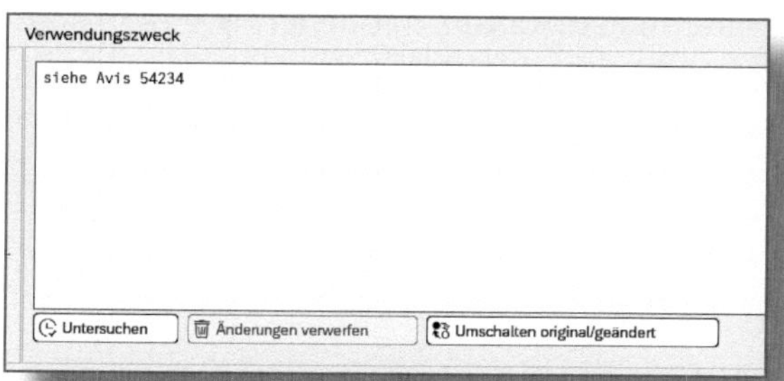

Abbildung 3.7: Übersicht des Verwendungszwecks im Kontoauszug

Dazu wird der Verwendungszweck über den Button UMSCHALTEN ORIGINAL/GEÄNDERT in den Eingabemodus versetzt, der es ermöglicht, Informationen abzuändern oder komplette Inhalte zusätzlich einzufügen. So können beispielsweise fehlende Ausgleichsinformationen eines Belegs hinzugefügt oder ganze Informationsblöcke – beispielsweise aus Aviszahlungen – aus PDF-Dokumenten eingefügt werden.

Mit dem Button UNTERSUCHEN können Sie die neu hinzugefügten oder geänderten Informationen auf mögliche Übereinstimmungen prüfen oder dahingehend selektieren. Führen die zusätzlichen Eingaben nicht zum Erfolg, können Sie die ÄNDERUNGEN wieder VERWERFEN.

Sämtliche Änderungen werden protokolliert und nehmen zu keinem Zeitpunkt eine Modifikation des Originalbelegs vor.

Untersuchen von Verwendungszwecken

Beim Import der Kontoauszüge werden die Intervalle aus der Selektion des Reports RFEBKA00 in der Tabelle FEBIP gespeichert. Für die erneute Interpretation (Verwendungszweck untersuchen) wird geprüft, ob dazu ein Eintrag in der FEBIP vorhanden ist.

3.1.3 Registerkarten für die Belegbearbeitung

Im unteren Drittel der Kontoauszugsnachbearbeitung (vgl. Abbildung 3.2) befinden sich mehrere Registerkarten, mit deren Hilfe die Zuordnung, Kontierung, Beleganzeige wie auch die Stornierung eines bereits verbuchten Belegs möglich sind. Die sechs Karteikarten beziehen sich auf den Vorgangstyp Z010 *Geschäftspartnerzahlung*:

- Belege
- Zuordnung
- Akonto
- Kontierung

- Protokoll
- Anlagenliste
- Klärungsfall (optional bei der Verwendung des Dispute Management)

Beim Vorgangstyp 0040 Datenträgeraustausch erscheint ein weiteres Register DTA.

Belegübersicht

Über die Registerkarte BELEGE ist ein Absprung (Haupt- und Nebenbuch) in den gebuchten Beleg möglich. Im Fehlerfall kann die Buchung direkt aus der Nachbearbeitung heraus storniert werden (siehe Abbildung 3.8).

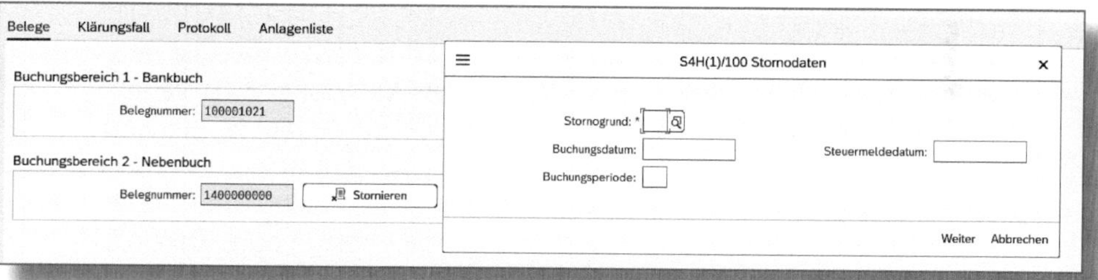

Abbildung 3.8: Storno von gebuchten Belegen

Zuordnung und Buchen von Belegen

Über das Register ZUORDNUNG erfolgt die Zuteilung der offenen Posten zum Beleg. Dabei können zusätzliche Belege über die Funktionalität des erweiterten Verwendungszwecks automatisch hinzuselektiert oder durch eine manuelle, flexible Auswahl gesucht werden (siehe Abbildung 3.9).

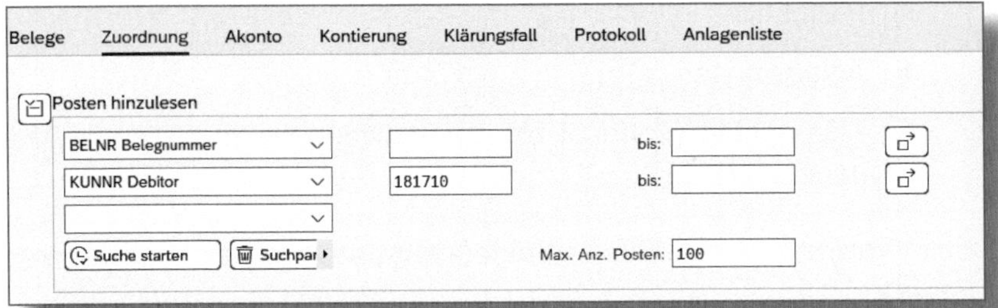

Abbildung 3.9: Selektionsmöglichkeiten von Belegen

Die Selektion kann über POSTEN HINZULESEN flexibel erweitert werden und ermöglicht so eine gezielte Suche von weiteren Belegen. Darüber hinaus stehen Ihnen die bekannten Funktionalitäten für die Verteilung der Zahlung zur Verfügung. Mit den Möglichkeiten der ALV-Darstellung können auch an dieser Stelle Felder hinzu- oder ausgeblendet werden.

Mit dem technischen »Unterbau« einer SAP-HANA-Datenbank ist eine weitere Option hinzugekommen: Wie Sie in Abbildung 3.10 sehen, steht Ihnen nun zusätzlich eine »Freitextsuche« zur Verfügung. Klicken Sie dazu in das Feld SUCHE NACH und starten Sie Ihre Belegsuche. So können Sie beispielsweise in dem Suchstring nach Beleg- oder Referenzbelegnummern suchen. Dabei werden auch Belege gefunden, die ähnliche Werte wie der Suchstring beinhalten.

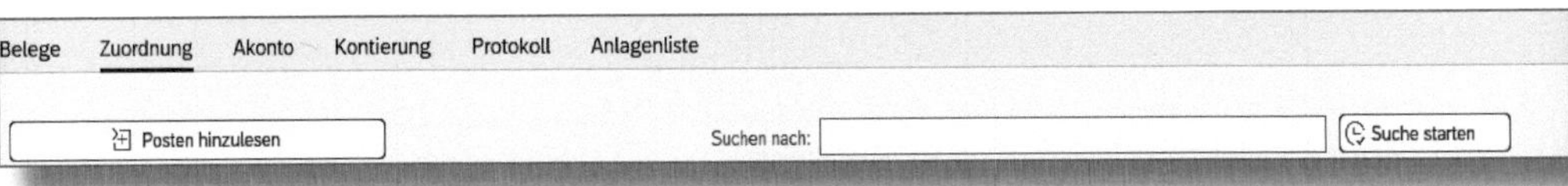

Abbildung 3.10: Vereinfachte Suche von Belegen in FEB_BSPROC

Bitte beachten Sie, dass die Suche nicht »case sensitive« ist! Die Genauigkeit der Treffer können Sie über den Benutzerparameter FEB_FUZZY festlegen. Haben Sie dort den Wert 1.0 festgelegt, dann werden Ihnen nur Posten mit exakten Belegtreffern angezeigt. Je kleiner dieser Wert ist, umso eher sind Abweichungen der Belegtreffer vom Suchmuster zu erwarten (siehe Abbildung 3.11). Standardmäßig ist an der Stelle ein Wert von 0.8 eingestellt.

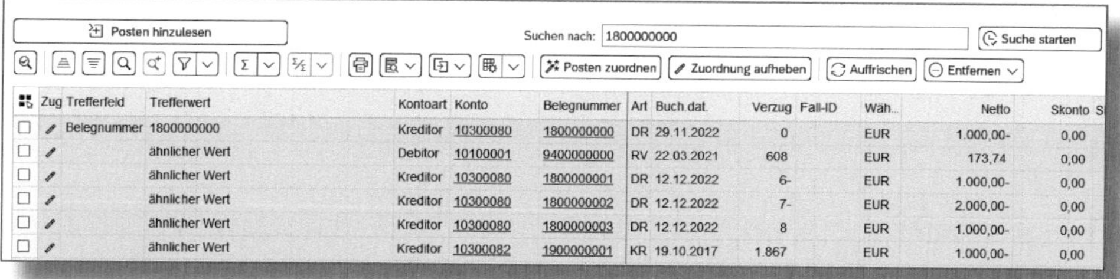

Zug	Trefferfeld	Trefferwert	Kontoart	Konto	Belegnummer	Art	Buch.dat.	Verzug	Fall-ID	Wäh...	Netto	Skonto
	Belegnummer	1800000000	Kreditor	10300080	1800000000	DR	29.11.2022	0		EUR	1.000,00-	0,00
		ähnlicher Wert	Debitor	10100001	9400000000	RV	22.03.2021	608		EUR	173,74	0,00
		ähnlicher Wert	Kreditor	10300080	1800000001	DR	12.12.2022	6-		EUR	1.000,00-	0,00
		ähnlicher Wert	Kreditor	10300080	1800000002	DR	12.12.2022	7-		EUR	2.000,00-	0,00
		ähnlicher Wert	Kreditor	10300080	1800000003	DR	12.12.2022	8		EUR	1.000,00-	0,00
		ähnlicher Wert	Kreditor	10300082	1900000001	KR	19.10.2017	1.867		EUR	1.000,00-	0,00

Abbildung 3.11: Anzeige der Belegtreffer nach der Suche

> **! Nicht kombinierbare Suchoptionen**
>
> Eine Kombination der Funktion POSTEN HINZULESEN und der Freitextsuche ist aktuell nicht möglich.

Ordnen Sie anstelle einer Geschäftspartnerzahlung als Vorgang beispielsweise einen Datenträgeraustausch zu, wird Ihnen statt der Registerkarte ZUORDNUNG alternativ eine DTA-Karteikarte angeboten. Darunter erhalten Sie Suchoptionen wie beispielsweise die Identifikation oder der Tag der Ausführung eines Zahlungsträgers. So können Sie schnell und einfach nach den notwendigen Ausgleichsvorgängen suchen. Analog dazu erhalten Sie weitere passende Suchoptionen für folgende Vorgänge:

- Zahlung mit Avis
- Scheckrücklauf
- Zinsen und Gebühren

Lässt sich eine Zahlung nicht direkt einem oder mehreren Belegen zuordnen, kann – wie in Abbildung 3.12 gezeigt – der Betrag über die Registerkarte AKONTO auf den Geschäftspartner gebucht bzw. auf weitere Partner verteilt werden.

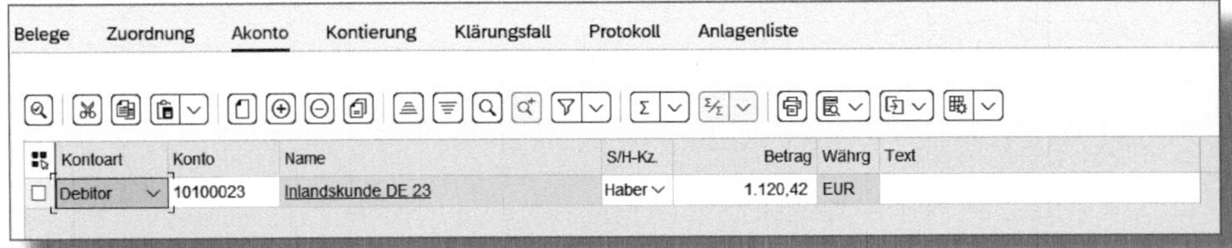

Abbildung 3.12: Akonto-Buchung eines Belegs

Kontierungsmöglichkeiten zum Beleg

In der Praxis kommt es oftmals zu wiederkehrenden Differenzbeträgen, die etwa durch Abzüge aus Fracht und Verpackungen entstehen, oder weil Sie beispielsweise Erträge aus Mahngebühren von Ihren Kunden generieren. Diese Belege können mithilfe der aktuellen Kontierungsvorlagen schnell und einfach gebucht werden.

Erstellen Sie dazu bei Bedarf eine neue Vorlage, indem Sie eine Kontierung für den Beleg erstellen und als Kontiervorlage sichern. Auch hier besteht die Möglichkeit, die Vorlage entweder benutzerspezifisch oder global für alle Anwender anzulegen. Einmal angelegte Vorlagen können in dem Zusammenhang immer wieder verwendet werden, indem die passende Vorlage ausgewählt und der Differenzbetrag mithilfe der Kontiervorlage auf ein oder mehrere Konten verteilt wird (siehe Abbildung 3.13).

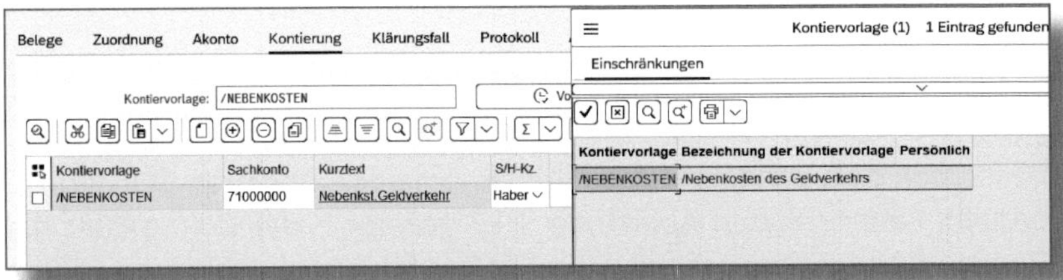

Abbildung 3.13: Verwendung von Kontierungsvorlagen

Nicht mehr verwendete Kontiervorlagen können in der Menüleiste über EINSTELLUNGEN • KONTIERUNGSVORLAGEN LÖSCHEN wieder entfernt werden.

Änderungen einer Belegposition protokollieren

Sämtliche Änderungen oder Selektionen zu einer Belegposition werden analog zur Abbildung 3.14 automatisch protokolliert und in der Karteikarte PROTOKOLL aufgelistet. So können Sie zu jedem Zeitpunkt der Bearbeitung nachvollziehen, wer wann welche Änderung im Beleg vorgenommen hat, und erreichen in der Kontoauszugsverarbeitung ein hohes Maß an Revisionssicherheit.

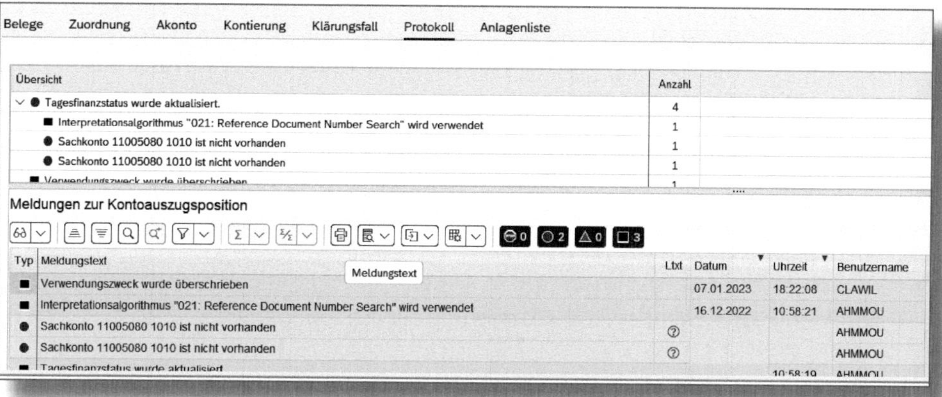

Abbildung 3.14: Protokollierung und Meldungen zur Kontoauszugsposition

> **Protokollierung**
>
> Mithilfe der Transaktion FEB_LG1 können Sie sich alle Protokolle aus der Nachbearbeitung FEB_BSPROC oder dem Dateiimport über die Transaktion FEB_FILE_HANDLING anzeigen lassen.

Anlagenliste zum Kontoauszug

Über die Registerkarte ANLAGENLISTE (siehe Abbildung 3.15) können optional Belege des Geschäftspartners oder Notizen hinterlegt werden. Drücken Sie dazu den Button NEU und legen Sie das gewünschte Dokument zum Beleg an.

Um eine Übersicht über die bereits existierenden Beleganlagen zu erhalten, öffnen Sie mit einem einfachen Klick auf das Symbol [Symbol] in der Spalte ANLAGEN die Anlagenliste zum Beleg.

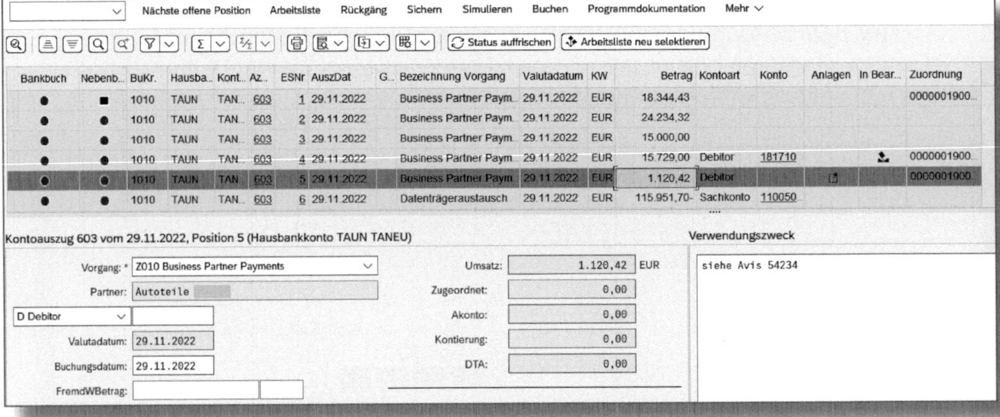

Abbildung 3.15: Symbol bzw. Markierung für die Anlagenliste

Eine automatische Zuordnung von gescannten Belegen ist in diesem Kontext im SAP-Standard aktuell nicht möglich.

3.2 Fiori-App »Kontoauszüge verwalten«

Nachdem wir uns die Kontoauszugsverarbeitung in der SAP GUI angeschaut haben, wechseln wir nun zu Möglichkeiten der Kontoauszugsverarbeitung über einige Fiori-Apps, die uns mit S/4HANA zur Verfügung stehen.

Wir starten mit der Fiori-App »Kontoauszüge verwalten« (ID F1564). Was wir bereits anhand der Kachel erkennen, ist die Anzahl der Kontoauszüge aller Buchungskreise, die aktuell noch zu bearbeiten bzw. noch nicht abgeschlossen sind (siehe Abbildung 3.16). Wir erhalten somit rasch einen Überblick über unsere fehlerhaften elektronischen wie auch manuellen Kontoauszüge.

Abbildung 3.16: Fiori-App »Kontoauszüge verwalten«

Nachdem wir die App gestartet haben, öffnet sich eine Übersicht, wie sie in Abbildung 3.17 dargestellt ist. Sie enthält zunächst Informationen aller bisher importierten Kontoauszüge inklusive ihres aktuellen Status der Verarbeitung in der Spalte AUSZUGSSTATUS. Mithilfe der Filtermöglichkeiten können Sie die Übersicht der Kontoauszüge weiter einschränken bzw. verfeinern.

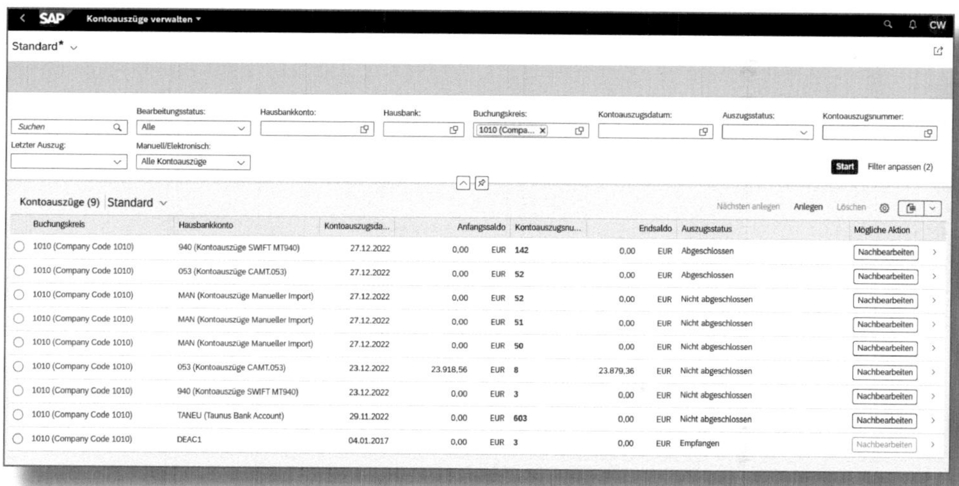

Abbildung 3.17: Übersicht der Kontoauszüge

Über die Buttons ANLEGEN oder NÄCHSTEN ANLEGEN rechts oberhalb der Liste haben Sie die Möglichkeit, Kontoauszüge manuell anzulegen, wenn Ihnen Ihre Hausbank keine elektronischen Kontoauszüge zur Verfügung stellen kann (siehe auch Abschnitt 2.7). Außerdem besteht die Option, Kontoauszüge mit Klick auf den Button LÖSCHEN zu entfernen. Dies ist immer nur dann möglich, wenn der Auszugsstatus eines

Kontoauszugs auf EMPFANG steht. Gleichzeitig ist der Button NACHBEARBEITEN »ausgegraut«, was Ihnen anzeigt, dass eine Bearbeitung der Belegpositionen nicht möglich ist. Technisch existiert zu dem Kontoauszug ein Kurzschlüssel in der Tabelle FEBKO, der Auszugsstatus ist aber nicht gefüllt. Das wäre beispielsweise dann der Fall, wenn beim Import der Kontoauszüge der Haken im Feld EINLESEN DER DATEN nicht gesetzt gewesen wäre. In allen anderen Fällen ist das Löschen der Kontoauszüge nicht möglich, da sich diese schon in Bearbeitung befinden.

Für eine Nachbearbeitung der Kontoauszüge springen Sie über den Button [Nachbearbeiten] direkt in die Fiori-App »Kontoauszugspositionen nachbearbeiten« (ID F1520) ab, oder Sie wechseln mit einem Klick in die Belegzeile zur Detailansicht des Kontoauszugs (siehe Abbildung 3.18).

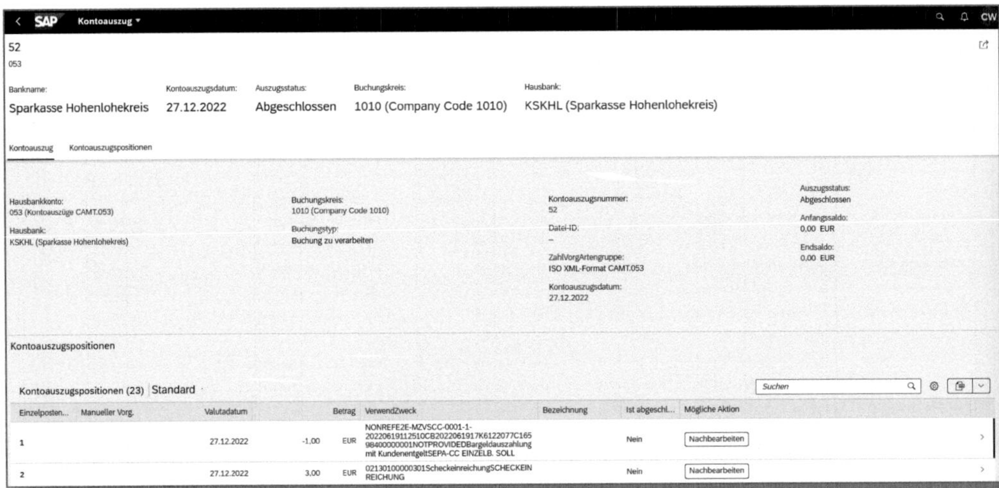

Abbildung 3.18: Details zum Kontoauszug

Wiederum bietet sich Ihnen hier der Absprung in die Einzelposition eines Belegs mit weiteren Details oder über den Button NACHBEARBEITEN direkt in die Fiori-App »Kontoauszugspositionen nachbearbeiten«.

> **☛ SAP CoPilot**
>
> Wenn Sie den SAP CoPilot aktiviert haben, dann können Sie über diesen digitalen Assistenten direkt Kontoauszugspositionen abfragen, beispielsweise mit: »Zeige mir alle noch nicht abgeschlossenen Kontoauszüge«.

3.3 Fiori-App »Kontoauszugspositionen nachbearbeiten«

Im Abschnitt 3.1 haben wir uns angeschaut, welche Möglichkeiten für die Nachbearbeitung von elektronischen Kontoauszügen in der GUI-Transaktion FEB_BSPROC angeboten werden. Zum Vergleich betrachten wir diese Funktion nun etwas eingehender in der Fiori-App »Kontoauszugsposition nachbearbeiten« (ID F1520). Wir rufen die App auf und gelangen direkt in die Übersicht der fehlerhaften Belegpositionen (siehe Abbildung 3.19).

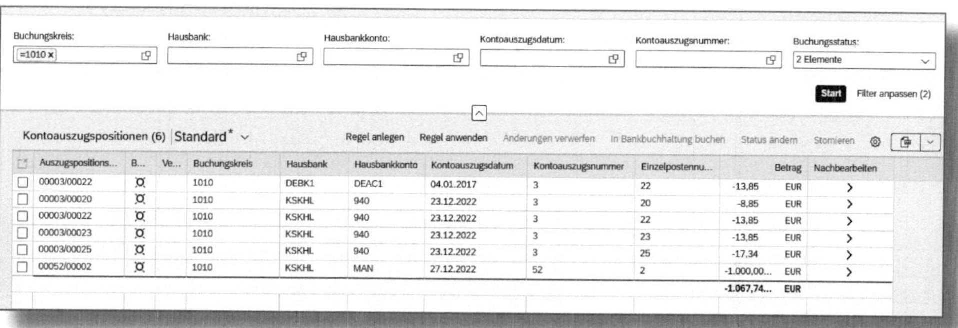

Auszugspositions...	B...	Ve...	Buchungskreis	Hausbank	Hausbankkonto	Kontoauszugsdatum	Kontoauszugsnummer	Einzelpostennu...	Betrag		Nachbearbeiten
00003/00022			1010	DEBK1	DEAC1	04.01.2017	3	22	-13,85	EUR	>
00003/00020			1010	KSKHL	940	23.12.2022	3	20	-8,85	EUR	>
00003/00022			1010	KSKHL	940	23.12.2022	3	22	-13,85	EUR	>
00003/00023			1010	KSKHL	940	23.12.2022	3	23	-13,85	EUR	>
00003/00025			1010	KSKHL	940	23.12.2022	3	25	-17,34	EUR	>
00052/00002			1010	KSKHL	MAN	27.12.2022	52	2	-1.000,00...	EUR	>
									-1.067,74...	EUR	

Abbildung 3.19: Übersicht fehlerhafter Belegpositionen

Das Standardlayout zeigt uns zu Beginn eine Reihe vordefinierter Spalten, wie beispielsweise die AUSZUGSPOSITION, HAUSBANK, HAUSBANKKONTO, KONTOAUSZUGSNUMMER usw. Im Gegensatz zur Transaktion FEB_BSPROC bestehen in der App deutlich mehr Filtermöglichkeiten zur gezielten Belegauswahl. Des Weiteren lassen sich über die Buttons REGEL ANLEGEN und REGEL ANWENDEN eigene Nachbearbeitungs- bzw.

Verarbeitungsregeln für eine (teil)automatisierte Nachbearbeitung von Kontoauszügen festlegen. Detailliertere Informationen zum zuletzt genannten Thema werden wir uns in den Abschnitten 3.4 und 3.4.5 ansehen.

In unserer Übersicht stehen uns noch drei weitere Buttons für die Nachbearbeitung zur Verfügung, die zunächst bzw. nach der Selektion ausgegraut sind. Um sie verwenden zu können, müssen wir erst eine fehlerhafte Belegposition markieren. In Abbildung 3.20 sehen wir einen markierten Beleg, bei dem der Verarbeitungsstatus gekennzeichnet ist. In dem Fall wurde in der Nachbearbeitung bereits eine Zuordnung von Belegpositionen bzw. Kontierungen vorgenommen, allerdings ohne diesen Beleg final zu verbuchen; die Zuordnungen wurden lediglich gesichert – die gleiche Funktionalität finden wir übrigens auch in der Transaktion FEB_BSPROC.

Um die darin hinterlegten Zuordnungen wieder zu entfernen, drücken Sie auf den Button ÄNDERUNGEN VERWERFEN. Die getätigten Selektionen, Kontierungen bzw. Zuordnungen werden wieder entfernt, wodurch die Belegposition in den ursprünglichen Zustand zurückgesetzt wird. Das der Position zugeordnete Piktogramm ist im Anschluss nicht mehr vorhanden.

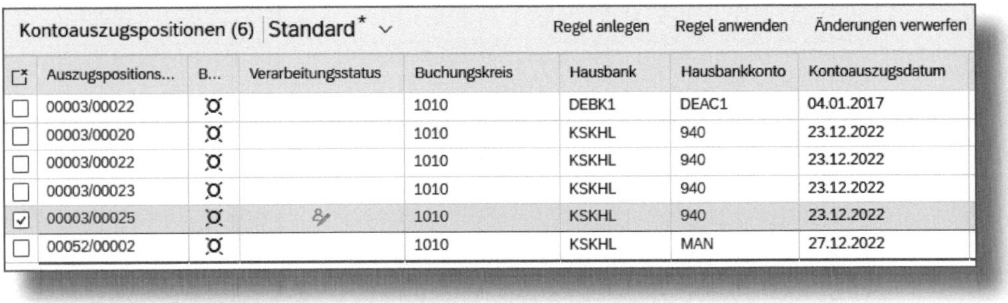

Kontoauszugspositionen (6) Standard* Regel anlegen Regel anwenden Änderungen verwerfen

	Auszugspositions...	B...	Verarbeitungsstatus	Buchungskreis	Hausbank	Hausbankkonto	Kontoauszugsdatum
☐	00003/00022			1010	DEBK1	DEAC1	04.01.2017
☐	00003/00020			1010	KSKHL	940	23.12.2022
☐	00003/00022			1010	KSKHL	940	23.12.2022
☐	00003/00023			1010	KSKHL	940	23.12.2022
☑	00003/00025			1010	KSKHL	940	23.12.2022
☐	00052/00002			1010	KSKHL	MAN	27.12.2022

Abbildung 3.20: Kennzeichnung Verarbeitungsstatus eines Belegs

Gegenüber der FEB_BSPROC besteht, die Darstellung der Buchungsbereiche 1 (Hauptbuch) und 2 (Nebenbuch) betreffend, ein kleiner Unterschied: Während uns in der SAP GUI bei der Nachbearbeitung standardmäßig immer der Verbuchungsstatus von beiden Bereichen angezeigt wird, sehen wir in der Fiori-App zunächst nur den Verarbeitungsstatus aus dem Nebenbuch. Diesen können wir über den Filter zum BUCHUNGSSTATUS weiter verfeinern, sodass uns neben den nicht abgeschlossenen Belegen beispielsweise auch die bereits abgeschlossenen Belege angezeigt werden.

Wenn wir uns zusätzlich den Verarbeitungsstatus aus dem Buchungsbereich 1 anschauen möchten, so müssen wir uns diesen zusätzlich über den Filter in den KONTOAUSZUGSPOSITIONEN hinzuselektieren. Wie in Abbildung 3.21 dargestellt ist, sehen wir nun den kompletten Verarbeitungsstatus des Belegs.

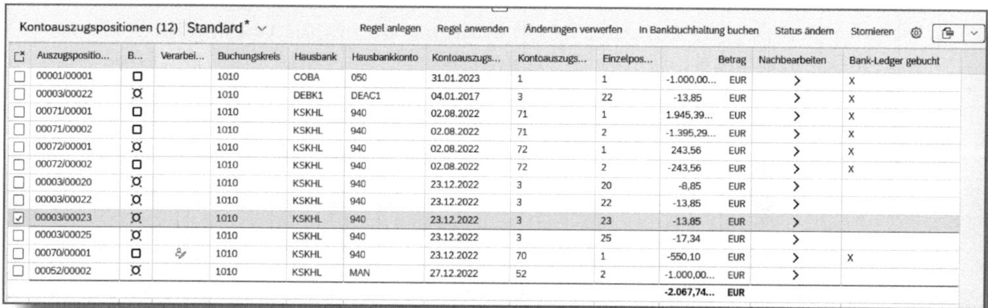

Kontoauszugspositionen (12) Standard* Regel anlegen Regel anwenden Änderungen verwerfen In Bankbuchhaltung buchen Status ändern Stornieren

Auszugspositio...	B...	Verarbei...	Buchungskreis	Hausbank	Hausbankkonto	Kontoauszugs...	Kontoauszugs...	Einzelpos...	Betrag		Nachbearbeiten	Bank-Ledger gebucht
00001/00001			1010	COBA	050	31.01.2023	1	1	-1.000,00...	EUR	>	X
00003/00022			1010	DEBK1	DEAC1	04.01.2017	3	22	-13,85	EUR	>	X
00071/00001			1010	KSKHL	940	02.08.2022	71	1	1.945,39...	EUR	>	X
00071/00002			1010	KSKHL	940	02.08.2022	71	2	-1.395,29...	EUR	>	X
00072/00001			1010	KSKHL	940	02.08.2022	72	1	243,56	EUR	>	X
00072/00002			1010	KSKHL	940	02.08.2022	72	2	-243,56	EUR	>	X
00003/00020			1010	KSKHL	940	23.12.2022	3	20	-8,85	EUR	>	
00003/00022			1010	KSKHL	940	23.12.2022	3	22	-13,85	EUR	>	
00003/00023			1010	KSKHL	940	23.12.2022	3	23	-13,85	EUR	>	
00003/00025			1010	KSKHL	940	23.12.2022	3	25	-17,34	EUR	>	
00070/00001			1010	KSKHL	940	23.12.2022	70	1	-550,10	EUR	>	X
00052/00002			1010	KSKHL	MAN	27.12.2022	52	2	-1.000,00...	EUR	>	
									-2.067,74...	**EUR**		

Abbildung 3.21: Kompletter Verarbeitungsstatus eines Belegs

Fehlt einem der Belege die Buchung im Buchungsbereich 1, so können Sie über den Button IN BANKBUCHHALTUNG BUCHEN die Verbuchung des Belegs im Hauptbuch nachträglich durchführen.

In manchen Fällen kann es vorkommen, dass ein Beleg bereits *außerhalb* der elektronischen Kontoauszugsverarbeitung erstellt wurde und die Nachbearbeitung damit obsolet ist. Sie können den Verarbeitungsstatus des Belegs ändern, indem Sie auf den Button STATUS ÄNDERN klicken und im darauffolgenden Pop-up die Position auf ABGESCHLOSSEN setzen. Der Beleg wird im Anschluss nicht mehr im Arbeitsvorrat der Kontoauszugsnachbearbeitung angezeigt. Über den Button STORNIEREN können Sie Buchungen rückgängig machen, sofern ein Storno des Belegs möglich bzw. zulässig ist.

Wechseln wir nun in die Nachbearbeitung einer fehlerhaften Belegposition, indem wir in die Spalte NACHBEARBEITEN klicken und in die Details besagter Belegposition abspringen. Die Art der Darstellung sowie angebotene Funktionen sind zum Teil vergleichbar mit denen der Transaktion FEB_BSPROC. Es sind aber auch neue Funktionen hinzugekommen, wie beispielsweise die Zuordnung eines Nachbearbeitungsgrunds, während andere weggefallen sind, wie beispielsweise die Kontierungsregeln für die einfache Zuordnung von Differenzen in einem Buchungsbeleg.

Schauen wir uns dazu die einzelnen Elemente etwas näher an. So finden wir **im Belegkopf** der Kontoauszugsposition vorbelegte Informationen zur Belegposition, wie beispielsweise den BUCHUNGSKREIS, den EXTERNEN VORGANG oder die BUCHUNGSREGEL. Der Saldo bzw. die Differenz im Beleg wird in der Fiori-App nun am rechten oberen Bildschirmrand dargestellt (siehe Abbildung 3.22).

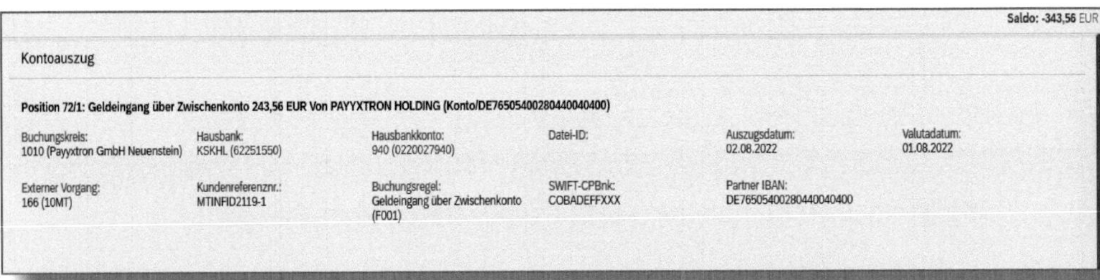

Abbildung 3.22: Übersicht zum bestehenden Saldo einer Belegposition

Auch der **mittlere Teil** bzw. der Bereich DETAILS in der Fiori-App ist vergleichbar mit der Transaktion FEB_BPSROC (siehe Abbildung 3.23).

Details
Kontoart: Debitor 101015
Avisnummer:
Nachbearbeitungsgr.: Fehlende Konfiguration (03)
Buchungsdatum:* 02.08.2022
Zahlungsbetrag:* 243,56 EUR
Kopftext: 0000006800001
Referenz: KSKHL940 22072
Buchungsbelegart: DZ (Debitorenzahlung) Debitorenzahlung
Verwendungszweckversion: Original
Verwendungszweck: KUNDENNUMMER 101015 RECHNUNG 1800000004 97161/062 /OCMT/EUR243,56/
Verarbeitungsanweis.: Geschäftspartnerzahlung (0010)
Offene Posten zu...

Abbildung 3.23: Details zum Zahlungsbeleg

Entsprechend dem externen Vorgang wird bei der Verbuchung des Belegs eine Buchungsregel zugeordnet. Dies kann je nach Definition eine Buchung auf dem Debitor, Kreditor oder auf dem Sachkonto sein. Möchte man diese vordefinierte Zuordnung ändern, so ist das flexibel über die Auswahl im Feld KONTOART möglich. Möchten Sie ein von Ihrem Kunden empfangenes Avis zuordnen, so selektieren Sie dieses über das Feld AVISNUMMER und ordnen die Belege daraus der Auszugsposition zu.

Zu den erwähnten neuen Feldern gehört der NACHBEARBEITUNGSGRUND. Hier können Sie einen der im Customizing vordefinierten Nachbearbeitungsgründe hinzuselektieren und im Anschluss mithilfe der Fiori-App »Nachbearbeitungsquote von Eingangszahlungen« (ID F1619) auswerten, um ggf. Maßnahmen einzuleiten, die Ihre Kontoauszugsverarbeitung auf Basis dieser Informationen optimieren.

Ebenfalls vergleichbar mit der Transaktion FEB_BSPROC ist die erneute Reinterpretation von Belegen in der Nachbearbeitung – die VERWENDUNGSZWECKVERSION unterscheidet auch hier nach originalen und geänderten Belegen im VERWENDUNGSZWECK.

Im Feld VERARBEITUNGSANWEISUNG können Sie eine Zuordnung der Belege auf Basis der betriebswirtschaftlichen Vorgänge vornehmen. Allerdings werden an der Stelle nicht mehr alle Vorgänge unterstützt – aktuell sind es die Vorgänge:

- Geschäftspartnerzahlung (0010)
- Zahlung mit erweiterter Zahlungsavissuche (0025)
- Scheckrücklauf (0030)
- Datenträgeraustausch (0040)
- Unbekannter Vorgang (0050)
- Zahlungsauftrag (0070)
- Zuordnungsnummer (0080)

Neu hinzugekommen sind die folgenden Verarbeitungsanweisungen:

- Avissuche und Zuordnungssequenz (ASMT)
- Eine Übereinstimmung – passenden offenen Posten ausgleichen (EXMA)
- First In First Out – älteste OPs zuerst ausgleichen (FIFO)
- Zuordnungssequenz (MTCH)

Deren Funktionen sind im Abschnitt 4.14 näher beschrieben. Möchten Sie Belege über diese Funktion identifizieren, so wählen Sie eine der VERARBEITUNGSANWEISUNGEN aus und drücken anschließend den Button **Offene Posten zuweisen**. Daraufhin werden Ihnen im *unteren Drittel* der Fiori-App mögliche Belegtreffer angezeigt.

Werfen wir abschließend noch einen Blick auf die Funktionen, die uns an der Stelle zur Verfügung stehen (siehe Abbildung 3.24).

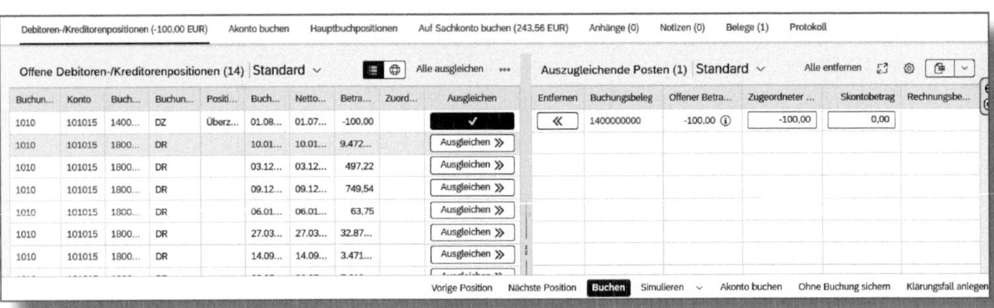

Abbildung 3.24: Übersicht über offene und auszugleichende Posten

Beginnen wir dazu in dem Register ganz links: Hier finden wir alle Debitoren bzw. Kreditorenposten, die wir auf Basis der Belegselektion während des Imports der elektronischen Kontoauszüge zuordnen konnten. Im SAP-Standard erfolgt die Darstellung mit einer Reihe vordefinierter Spalten, die aber über das Icon ⚙ individuell anpassbar sind. Für die weitere Auswahl an offenen Posten bzw. deren Zuordnung existieren noch die in Abbildung 3.25 gezeigten Buttons.

Abbildung 3.25: Auswahl von offenen Posten

Gegenüber der GUI-Transaktion wirkt die weitere Belegsuche an dieser Stelle etwas »aufgeräumter«. So können Sie beispielsweise über das Icon [≡] nach Belegen ausgewählter Debitoren oder Kreditoren oder mithilfe des Buttons [⊕] nach offenen Posten aller Debitoren oder Kreditoren suchen. Möchten Sie weitere Debitoren oder Kreditoren hinzuselektieren, so klicken Sie auf den Button WEITERE AUSWÄHLEN. Zur Auswahl stehen folgende Einzelposten:

- Normale offene Posten
- Zahlungen
- Sonderhauptbuchvorgänge

Möchten Sie die selektierten Posten vollständig ausgleichen, klicken Sie auf den Button ALLE AUSGLEICHEN. Damit verschieben Sie sämtliche offenen Posten in den Abschnitt AUSZUGLEICHENDE POSTEN. Wenn Sie nur einzelne bzw. ausgewählte Positionen ausgleichen möchten, klicken Sie auf den Button [Ausgleichen »]. Sollten Sie zu viele Belege selektiert haben, können Sie diese einzeln oder auch gesamt wieder aus den auszugleichenden Posten entfernen.

SAP-Shortcuts

In der SAP GUI gibt es für die Nachbearbeitung der elektronischen Kontoauszüge drei wichtige Shortcuts:

- [Strg] + [Y] (mehrere Zeilen/Spalten markieren),
- [Strg] + [C] (Kopieren in die Zwischenablage) und
- [Strg] + [V] (Einfügen aus der Zwischenablage).

Die Funktionen werden im Browser nicht vollumfänglich unterstützt, bzw. Sie können nur ungenau markieren. Möchten Sie dennoch mit dieser Funktionalität arbeiten, so können Sie mit dem Browser Microsoft Edge, Version 100.0.1185.29 (Official Build) gezielt Positionen markieren, anschließend kopieren und an der gewünschten Stelle wieder einfügen.

Falls Sie für die Belegposition keinen direkten Ausgleich durchführen können, wechseln Sie für eine Akonto-Buchung in das Register AKONTO BUCHEN (siehe Abbildung 3.26) und buchen den Beleg direkt auf ein Debitoren- oder Kreditorenkonto.

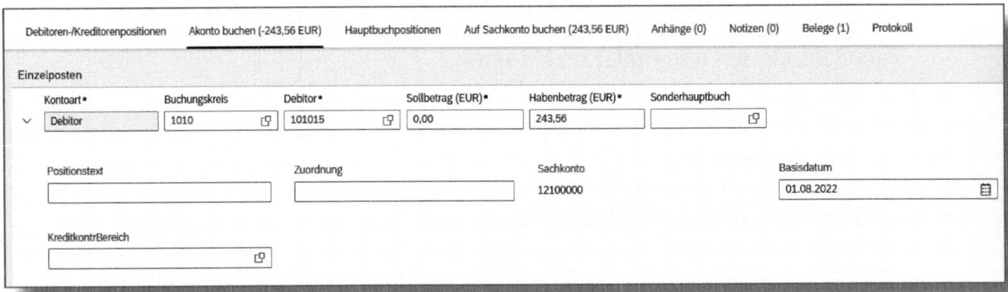

Abbildung 3.26: Akonto-Buchung eines Belegs

Analog zur Belegsuche im Nebenbuch können Sie auch im Register HAUPTBUCHPOSITIONEN nach offenen Posten ausgewählter oder aller Sachkonten suchen und diese direkt ausgleichen. Möchten Sie keine Sachkontenpositionen ausgleichen, dann können Sie Belege bzw. Differenzen über das Register AUF SACHKONTO BUCHEN (siehe Abbildung 3.27) auf ein von Ihnen definiertes Hauptbuch- bzw. Sachkonto verbuchen.

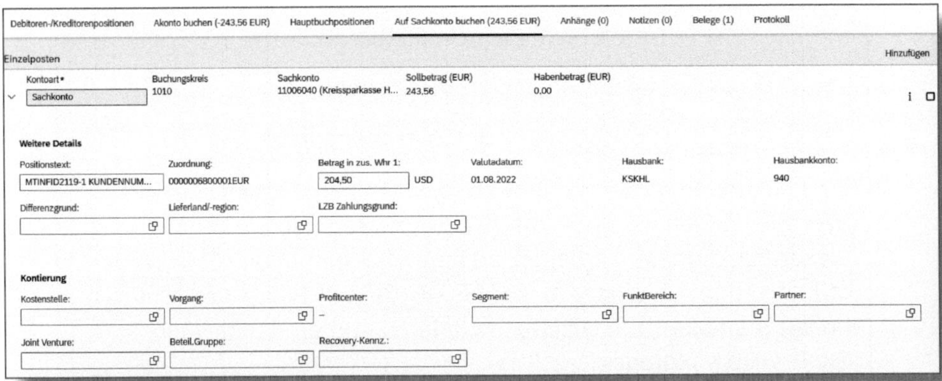

Abbildung 3.27: Sachkontenverbuchung eines Belegs

Analog zur Transaktion FEB_BSPROC laden Sie auch in der Fiori-App über das Register ANHÄNGE Dokumente hoch, fügen weiterführende Links ein oder hinterlegen über das Register NOTIZEN zusätzliche Informationen zum Beleg. Sobald Sie dem Dokument Anhänge bzw. Notizen hinzugefügt haben, werden diese auch über die Anzahl der Belege bzw. Informationen ausgewiesen.

Im Register BELEGE (siehe Abbildung 3.28) finden Sie die Art der Verbuchung für den Buchungsbereich 1 (Bankbuchhaltung).

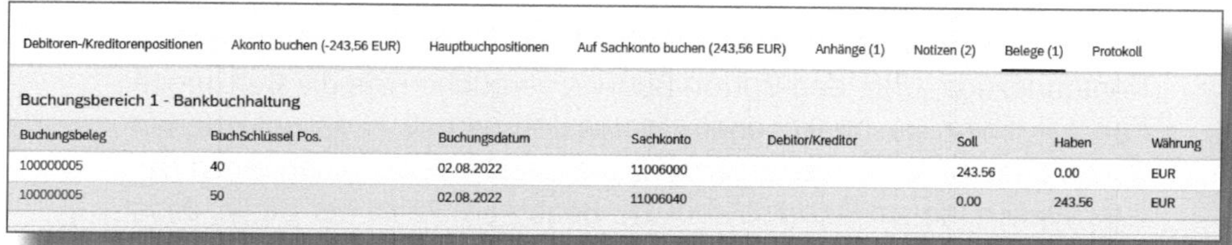

Debitoren-/Kreditorenpositionen   Akonto buchen (-243,56 EUR)   Hauptbuchpositionen   Auf Sachkonto buchen (243,56 EUR)   Anhänge (1)   Notizen (2)   Belege (1)   Protokoll

Buchungsbereich 1 - Bankbuchhaltung

Buchungsbeleg	BuchSchlüssel Pos.	Buchungsdatum	Sachkonto	Debitor/Kreditor	Soll	Haben	Währung
100000005	40	02.08.2022	11006000		243.56	0.00	EUR
100000005	50	02.08.2022	11006040		0.00	243.56	EUR

Abbildung 3.28: Belegübersicht des Buchungsbelegs

Im letzten Register PROTOKOLL werden Ihnen, analog zur Transaktion FEB_BSPROC, alle aufgezeichneten Tätigkeiten im Rahmen der Nachbearbeitung dargestellt (siehe Abbildung 3.29). Mithilfe des Auswahlfelds SCHWEREGRAD können Sie die Anzeige der Meldungen nach Ihren Anforderungen gezielt einschränken.

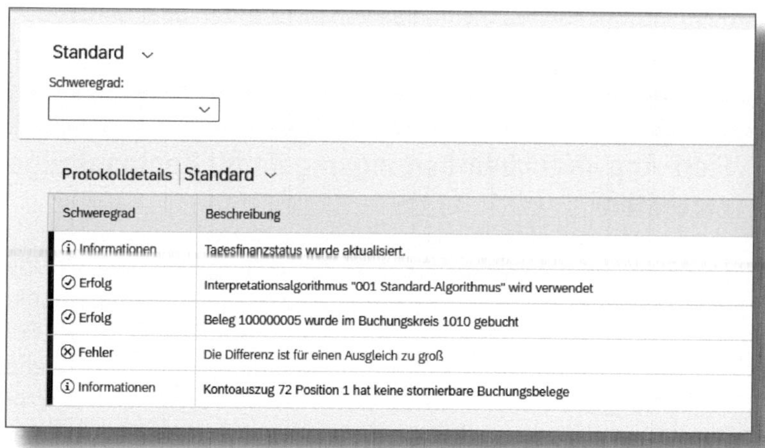

Standard

Schweregrad:

Protokolldetails | Standard

Schweregrad	Beschreibung
Informationen	Tagesfinanzstatus wurde aktualisiert.
Erfolg	Interpretationsalgorithmus "001 Standard-Algorithmus" wird verwendet
Erfolg	Beleg 100000005 wurde im Buchungskreis 1010 gebucht
Fehler	Die Differenz ist für einen Ausgleich zu groß
Informationen	Kontoauszug 72 Position 1 hat keine stornierbare Buchungsbelege

Abbildung 3.29: Protokolldetails der Tätigkeiten in einem Buchungsbeleg

Schauen wir uns nun noch die Buttons an, die in der Fußzeile der Kontoauszugsnachbearbeitung platziert sind (vgl. Abbildung 3.24, vergrößert in Abbildung 3.30).

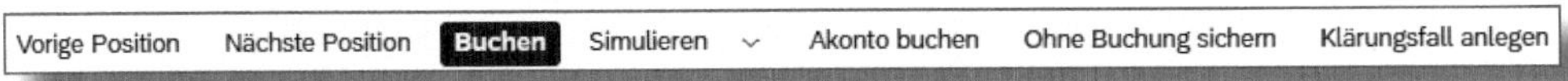

Vorige Position | Nächste Position | Buchen | Simulieren | Akonto buchen | Ohne Buchung sichern | Klärungsfall anlegen

Abbildung 3.30: Verfügbare Buttons in der Fußzeile der Kontoauszugsnachbearbeitung

Über Vorige Position bzw. Nächste Position wechseln Sie jeweils in die vorherige oder nachfolgende Belegposition des elektronischen Kontoauszugs. Über den Button Buchen verbuchen Sie die Belegposition bei einem ausgeglichenen Kontosaldo gemäß Ihren getroffenen Selektionen bzw. Kontierungen. Für die direkte Verbuchung eines Belegs klicken Sie auf Akonto buchen. Beachten Sie an der Stelle, dass alle zuvor selektierten offenen Posten aus den Registerkarten Debitoren- bzw. Kreditorenposten wie auch aus den Hauptbuchpositionen entfernt werden.

Wie in der Transaktion FEB_BSPROC haben wir auch in der Fiori-App die Möglichkeit, einen Beleg Ohne Buchung zu sichern. Drücken Sie dazu einfach den Button, um die zuvor selektierten Belege auch beim Verlassen der Belegposition für einen späteren Aufruf wieder im Zugriff zu haben. Sofern bei Ihnen ein sogenanntes Dispute Management aktiv im Einsatz ist, können Sie im Fall von Differenzen über den Button Klärungsfall anlegen einen entsprechenden *Dispute* dazu anlegen.

3.4 Fiori-App »Nachbearbeitungsregeln für Kontoauszüge verwalten«

Zum Abschluss der Kontoauszugsnachbearbeitung schauen wir uns noch die Möglichkeiten bzw. Prozesse der Nachbearbeitungsregeln an. In den ersten Auslieferungen dieser Fiori-App (ID F3555) ab Release S/4HANA OP 1909 war der Einsatz lediglich auf die manuelle Nachbearbeitung fehlerhafter Belegpositionen beschränkt, eine Prozessautomatisierung war zu diesem Zeitpunkt noch nicht vollumfänglich möglich. Mit dem Release S/4HANA OP 2021 wurde diese Funktion deutlich verbessert bzw. nun können die Regeln auf Basis des lizenzpflichtigen Scope Item 4X8 automatisiert werden, sodass der Funktionsumfang der App nochmals deutlich aufgewertet worden ist.

Wir können die Verarbeitung seitdem in zwei Phasen aufteilen:

- **Phase 1**: Der Kontoauszug bzw. die Interpretation mit den Standardwerkzeugen wird durchlaufen, wie beispielsweise die Verwendung von Buchungsregeln, Interpretationsalgorithmen, Suchmustern oder dem User-Exit.
- **Phase 2**: Erweiterte Kontoauszugsautomatisierung, bei der die Nachbearbeitungs- bzw. Verarbeitungsregeln durchlaufen werden.

! Umbenennung der Fiori-Apps

Mit dem Release S/4HANA OP 2022 wurden die *Nachbearbeitungsregeln* für die Kontoauszugs- sowie Lockbox-Verarbeitung in *Verarbeitungsregeln* umbenannt. Analog dazu wurde auch die zugehörige App (ID F3555) umbenannt. (Je nach verwendeter App begegnen Ihnen in diesem Buch beide Begriffe.) Durch die Erhöhung des Automatisierungsgrads (Scope Item 4X8) hat sich der ursprüngliche Zweck geändert. Dieser sah vor, dass im Fall einer nicht erfolgreichen ersten, automatischen Verbuchung mithilfe der Nachbearbeitungsregeln eine zweite, manuelle Verbuchung der Belegposition startet.

An der Stelle wird nun eine Nachbearbeitungsregel ausgewählt, deren Bedingung mit der Kontoauszugsposition übereinstimmt. Sofern genau eine übereinstimmende Regel gefunden wird, wird diese Regel gesichert, um in einem nächsten Schritt die dazugehörigen offenen Posten zu finden (Sachkonten bzw. Kreditoren- oder Debitorenbuchungen) und anschließend über eine parallele Verbuchung zu buchen bzw. auszugleichen.

Wenn allerdings mehr als eine Nachbearbeitungsregel übereinstimmende Bedingungen aufweist, wird die Verarbeitung der Belege über die Nachbearbeitungsregeln vorerst gestoppt und für den weiteren Prozess werden die Belege verwendet, die bereits in der ersten Phase mithilfe der dortigen Interpretationsmöglichkeiten identifiziert worden sind. Konnten zu diesem Zeitpunkt keine Belege identifiziert werden, müssen diese Belegpositionen manuell über eine der Nachbearbeitungsmöglichkeiten verarbeitet werden.

Nachdem wir bisher die Abfolgen bzw. den Umfang der Fiori-App abgegrenzt haben, schauen wir uns in den nachfolgenden Abschnitten die Möglichkeiten der Nachbearbeitungsregeln etwas genauer an. Ihr Einsatz bzw. die Verwendung des hier beschriebenen Regelwerks stellt das Gegenstück zu den *kryptischen* Suchmustern dar, für deren Ausprägung und Einsatz ein Grundverständnis für reguläre Ausdrücke erforderlich ist.

3.4.1 Nachbearbeitungsregeln anlegen

Für die Anlage einer ersten Beispielregel starten Sie die Fiori-App »Nachbearbeitungsregeln für Kontoauszüge verwalten« (ID F3555). Es öffnet sich, wie in Abbildung 3.31 dargestellt, eine leere bzw. eine mit bereits bestehenden Regeln gefüllte Übersicht.

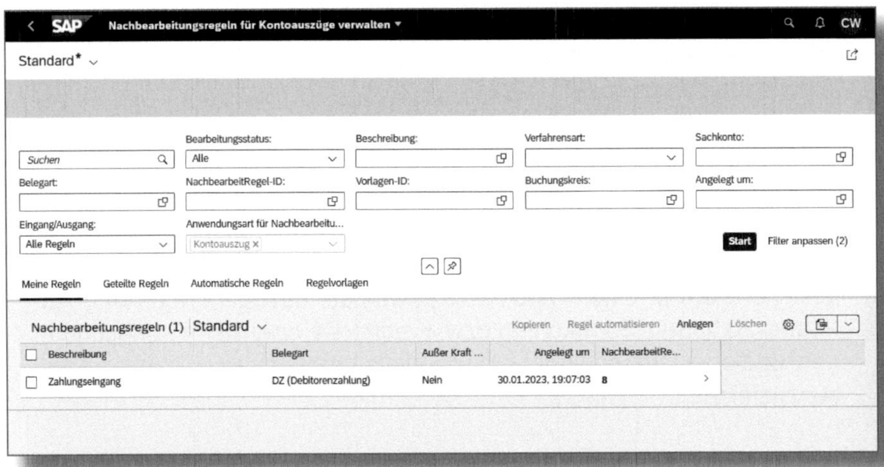

Abbildung 3.31: Übersicht der Nachbearbeitungsregeln

Mithilfe der Filtermöglichkeiten lässt sich die Ansicht der Regeln weiter einschränken bzw. verfeinern. Über die folgenden Registerkarten können Sie gezielt in eine der Rubriken Ihrer Regelvorlagen abspringen:

- MEINE REGELN
- GETEILTE REGELN
- AUTOMATISCHE REGELN
- REGELVORLAGEN

Mehrere gültige Nachbearbeitungsregeln

Wurde für eine fehlerhafte Kontoauszugsposition mehr als eine Nachbearbeitungsregel ermittelt, so wird keine der Regeln verwendet – die Position muss dann manuell nachbearbeitet werden.

Über den Button ANLEGEN erstellen wir nun eine Nachbearbeitungsregel, mit der wir die Verbuchung unserer Zahlungseingänge weiter optimieren möchten. Folgendes Beispiel legen wir zu Grunde:

Regel für »Belegsuche nach Partner-IBAN«

Wir erhalten von einem unserer Kunden immer wieder Überweisungsgutschriften, bei denen im Verwendungszweck kein Verweis auf die zu regulierenden Belege angegeben ist, sodass wir auf Basis der übermittelten IBAN den Geschäftspartner identifizieren möchten und anschließend versuchen, die offenen Belege auf Basis einer Abfolge auszugleichen.

Tragen Sie dazu eine BESCHREIBUNG Ihrer Nachbearbeitungsregel ein (siehe Abbildung 3.32). Im Feld BELEGART wählen Sie eine BELEGART aus, mit der die Position später verarbeitet werden soll. Bestimmen Sie dann, ob Sie die Regel für eine AUSGANGSZAHLUNG oder eine EINGANGSZAHLUNG verwenden möchten und im Feld AKTIONSTYP, welcher Verbuchungsprozess ausgelöst werden soll.

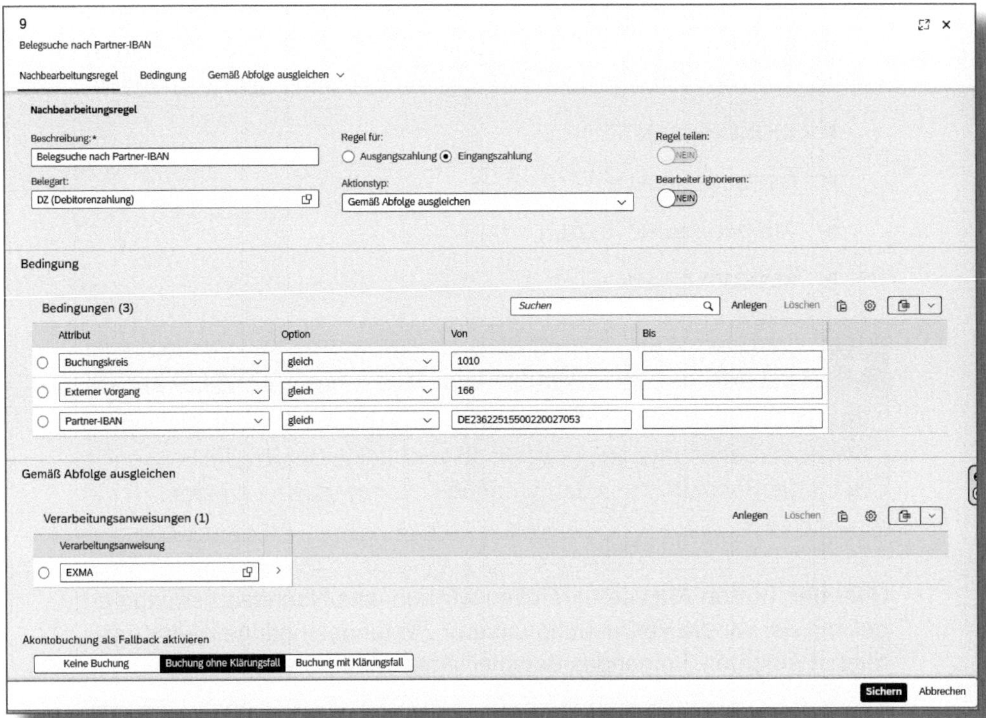

Abbildung 3.32: Details einer Nachbearbeitungsregel

In unserem Beispiel möchten wir die Eingangszahlung automatisieren und wählen dazu GEMÄSS ABFOLGE AUSGLEICHEN aus. Wir können für den Beleg auch eine Akonto-Buchung auslösen, indem wir den Aktionstyp HAUPTBUCHUNG im Dropdown-Menü auswählen oder mit dem Aktionstyp AP/AR-BUCHUNG die Position auf ein ausgewähltes Debitoren- bzw. Kreditorenkonto verbuchen. In beiden Fällen würde sich der Bereich BEDINGUNG ändern, und Sie könnten dort Ihre Kontierungen hinterlegen.

Bearbeiter ignorieren

Wenn Sie den Schalter BEARBEITER IGNORIEREN auf NEIN setzen, dann sind die Regeln nur für offene Kontoauszugspositionen anwendbar, die nicht von Ihnen oder einem anderen Mitarbeiter manuell bearbeitet worden sind. Wählen Sie JA, so ist die Nachbearbeitungsregel für alle offenen Belegpositionen anwendbar, auch für diejenigen, die bereits manuell bearbeitet worden sind. In dem Zusammenhang wird die Regel angewiesen, alle hinterlegten Aktivitäten für die Position zu ignorieren. Sie löscht zusätzlich alle bisherigen Änderungen und setzt die Position wieder in den Ursprung zurück.

Tragen wir nun im Register BEDINGUNG alle Bedingungen ein, mit denen wir unseren Beleg identifizieren möchten. In der Spalte ATTRIBUT können Sie dazu einen Wert bzw. ein Kriterium selektieren, anhand dessen der Beleg später erkannt werden soll. Wählen Sie im Feld OPTION einen Wert aus dem Dropdown-Menü aus und geben Sie in den Spalten VON bzw. BIS einen Wert für die Selektion ein. Benötigen Sie noch weitere Bedingungen, so können Sie über den Button ANLEGEN zusätzliche Zeilen ergänzen.

Sollte es zwei oder mehrere Bedingungen mit denselben Werten in den Feldern ATTRIBUT und OPTION geben – allerdings mit unterschiedlichen Werten in den Feldern VON und BIS – dann wird die Bedingung mit einem *Oder-Konnektor* verknüpft. Somit wird geprüft, ob eine der Bedingungen zutrifft. Gibt es im Feld ATTRIBUT unterschiedliche Werte, wird die Regel mit einem *Und-Konnektor* verknüpft, wodurch geprüft wird, ob alle Bedingungen für die Belegposition zutreffen.

Für unser Beispiel hatten wir GEMÄSS ABFOLGE AUSGLEICHEN ausgewählt, sodass wir noch eine VERARBEITUNGSANWEISUNG für die Belegposition festlegen müssen. Wir haben die Wahl zwischen den beiden in Abbildung 3.33 dargestellten Handlungsvorschriften:

- INTERPRETATIONSALGORITHMUS oder
- ZUWEISUNGSALGORITHMUS.

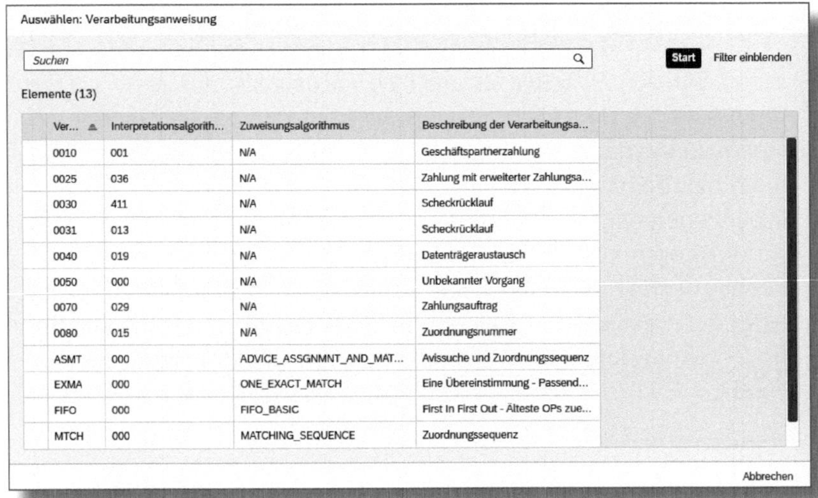
Auswählen: Verarbeitungsanweisung

Suchen | Start | Filter einblenden

Elemente (13)

Ver...	Interpretationsalgorith...	Zuweisungsalgorithmus	Beschreibung der Verarbeitungsa...
0010	001	N/A	Geschäftspartnerzahlung
0025	036	N/A	Zahlung mit erweiterter Zahlungsa...
0030	411	N/A	Scheckrücklauf
0031	013	N/A	Scheckrücklauf
0040	019	N/A	Datenträgeraustausch
0050	000	N/A	Unbekannter Vorgang
0070	029	N/A	Zahlungsauftrag
0080	015	N/A	Zuordnungsnummer
ASMT	000	ADVICE_ASSGNMNT_AND_MAT...	Avissuche und Zuordnungssequenz
EXMA	000	ONE_EXACT_MATCH	Eine Übereinstimmung - Passend...
FIFO	000	FIFO_BASIC	First In First Out - Älteste OPs zue...
MTCH	000	MATCHING_SEQUENCE	Zuordnungssequenz

Abbrechen

Abbildung 3.33: Übersicht der Verarbeitungsanweisungen

Falls keine der im SAP-Standard hinterlegten Verarbeitungsanweisungen für Sie infrage kommt, können Sie auch einen eigenen Zuweisungsalgorithmus verwenden, den Sie zuvor angelegt haben (siehe Abschnitt 4.14). In unserem Fall entscheiden wir uns für die VERARBEITUNGSANWEISUNG *EXMA* zur Identifikation eines passenden offenen Postens (siehe Abbildung 3.34).

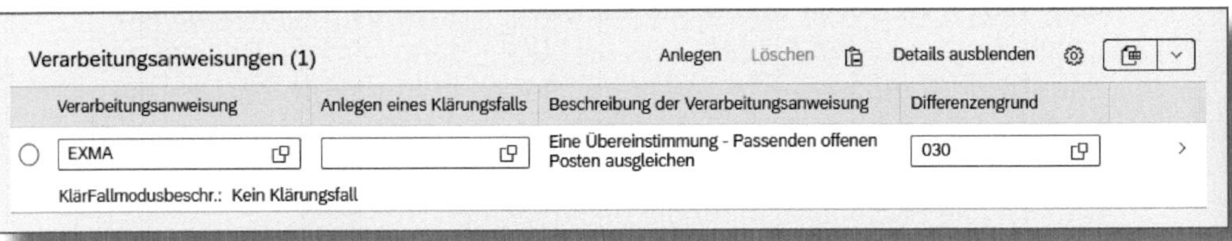

Abbildung 3.34: Auswahl einer Verarbeitungsanweisung

Optional besteht noch die Möglichkeit, einen KLÄRUNGSFALL anzulegen, wenn bei der Verarbeitung eine Teilzahlung erkannt oder ein Restposten gebucht wird, oder Sie legen einen DIFFERENZENGRUND an, wenn nach dem Buchen bzw. dem Ausgleich zu einem Beleg noch Restbeträge offenbleiben.

Klassifizierung von Zahlungsdifferenzen

Möchten Sie bei der Verbuchung mit Differenzgründen arbeiten, dann können Sie die dazu notwendigen Einstellungen über die Transaktion OBBE pro Buchungskreis vornehmen. Damit die Differenzgründe im Rahmen der Verarbeitungsregeln korrekt funktionieren, müssen alle vier Kennzeichen eines Differenzgrundes aktiviert werden.

Im Bereich AKONTOBUCHUNG ALS FALLBACK AKTIVIEREN (siehe Abbildung 3.35) können Sie abschließend festlegen, ob für den Fall, dass Positionen nicht erfolgreich gebucht bzw. ausgeglichen werden können, keine Akontobuchung für den Beleg erfolgen soll, oder eine Akontobuchung mit bzw. ohne Klärungsfall anzulegen ist.

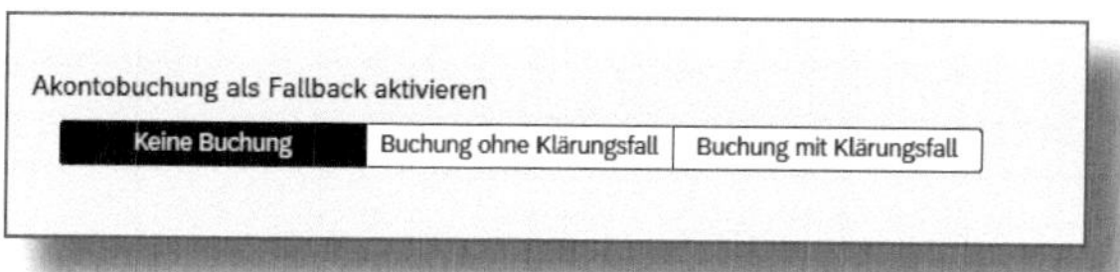

Abbildung 3.35: Akontobuchung als Fallback

Sichern Sie zum Abschluss Ihre Eingaben. Sofern Sie das Scope Item 4X8 lizenziert haben, können Sie eine Regel auch automatisieren. Die Regeln sind dann in der App zur Kontoauszugsnachbearbeitung für die manuelle Nachbearbeitung nicht mehr sichtbar. Sie werden beim Import bzw. Buchen von neuen Kontoauszügen verwendet bzw. sind dort aktiv.

Nachdem wir in unserem ersten Beispiel die Verarbeitung unseres Zahlungseingangs optimiert haben, legen wir nun in einem weiteren Beispiel eine zweite Regel an, durch die wir die Buchungen aus dem konzerninternen Cash Pooling automatisieren. Legen Sie dazu analog zu den bereits gezeigten Schritten eine neue Nachbearbeitungsregel an (siehe Abbildung 3.36).

Hinterlegen Sie zuerst im Feld BESCHREIBUNG einen Text für Ihre Buchung und wählen Sie im AKTIONSTYP die Buchung, die über die Regel ausgelöst werden soll – in unserem Beispiel möchten wir eine HAUPTBUCHBUCHUNG durchführen.

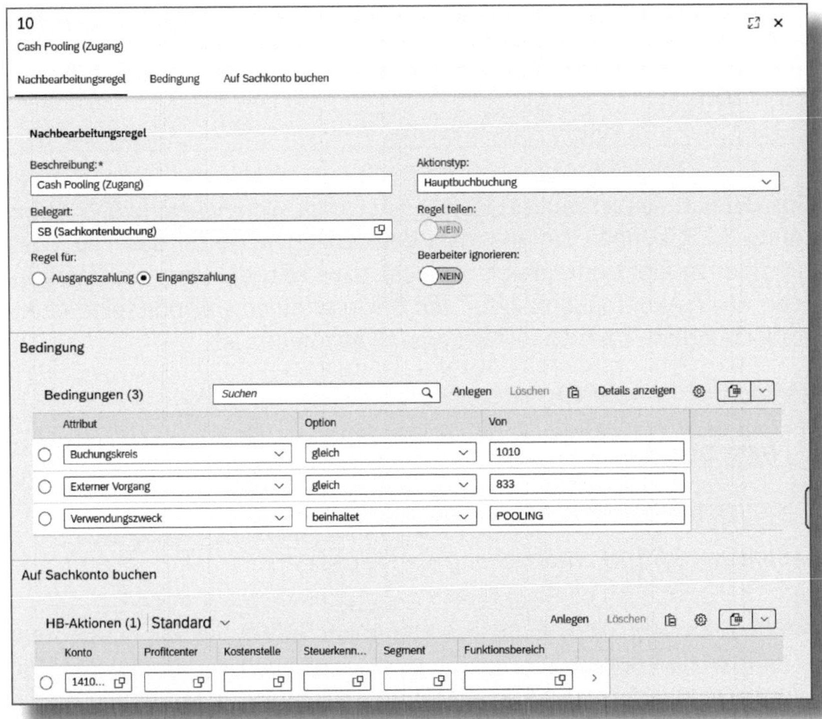

Abbildung 3.36: Details einer Nachbearbeitungsregel

Ordnen Sie nun eine Belegart zu und entscheiden Sie, ob die Regel für eine AUSGANGSZAHLUNG oder eine EINGANGSZAHLUNG verwendet werden soll. Im Bereich BEDINGUNG legen Sie die Attribute fest, die erfüllt sein müssen, damit der Beleg automatisch verarbeitet werden kann. Da wir als Aktionstyp eine Buchung im Hauptbuch festgelegt haben, wird uns nun der Abschnitt AUF SACHKONTO BUCHEN angezeigt. Hinterlegen Sie dort Ihr Sachkonto, auf das Sie den Beleg buchen möchten, und optional die für die Buchung notwendigen Kontierungen. Sichern Sie abschließend Ihre Eingaben. An der Stelle haben Sie ebenfalls die Möglichkeit, die Regel im Anschluss zu teilen oder zu automatisieren.

3.4.2 Nachbearbeitungsregeln teilen

Die von Ihnen manuell bzw. auf Basis einer Vorlage angelegten Nachbearbeitungsregeln können Sie mit anderen Mitarbeitern teilen. Voraussetzung dafür ist, dass die Regel eine Bedingung einschließt, die das Attribut *Buchungskreis* mit der Option *Gleich* enthält.

Wählen Sie in der App »Nachbearbeitungsregeln für Kontoauszüge verwalten« im Register MEINE REGELN eine Verarbeitungsregel aus, die Sie teilen möchten (siehe Abbildung 3.37).

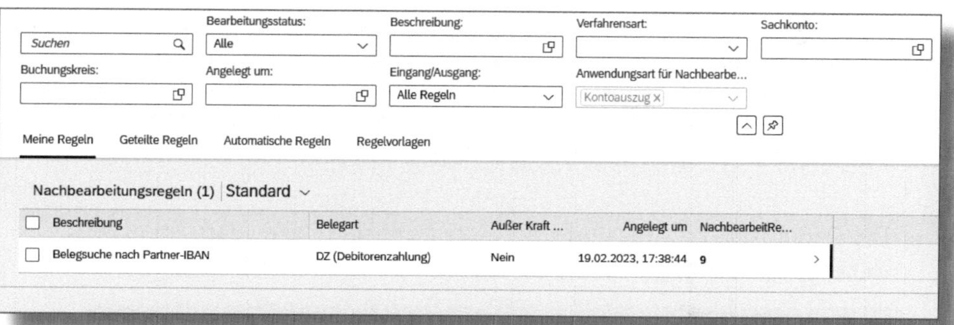

Abbildung 3.37: Übersicht der eigenen Nachbearbeitungsregeln

Navigieren Sie nun in die Details dieser Nachbearbeitungsregel und klicken Sie auf den Schieberegler REGEL TEILEN. Sie erhalten daraufhin eine Information, dass die Regel mit allen im Buchungskreis berechtigten Benutzern geteilt wird (siehe Abbildung 3.38).

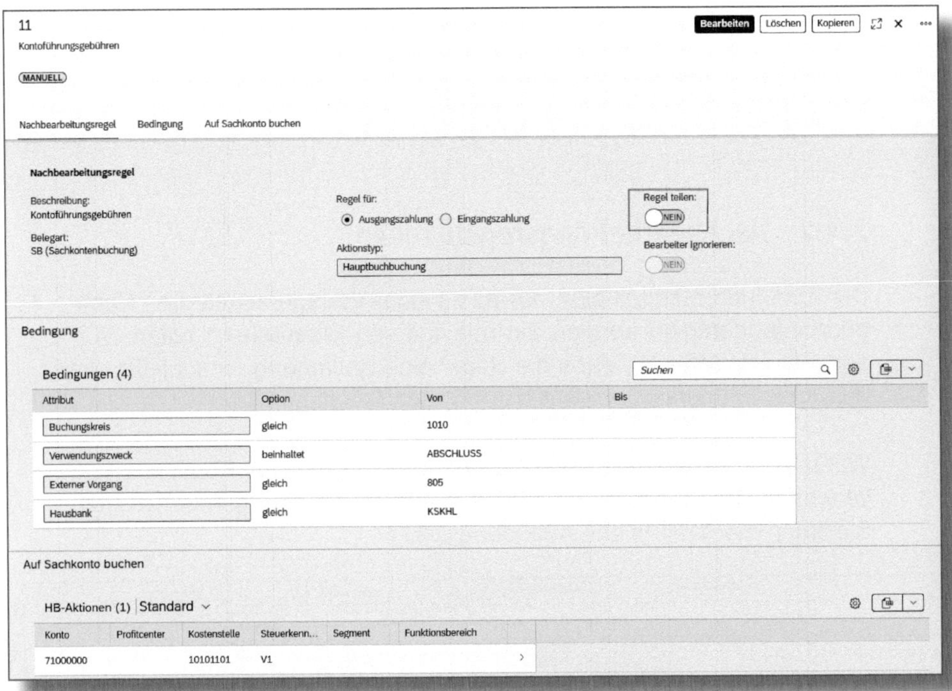

Abbildung 3.38: Teilen einer Nachbearbeitungsregel

Die Regel wird im Anschluss als *Geteilt* markiert bzw. dem Register GETEILTE REGELN zugeordnet.

> **! Automatisierte Regeln**
>
> Haben Sie eine Verarbeitungsregel bereits automatisiert, so können Sie diese im Anschluss nicht mehr teilen.

Damit diese geteilte Regel von anderen Mitarbeitern überhaupt verwendet werden kann, müssen Sie sie in der App als Favorit kennzeichnen. Wird die Regel nicht mehr geteilt bzw. die Teilung vom ursprünglichen Ersteller der Regel zurückgenommen, so steht sie den berechtigten Mitarbeitern nicht mehr zur Verfügung, auch wenn diese die Regel bereits als Favorit gekennzeichnet hatten.

3.4.3 Integration mit der erweiterten Kontoauszugsautomatisierung

Sie wissen nun, wie Sie Nachbearbeitungsregeln anlegen und teilen. Jetzt wollen wir uns anschauen, wie wir diese Regeln automatisieren und dadurch einen höheren Automatisierungsgrad in der Nachbearbeitung der elektronischen Kontoauszüge erreichen können.

Wie bereits erwähnt, wird für diese Funktionalität eine Lizenz für das Scope Item 4X8 benötigt.

Nachbearbeitungsregeln automatisieren

Automatische Verarbeitungsregeln werden im Hintergrund ausgeführt und verarbeiten die Belegpositionen der elektronischen Kontoauszüge automatisch, sobald eine Regel eine passende Position identifiziert hat.

Schauen wir uns anhand eines Beispiels an, wie wir mit einem aktiven Scope Item 4X8 eine Regel automatisieren. Dafür muss eine der folgenden Voraussetzungen erfüllt sein:

- Die Verarbeitungsregel wurde bereits manuell angelegt.
- Die Verarbeitungsregel wurde vorlagenbasiert angelegt.

Automatisierte vs. manuelle Regeln

Sobald Verarbeitungsregeln automatisiert sind, können sie für die manuelle Zuordnung in der Kontoauszugsnachbearbeitung nicht mehr verwendet werden und müssen dazu deaktiviert werden.

Wir wollen in unserem Beispiel die Verbuchung von Kontoführungsgebühren am Monatsende automatisieren und legen eine dazu passende Regel an (siehe Abbildung 3.39). Jede frisch angelegte Verarbeitungsregel ist zunächst als MANUELL gekennzeichnet.

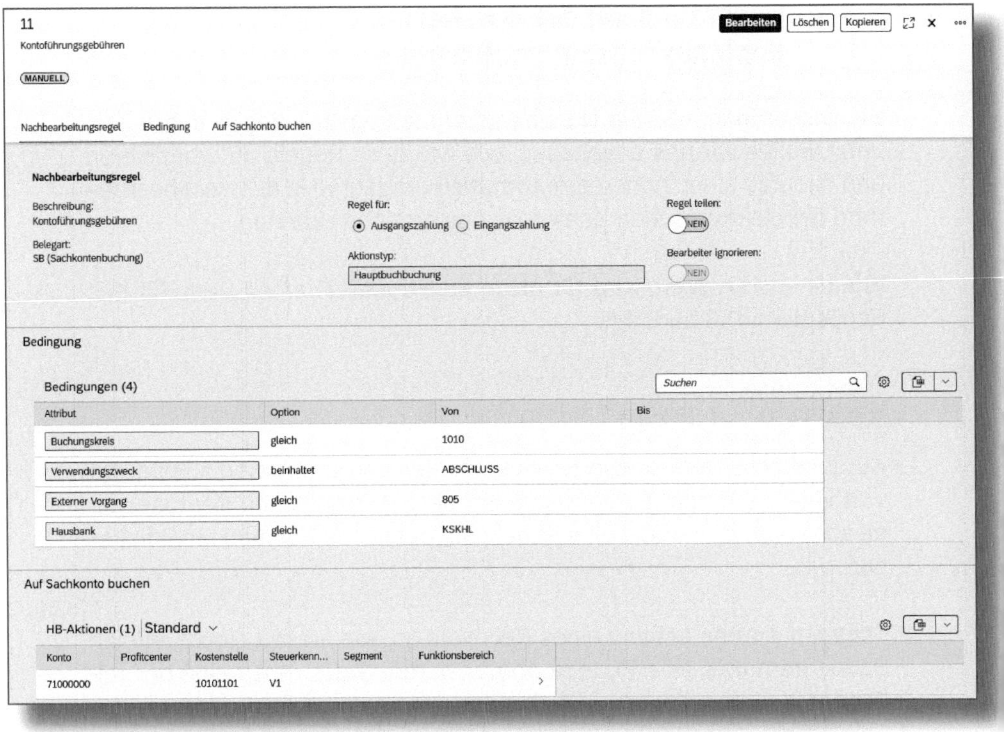

11
Kontoführungsgebühren
MANUELL
Bearbeiten
Löschen
Kopieren
Nachbearbeitungsregel
Bedingung
Auf Sachkonto buchen
Nachbearbeitungsregel
Beschreibung:
Kontoführungsgebühren
Belegart:
SB (Sachkontenbuchung)
Regel für:
Ausgangszahlung
Eingangszahlung
Aktionstyp:
Hauptbuchbuchung
Regel teilen:
NEIN
Bearbeiter ignorieren:
NEIN
Bedingung
Bedingungen (4)
Suchen
Attribut
Option
Von
Bis
Buchungskreis
gleich
1010
Verwendungszweck
beinhaltet
ABSCHLUSS
Externer Vorgang
gleich
805
Hausbank
gleich
KSKHL
Auf Sachkonto buchen
HB-Aktionen (1)
Standard
Konto
Profitcenter
Kostenstelle
Steuerkenn...
Segment
Funktionsbereich
71000000
10101101
V1

Abbildung 3.39: Übersicht einer manuellen Nachbearbeitungsregel

Die Automatisierung erfolgt in einem nächsten Schritt. Dazu klicken wir am rechten oberen Bildschirmrand auf die drei Punkte (MEHR) und wählen dort REGEL AUTOMATISIEREN aus (siehe Abbildung 3.40).

Bearbeiten
Löschen
Kopieren
Regel automatisieren
Regel außer Kraft setzen

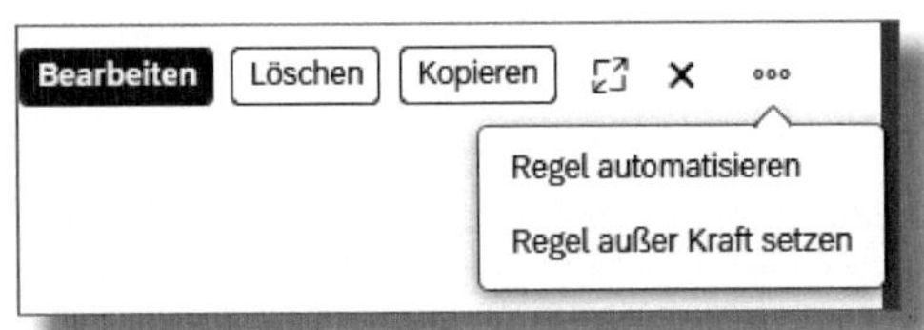

Abbildung 3.40: Nachbearbeitungsregel automatisieren

Daraufhin öffnet sich ein Pop-up, in dem wir, je nach gewählter VERFAHRENSART, unterschiedliche Felder füllen müssen (siehe Abbildung 3.41). Mögliche Verfahrensarten sind:

- 001 (EINSTUFIGE BUCHUNG): wenn die Verbuchung des Belegs in einem Schritt erfolgen soll,
- 002 (ZWEISTUFIGE BUCHUNG): wenn die Verbuchung des Belegs in zwei Schritten erfolgen soll.

Wir tragen für die Automatisierung eine BELEGART ein und entscheiden uns für die ZWEISTUFIGE BUCHUNG. Wurde die Belegart bereits bei der initialen Anlage der Nachbearbeitungsregel mitgegeben, so ist sie an der Stelle vorbelegt. Für eine zweistufige Buchung benötigen wir außerdem eine BUCHUNGSBELEGART sowie das SACHKONTO, auf das gebucht werden soll – in einem einstufigen Szenario lassen Sie diese beiden Felder leer.

Abbildung 3.41: Auswahl der Buchungsoptionen einer Nachbearbeitungsregel

Anschließend klicken wir auf den Button REGEL AUTOMATISIEREN und erhalten einen Hinweis, dass die Regel nun beim Import von Kontoauszügen angewendet wird. In der Detailansicht unserer Regel wird diese nun auch als AUTOMATISCH – AKTIV gekennzeichnet (siehe Abbildung 3.42).

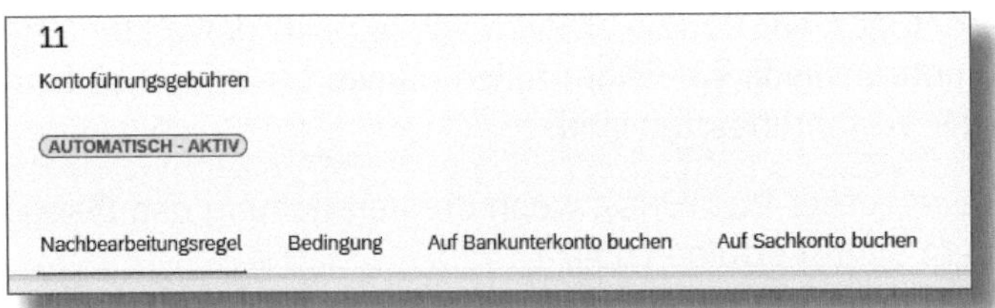

Abbildung 3.42: Anzeige einer automatischen Regel

Alle automatisierten Regeln werden in der Übersicht der Nachbearbeitungsregeln direkt dem Register AUTOMATISCHE REGELN zugeordnet.

Automatische Nachbearbeitungsregeln deaktivieren

Wird eine automatische Nachbearbeitungsregel nicht mehr benötigt, so können Sie diese für die Hintergrundverarbeitung deaktivieren. Dazu wählen Sie eine automatisierte Regel aus und klicken auf den Button [Regel außer Kraft setzen]. Sie erhalten im Anschluss eine Warnmeldung, die Sie darauf hinweist, dass die Regel außer Kraft gesetzt wird und die Aktion im Anschluss nicht mehr rückgängig gemacht werden kann. Nachdem Sie die Regel deaktiviert haben, erhält diese den Status »Veraltet«.

Vorlagenbasierte Nachbearbeitungsregeln

Eine weitere Option, die sich im Rahmen der Nachbearbeitungsregeln bietet, sind die sogenannten *vorlagenbasierten Verarbeitungsregeln* oder auch *Regelvorlagen*. Die Idee dahinter ist, dass das System aus den vorherigen manuellen Verbuchungen Ihrer fehlerhaften Kontoauszugspositionen lernt und Ihnen auf Basis dessen eigene Vorlagen für die automatisierte Verbuchung dieser Belege erstellt. Voraussetzung dazu ist, dass eine fehlerhafte Kontoauszugsposition mit den immer gleichen Bedingungen bzw. Details drei Mal auf dieselbe Weise gebucht worden ist (Sachkonto oder Nebenbücher). Im Fall von Buchungen, die im Nebenbuch erfolgen, werden Regelvorlagen **pro** Verwendungszweck erstellt – Vorlagen mit mehreren Werten im Feld VERWENDUNGSZWECK sind derzeit nicht möglich.

Sie können an der Stelle entscheiden, ob bzw. welche Regeln Sie im weiteren Verlauf aktiv nutzen möchten.

Neben dem aktiven Scope Item 4X8 benötigen wir die Einstellungen zur erweiterten Kontoauszugsautomatisierung (siehe Abschnitt 4.9), um daraus Regelvorlagen abzuleiten.

Nachdem die historischen Buchungen ausgewertet worden sind, finden wir die Ergebnisse bzw. Vorschläge im Register REGELVORLAGEN der App »Nachbearbeitungsregeln für Kontoauszüge verwalten« (siehe Abbildung 3.43).

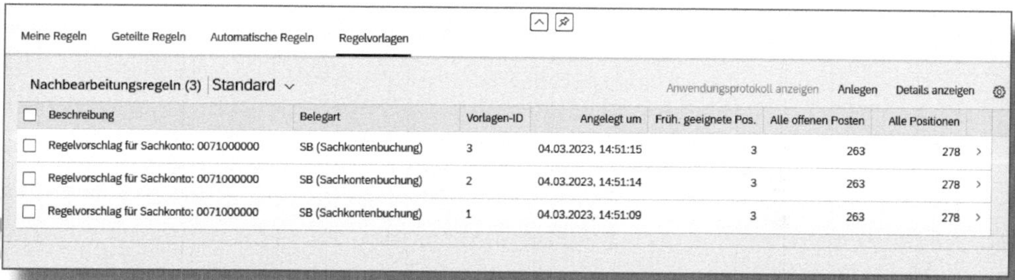

Meine Regeln | Geteilte Regeln | Automatische Regeln | Regelvorlagen

Nachbearbeitungsregeln (3) | Standard

Anwendungsprotokoll anzeigen | Anlegen | Details anzeigen

Beschreibung	Belegart	Vorlagen-ID	Angelegt um	Früh. geeignete Pos.	Alle offenen Posten	Alle Positionen
Regelvorschlag für Sachkonto: 0071000000	SB (Sachkontenbuchung)	3	04.03.2023, 14:51:15	3	263	278
Regelvorschlag für Sachkonto: 0071000000	SB (Sachkontenbuchung)	2	04.03.2023, 14:51:14	3	263	278
Regelvorschlag für Sachkonto: 0071000000	SB (Sachkontenbuchung)	1	04.03.2023, 14:51:09	3	263	278

Abbildung 3.43: Übersicht von Regelvorlagen

In unserem Beispiel konnten drei Vorschläge bzw. Vorlagen aus zuvor manuell getätigten Buchungen abgeleitet werden. Wir müssen jetzt entscheiden, ob wir eine der Regeln übernehmen bzw. automatisieren möchten und klicken dazu auf den Button DETAILS ANZEIGEN. Wie in Abbildung 3.44 dargestellt ist, erhalten wir einen SYSTEMVORSCHLAG für die Kontierung bzw. Buchung des Belegs auf Basis der historischen Buchungen. Wir haben an der Stelle zwei Möglichkeiten: Entweder wir wollen den Vorschlag nicht verwenden oder als Regel automatisieren und klicken auf den Button VORLAGE AUSBLENDEN. Oder wir entscheiden uns, den Regelvorschlag zu nutzen und klicken auf den Button REGEL AUS VORLAGE ANLEGEN. Daraufhin gelangen wir in den Änderungsmodus, wo sich optional nochmals Anpassungen an den Bedingungen oder der Kontierungslogik vornehmen lassen. Abschließend sichern wir unsere Eingaben.

Nachdem Sie eine Regel aus dem Regelvorschlag übernommen haben, steht Ihnen diese zunächst für die manuelle Zuordnung in der Kontoauszugsnachbearbeitung zur Verfügung, kann aber ebenso automatisiert werden, wie es in Abschnitt 3.4.3 beschrieben ist.

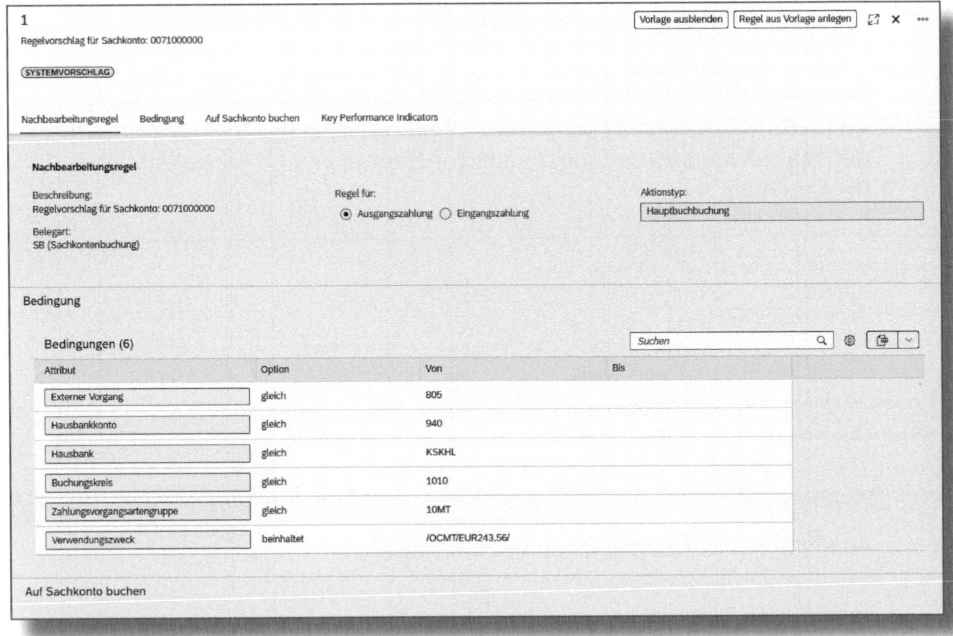

Abbildung 3.44: Systemvorschläge einer Nachbearbeitungsregel

Die über diesen Weg übernommenen Regeln finden Sie im Anschluss im Register MEINE REGELN.

3.4.4 Parallelbuchungen

Bei der Verarbeitung von elektronischen Kontoauszügen erfolgt die Verbuchung mittels Buchungsregeln immer über eine festgelegte Reihenfolge. Durch den Einsatz von Verarbeitungsregeln wird die parallele Verarbeitung der Kontoauszugspositionen ermöglicht, was zu einer verbesserten Performance bei der Verbuchung der Belege führt.

Dazu werden zunächst die einzelnen Positionen der Kontoauszüge in Gruppen geclustert. So soll vermieden werden, dass bei Buchungen von OP-verwalteten Konten (Sachkonten, Debitoren oder Kreditorenkonten) mehrere Workprozesse versuchen könnten, die Kontoauszugspositionen auf das gleiche OP-verwaltete Konto zu buchen.

Für die Anlage der Cluster, die dann bei der weiteren Verarbeitung der Belegpositionen parallelisiert werden, wird jede einzelne Kontoauszugszeile ausgelesen, analysiert und anschließend in einem Cluster gruppiert, über das später ein passender Ausgleich auf einem OP-verwalteten Konto erfolgen kann.

Konfiguration der Parallelisierungsparameter

Die SAP liefert bereits vordefinierte Parameter für die Parallelisierung von Workprozessen aus. Bei Bedarf können Sie diese Parameter mithilfe der Transaktion FAR_BS_PARALLEL_SESS anpassen.

3.4.5 Kontoauszugspositionen mit Nachbearbeitungsregeln nachbearbeiten

Kehren wir noch einmal zurück in die Nachbearbeitung der Kontoauszüge und schauen wir uns an, wie die Zuordnung der manuellen Nachbearbeitungsregeln erfolgen kann, wenn das Scope Item 4X8 nicht aktiviert ist.

Betrachten wir dazu beispielhaft eine nicht automatisch verbuchte Belastung der Kfz-Steuer im elektronischen Kontoauszug. Damit wir diese Buchungen im Nachgang noch teilautomatisiert vornehmen können, haben wir uns im Vorfeld eine Regel angelegt, mit deren Hilfe wir diese Belege nun in der Nachbearbeitung verbuchen möchten.

Wir haben die Regel so definiert, dass wir eine AUSGANGSBUCHUNG mit dem Aktionstyp HAUPTBUCHUNG durchführen. Die Bedingungen sollen uns neben dem BUCHUNGSKREIS den EXTERNEN VORGANG, die HAUSBANK sowie den VERWENDUNGSZWECK identifizieren. Für die spätere Buchung benötigen wir ein SACHKONTO sowie eine dazugehörige KOSTENSTELLE (siehe Abbildung 3.45).

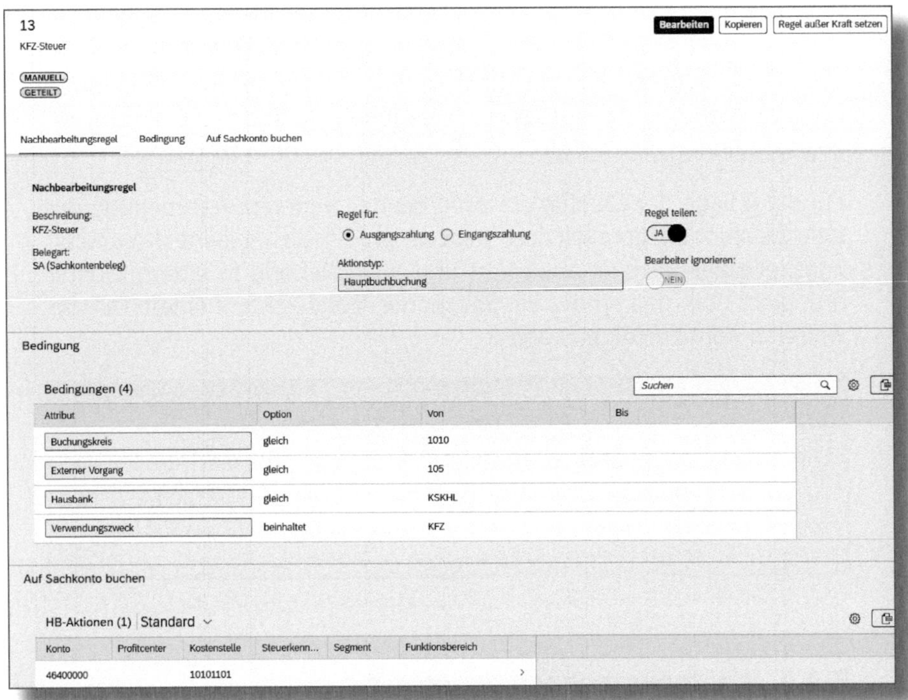

Abbildung 3.45: Detail einer Nachbearbeitungsregel für eine Ausgangszahlung

Für die manuelle Nachbearbeitung wechseln wir in die Fiori-App »Kontoauszugspositionen nachbearbeiten« und selektieren zunächst den oder die Kontoauszüge in den Arbeitsvorrat, die wir mit der Regel nachbearbeiten möchten (siehe Abbildung 3.46).

Start Filter anpassen (5)

Kontoauszugspositionen (1) Standard — Regel anlegen | Regel anwenden | Änderungen verwerfen | In Bankbuchhaltung buchen | Status ändern | Stornieren

Buchungskreis	Hausbank	Hausbankkonto	Kontoauszugsdatum	Kontoauszugsnummer	Einzelpostennu...	Betrag		Nachbearbeiten
1010	KSKHL	940	05.08.2022	78	2	-243,56	EUR	>
						-243,56	**EUR**	

Abbildung 3.46: Kontoauszugsposition, die mit einer Nachbearbeitungsregel verbucht werden soll

Im nächsten Schritt klicken wir auf den Button Regel anwenden. Es erscheint ein Pop-up (siehe Abbildung 3.47), das uns mehrere Möglichkeiten zur Nachbearbeitung der Kontoauszugsposition anbietet. In unserem Beispiel haben wir nur eine Kontoauszugsposition für die Nachbearbeitung selektiert. Wir können an der Stelle REGEL NUR AUF DIE AUSGEWÄHLTE 1 POSITION ANWENDEN markieren – hätten wir zu Beginn mehrere Belege selektiert, würden uns diese hier (als Anzahl) vorgegeben werden. Wenn wir das Feld frei lassen bzw. an der Stelle keinen Haken setzen, dann wird die Regel auf alle fehlerhaften Kontoauszugspositionen angewendet.

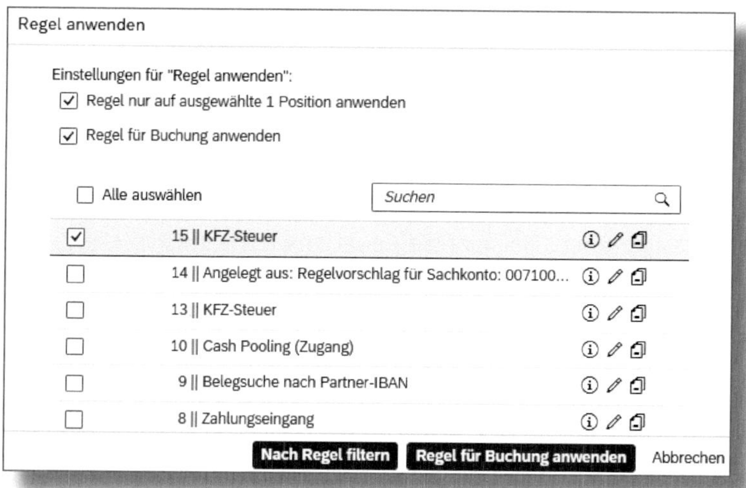

Abbildung 3.47: Anwendung und Filter für Nachbearbeitungsregeln

Markieren wir das Feld REGEL FÜR BUCHUNG ANWENDEN, so können wir die Regel umgehend für die Verbuchung anwenden. Setzen wir in dem Feld keinen Haken, dann wechselt der Button in der Fußzeile auf **Regel für Simulation anwenden**. Wir können mit Klick darauf zunächst über eine Simulation prüfen, ob die Nachbearbeitungsregel für die Belegposition angewendet werden würde. Nachdem wir den Button gedrückt haben, erhalten wir die Information, dass ein Hintergrundjob für diese Prüfung gestartet wurde. Klicken Sie nun auf den Button Angewendetes Regelprotokoll und navigieren Sie zu den Jobergebnissen (siehe Abbildung 3.48). Sie erhalten dort eine detaillierte Übersicht, ob die Buchung auf Basis der angewendeten Regel erfolgreich prozessiert wurde.

Abbildung 3.48: Jobdetails einer prozessierten Nachbearbeitungsregel

Wir möchten für unser Beispiel die REGEL FÜR DIE BUCHUNG ANWENDEN und markieren dazu das Feld. Für die Nachbearbeitung unserer fehlerhaften Kfz-Steuer-Buchung wählen wir die Regel 13 KFZ-STEUER aus – alternativ können wir auch alle Nachbearbeitungsregeln auswählen.

Über die Buttons ⓘ ✎ ⧉ können wir zusätzlich detaillierte Informationen zur Verarbeitungsregel abrufen, in die Nachbearbeitung der Regel abspringen oder die Regel kopieren.

Verwendung der Nachbearbeitungsregeln

Sind die beiden Scope Items 1MV und 4X8 nicht aktiv bzw. lizenziert, kann eine fehlerhafte Kontoauszugsposition immer mit einer als manuell definierten Nachbearbeitungsregel verarbeitet werden.

Um den fehlerhaften Beleg zu verbuchen, klicken wir auf den Button REGEL FÜR BUCHUNG ANWENDEN. Wir erhalten eine Information, dass nun ein Absprung in das angewendete Regelprotokoll möglich ist. Wir springen in das Protokoll, um uns das Ergebnis der Buchung anzusehen – die fehlerhafte Belegposition wird im Anschluss in unserem Arbeitsvorrat nicht mehr angezeigt.

3.5 Fiori-App »Nachbearbeitungsquote von Eingangszahlungen«

In der Vergangenheit war es oftmals schwierig zu prüfen, wie hoch die automatische Verbuchungsquote in der elektronischen Kontoauszugsverarbeitung ist bzw. war und ob Maßnahmen zur Optimierung erfolgreich umgesetzt worden sind. Über kundeneigene Auswertungen kann bzw. konnte man sich diese Werte ermitteln, im SAP-Standard fehlte diese Möglichkeit bislang. Unter SAP S/4HANA ist diese Lücke nun mit der Fiori-App »Nachbearbeitungsquote von Eingangszahlungen« (ID F1619) geschlossen.

Mithilfe dieser App können Sie prüfen, wie viele Eingangszahlungen bzw. daraus abgeleitete Kontoauszugspositionen fehlerhaft waren und manuell nachbearbeitet werden mussten. Wie Sie in Abbildung 3.49 sehen, steht Ihnen dazu eine Reihe von Auswertungsmöglichkeiten zur Verfügung, wie beispielsweise NACH EXTERNEM VORGANGSTYP, NACH URSACHE, NACH BANK usw., mit deren Hilfe Sie gezielt Maßnahmen in der Belegfindung bzw. Verbuchung umsetzen können, um die automatische Verbuchungsquote weiter zu erhöhen.

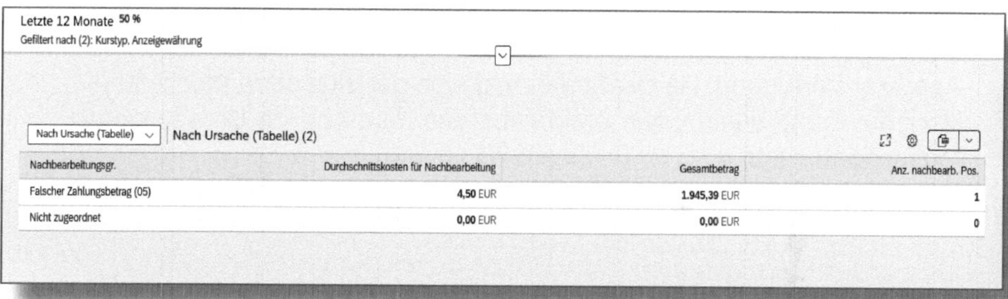

Nachbearbeitungsgr.	Durchschnittskosten für Nachbearbeitung	Gesamtbetrag	Anz. nachbearb. Pos.
Falscher Zahlungsbetrag (05)	4,50 EUR	1.945,39 EUR	1
Nicht zugeordnet	0,00 EUR	0,00 EUR	0

Abbildung 3.49: Übersicht von Nachbearbeitungsgründen

Die App berücksichtigt die abgeschlossenen bzw. eingegangenen Zahlungseingänge der letzten 12 Monate. Die Nachbearbeitungsquote wird in Prozent dargestellt und wie folgt berechnet:

```
Anzahl der manuell nachgearbeiteten Eingangszahlungen geteilt
  durch Gesamtanzahl der Eingangszahlungen (manuell wie auch
        automatisch ausgeglichene Positionen) × 100%.
```

Die Standardkonfiguration der App selbst kann mithilfe der Fiori-App »KPIs und Berichte verwalten« (ID F2814) angepasst werden.

3.6 Fazit

Die letzte Weiterentwicklung für die Nachbearbeitung von manuellen bzw. elektronischen Kontoauszügen im SAP-Standard liegt bereits geraume Zeit zurück. Zuletzt wurde die Transaktion FEB_BSPROC in SAP ECC 6.0 EhP6 eingeführt. Ihr Funktionsumfang blieb unter SAP S/4HANA gleich, lediglich die Belegsuche auf SAP HANA wurde erweitert bzw. angepasst.

Der Funktionsumfang der GUI-Transaktion wurde in die ersten Auslieferungen der Fiori-App »Kontoauszugspositionen nachbearbeiten« übernommen und erst in den letzten Auslieferungszyklen um neue Funktionalitäten erweitert – besonders die Belegsuche wirkt jetzt aufgeräumter und flexibler. Auch die Beleginterpretation wurde durch neue Verarbeitungsanweisungen deutlich aufgewertet.

Wer diese neuen Funktionalitäten in der FEB_BSPROC sucht, wird dort allerdings nicht fündig. Zahlreiche Neuerungen stehen nur in den Fiori-Apps zur Verfügung. An der Stelle mag sich der eine oder andere Key-User die Frage stellen, wie praktikabel die Fiori-App im Umgang mit Massendaten ist.

4 Customizing für den elektronischen Kontoauszug

In diesem Kapitel wollen wir uns mit dem Set-up bzw. Customizing zum elektronischen Kontoauszug beschäftigen. Wir schauen uns dazu etablierte Grundeinstellungen an, die wir für den Betrieb des elektronischen Kontoauszugs benötigen, wie auch neue Funktionalitäten, die im Rahmen von technischen und funktionellen Erweiterungen ergänzt worden sind. Abgerundet werden die Konfigurationsmöglichkeiten durch den Einsatz von Fiori-Apps.

Um die Verbuchung von manuellen wie auch elektronischen Kontoauszügen zu ermöglichen, bedarf es zunächst einer Reihe von Grundeinstellungen, die im Rahmen des Zahlungsverkehrs bzw. des elektronischen Kontoauszugs vorzunehmen sind. Dazu stehen uns verschiedene Standardfunktionalitäten im Rahmen der SAP-S/4HANA-Lizenz zur Verfügung, mit denen wir Kontoauszüge schnell und effektiv verarbeiten können.

Dieses Grundcustomizing wurde unter SAP S/4HANA in den letzten Jahren kontinuierlich erweitert, um auch im SAP-Standard eine hohe Verbuchungsqualität zu gewährleisten. Durch den vermehrten Einsatz von Fiori-Apps sind weitere Besonderheiten bzw. Neuerungen hinzugekommen. Wir sehen an der Stelle verstärkt, dass Einstellungen, die in der Vergangenheit über das Customizing im Einführungsleitfaden vorgenommen werden mussten, sich nun überwiegend direkt in den Fiori-Apps hinterlegen lassen. Dies befähigt die Fachabteilungen, selbst bestimmte Grundeinstellungen vorzunehmen und zügig für den Einsatz in der Produktivumgebung freizugeben.

Beginnen wir im nachfolgenden Abschnitt mit den Einstellungen, die wir für den Import unserer elektronischen Kontoauszüge benötigen.

4.1 Einstellungen für den Datenimport

Im Abschnitt 2.1 haben wir uns mit den Möglichkeiten befasst, wie wir über die Transaktion FEB_FILE_HANDLING unsere elektronischen Kontoauszüge automatisiert importieren bzw. verarbeiten und so die damit verbundenen Prozesse deutlich optimieren können. In diesem Abschnitt wollen wir uns die entsprechenden Einstellungen im Customizing anschauen.

4.1.1 Logische Pfade definieren

In einem ersten Schritt legen wir die logischen Pfade für die Verarbeitung der Kontoauszüge fest. Wir navigieren dazu im SAP-Einführungsleitfaden (kurz: IMG) über FINANZWESEN • BANKBUCHHALTUNG • GESCHÄFTSVORFÄLLE • ZAHLUNGSVERKEHR • ELEKTRONISCHER KONTOAUSZUG • EINSTELLUNGEN FÜR DEN DATENIMPORT • LOGISCHE PFADE DEFINIEREN in die Anwendung.

Im Regelfall definieren wir drei Gruppen oder auch Arten von logischen Pfaden, von denen die Kontoauszüge gelesen und im Anschluss an die Verarbeitung übergeben werden sollen (siehe Abbildung 4.1):

- Einen Quellpfad für den Import der Kontoauszüge
- Einen Pfad für die Ablage der Dateien nach dem Import
- Einen Pfad für die Ablage von fehlerhaften Dateien im Rahmen des Imports

Logische Pfade

Logischer Pfadname	Beschreibung des Pfades
☐ ARCHIV KONTOAUSZÜGE CAMT.053	Archiv Kontoauszüge CAMT.053
☐ FEHLER KONTOAUSZÜGE CAMT.053	Fehler Kontoauszüge CAMT.053
☐ IMPORT KONTOAUSZÜGE CAMT.053	Import Kontoauszüge CAMT.053

Abbildung 4.1: Definition von logischen Pfaden

Schauen wir uns einen logischen Pfad etwas näher an (siehe Abbildung 4.2).

> **! Logische Pfade für die Kontoauszugsverarbeitung**
>
> Bitte beachten Sie, dass logische Pfade für den Import von Kontoauszügen über die Transaktion FEB_FILE_HANDLING nicht mit der Transaktion FILE gepflegt werden können.

Hinterlegen Sie im Feld LOG. PFAD zunächst eine Definition für den neu anzulegenden logischen Pfad, gefolgt von einer BESCHREIBUNG. Bestimmen Sie dann über das Feld VERWENDUNG, wofür Sie den Pfad im Verarbeitungsprozess nutzen möchten. Sie können dabei auswählen zwischen:

- 1 DATEIEN EINLESEN
- 2 DATEIEN ABLEGEN (an bestehende Datei anhängen)
- 3 DATEIEN ABLEGEN (bestehende Datei überschreiben)
- 4 DATEIEN ABLEGEN (Zähler an bestehenden Dateinamen anhängen)

Die erste Option wählen wir, wenn wir eine Datei beim Import einlesen möchten (aus dem Verzeichnis können Daten gelesen werden). Alle weiteren Optionen verwenden wir bei der Sicherung der Dateien im Erfolgs- bzw. Fehlerfall (in das Verzeichnis kann nur geschrieben werden).

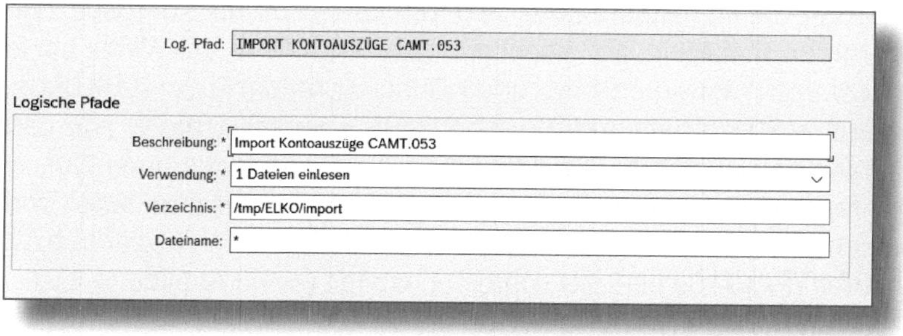

Log. Pfad: IMPORT KONTOAUSZÜGE CAMT.053

Logische Pfade

Beschreibung: * Import Kontoauszüge CAMT.053

Verwendung: * 1 Dateien einlesen

Verzeichnis: * /tmp/ELKO/import

Dateiname: *

Abbildung 4.2: Details zu einem logischen Pfad

Im nächsten Schritt hinterlegen wir das physische VERZEICHNIS, aus dem wir die Dateien lesen bzw. in das wir sie ablegen werden. Wir können dazu eine Reihe vordefinierter Platzhalter verwenden, wie beispielsweise die System-ID mit dem Wert <SYSID> oder den Mandanten mit dem Platzhalter <CLIENT>, und erhalten somit flexible Optionen für die Definition unserer Verzeichnisse.

Abschließend legen wir den DATEINAMEN unserer zu verarbeitenden Kontoauszüge fest. Ähnlich wie beim Verzeichnis können wir auch hier mit Platzhaltern arbeiten, um die Verarbeitung so flexibel wie möglich zu gestalten. So können Sie bei der Verwendungsoption 1 DATEIEN EINLESEN das Feld leer lassen, sodass alle in dem Verzeichnis hinterlegten Dateien verarbeitet werden, oder Sie können die zu verarbeitenden Dateien mit dem Platzhalter »*« für die Verarbeitung weiter spezifizieren.

Bei Verwendung der Option DATEIEN ABLEGEN stehen Ihnen noch weitere reservierte Platzhalter zur Verfügung. So können Sie beispielsweise neben dem reservierten Wort <FILE> für den ursprünglichen Dateinamen außerdem technische Feldnamen aus der Tabelle FEBKO hinterlegen, beispielsweise <CCODE> für den Buchungskreis oder <STATEMENT_NO> für die Auszugsnummer. Zusätzlich lässt sich der Dateiname noch mit weiteren System-Feldnamen anreichern, etwa dem Mandanten <CLIENT> oder Datum <DATE>.

4.1.2 Importparameter festlegen

Nachdem wir die logischen Pfade definiert haben, legen wir im nächsten Schritt die Importparameter fest, mit denen wir die Kontoauszüge importieren möchten. Wir wechseln dazu im IMG in das Verzeichnis FINANZWESEN • BANKBUCHHALTUNG • GESCHÄFTSVORFÄLLE • ZAHLUNGSVERKEHR • ELEKTRONISCHER KONTOAUSZUG • EINSTELLUNGEN FÜR DEN DATENIMPORT • IMPORTPARAMETER FESTLEGEN und legen unter QUELLPFAD fest, von welchem Verzeichnis wir die Kontoauszüge lesen und in welche Verzeichnisse wir die Dateien im Erfolgs- (ABLAGEPFAD) bzw. Fehlerfall (PFAD FÜR FEHLER) schreiben wollen (siehe Abbildung 4.3).

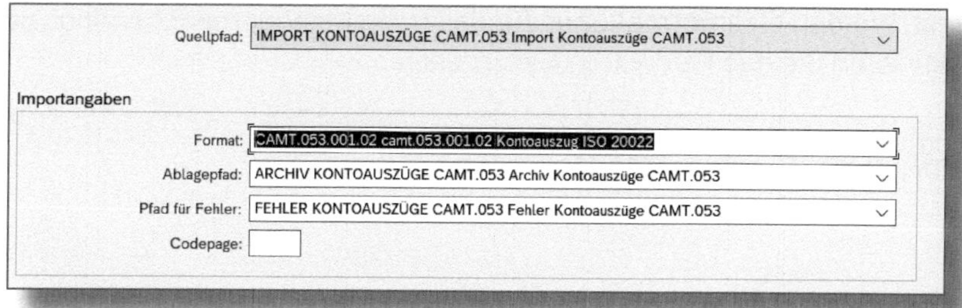

Abbildung 4.3: Definition von Importparametern

Optional tragen Sie im Feld Codepage eine Zeichensatztabelle ein, falls die Dateien von der Systemcodepage abweichen sollten.

4.1.3 Buchungsparameter festlegen

Als Nächstes bestimmen wir die Buchungsparameter für die Verarbeitung der Kontoauszüge und navigieren dazu in die Einstellungen über Finanzwesen • Bankbuchhaltung • Geschäftsvorfälle • Zahlungsverkehr • Elektronischer Kontoauszug • Einstellungen für den Datenimport • Buchungsparameter festlegen. Wir stoßen an der Stelle auf vergleichbare Parameter, wie wir sie bereits beim Import der Kontoauszüge über den Report RFEBKA00 vorgefunden haben (siehe Kapitel 2), mit dem Unterschied, dass wir die Verarbeitung der Kontoauszüge zusätzlich auf die Hausbank bzw. Konto-ID einschränken können.

Für die Anlage eines neuen Parameters klicken Sie auf den Button Neue Einträge (siehe Abbildung 4.4). Wählen Sie einen Buchungskreis aus, für den Sie die Kontoauszüge verarbeiten möchten, und schränken Sie optional auf die Hausbank und Konto-ID ein. Möchten Sie untertägige Kontoauszüge im Format SWIFT MT942 oder CAMT.052 verarbeiten, so setzen Sie einen Haken im Feld Kontostandauszug. Im Abschnitt der Buchungsparameter wählen Sie für den Buchungsmodus aus, ob Sie die Verarbeitung direkt oder über Batch-Input starten möchten und legen die dazugehörige Regel für Mappennamen fest. Werden die Informationen für das Cash Management benötigt, so aktivieren Sie das Feld VALUTA KONTIEREN.

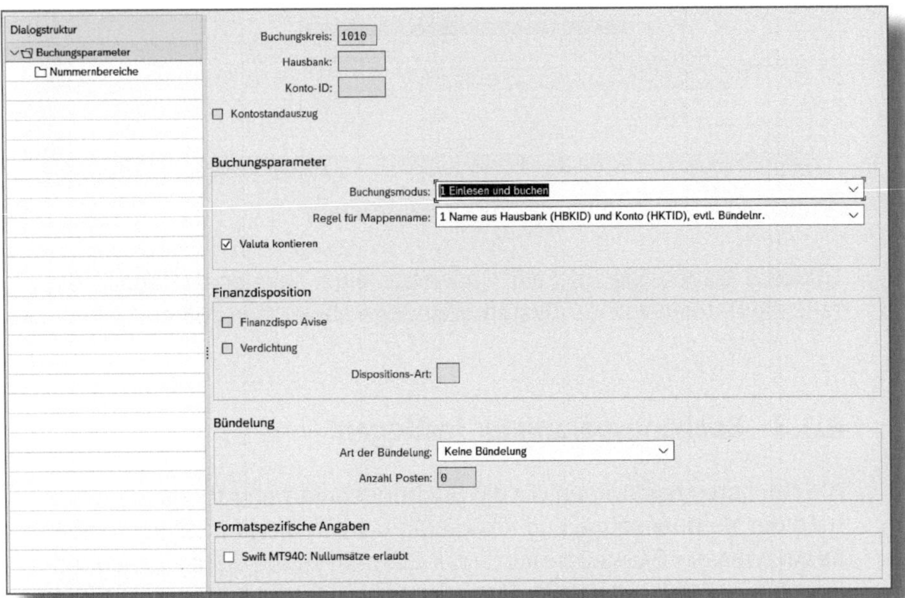

Abbildung 4.4: Definition von Buchungsparametern

Im Abschnitt FINANZDISPOSITION markieren Sie bei einer Verarbeitung der Kontoauszüge über Batch-Input das Feld FINANZDISPO AVISE und tragen die dazugehörige DISPOSITIONS-ART ein (Auswahl über F4), sofern Sie für die Umsätze im Kontoauszug einen Planposten erstellen möchten. Des Weiteren hinterlegen Sie optional im Abschnitt BÜNDELUNG bei einer direkten oder über Batch-Input laufenden Verarbeitung eine mögliche ART DER BÜNDELUNG sowie die ANZAHL POSTEN daraus.

Möchten Sie die sogenannten »Nullumsätze« berücksichtigen (siehe Kapitel 2), dann markieren Sie das Feld SWIFT MT940: NULLUMSÄTZE ERLAUBT im Abschnitt FORMATSPEZIFISCHE ANGABEN. Sichern Sie im Anschluss Ihre Eingaben und wechseln Sie links in der Dialogstruktur zum Abschnitt NUMMERNBEREICHE (siehe Abbildung 4.5). Dort hinterlegen Sie NUMMERNBEREICHE mit einer Unter- bzw. Obergrenze für die

Selektion von Belegnummern (BELNR) bzw. Referenzbelegnummern (XBLNR) und sichern Ihre Eingaben.

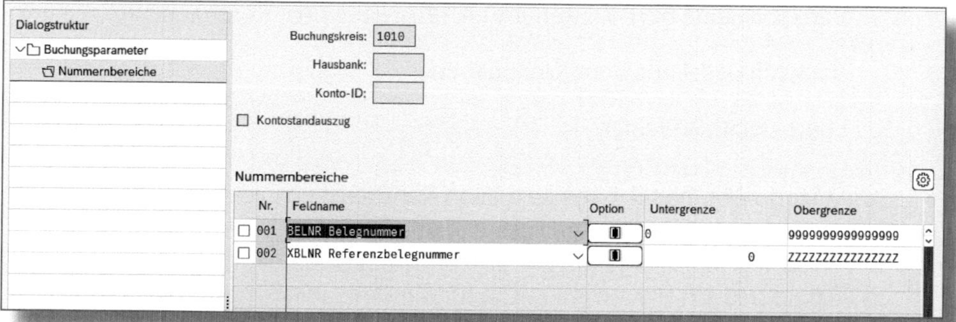

Abbildung 4.5: Anlage der Nummernbereiche für den automatischen Kontenausgleich

4.1.4 Transferinformationen festlegen

Optional können Sie nun noch sogenannte Transferinformationen festlegen, wenn Sie Kontoauszüge für bestimmte Bankkonten in anderen Systemen weiterverarbeiten möchten. Legen Sie dazu, wie in Abbildung 4.6 dargestellt, einen neuen Eintrag an und definieren Sie den BANKSCHLÜSSEL sowie optional die EXTERNE BANKKONTONUMMER/IBAN.

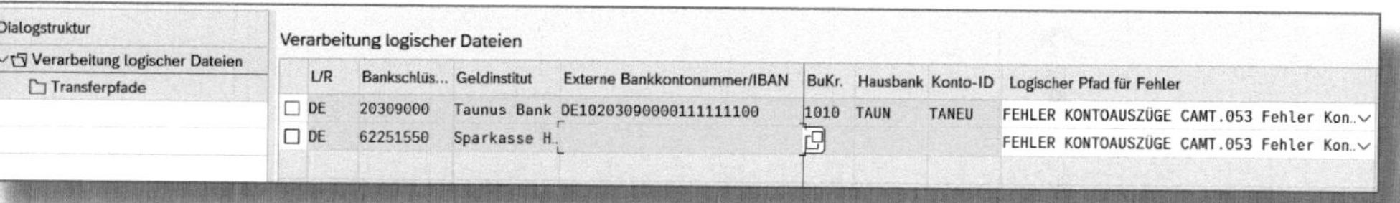

Abbildung 4.6: Definition von Transferinformationen

Beim Transfer prüft das System nun, ob das Bankkonto, an das der Kontoauszug gesendet werden soll, bereits als Hausbankkonto angelegt ist und sucht nach einem passenden Eintrag. Existiert dieser nicht, werden die Angaben aus dem Kontoauszug in folgender Reihenfolge gelesen:

1. Bankschlüssel bzw. Kontonummer/IBAN aus dem Kontoauszug
2. Bankschlüssel aus dem Kontoauszug
3. Leere Schlüsselfelder

Somit ist gewährleistet, dass sich auch Kontoauszüge verarbeiten lassen, die nicht als Hausbanken bzw. Hausbankkonten im zentralen System hinterlegt sind. Selektieren Sie zum Abschluss noch einen Pfad im Feld LOGISCHER PFAD FÜR FEHLER für die Dateiablage im Fehlerfall.

Wechseln Sie nun in die Dialogstruktur für Transferpfade (siehe Abbildung 4.7) und selektieren Sie im Bereich LOGISCHER PFADNAME TRANSFERDATEIEN einen zuvor definierten Transferpfad zur Ablage der Kontoinformationen.

Abbildung 4.7: Transferpfade für Kontoinformationen

4.2 Konnektor für SAP Multi-Bank Connectivity (MBC)

In den Abschnitten 1.3 und 2.2 haben wir uns angesehen, wie die Bankenkommunikation mit SAP MBC aufgebaut ist und welche Möglichkeiten dort für die Verarbeitung von elektronischen Kontoauszügen zur Verfügung stehen.

Neben den grundlegenden Einstellungen zu SAP MBC, auf die ich in diesem Buch nicht detaillierter eingehen werde, sind noch Einstellungen für den Empfang bzw. die Verarbeitung erforderlich, die wir in den nachfolgenden Abschnitten etwas näher betrachten werden.

4.2.1 Eingangsverarbeitungsschritte pflegen

Zunächst definieren wir die Schritte der *Eingangsverarbeitung*, die wir für den Import der Kontoauszüge benötigen. Dazu navigieren wir im IMG über KONNEKTOR FÜR SAP MULTI-BANK CONNECTIVITY • EINGANGSVERARBEITUNGSSCHRITTE PFLEGEN in die Customizing-Einstellungen. An dieser Stelle hinterlegen wir die Abfolge von Maßnahmen, die beim Eingang einer Nachricht in SAP MBC durchlaufen wird. In den Grundeinstellungen von SAP MBC sind im Regelfall sowohl eine Sender-ID (sendende Hausbank) als auch eine Empfänger-ID (empfangende Hausbank) hinterlegt. In unserem Beispiel haben wir keine gesonderten Einträge dazu hinterlegt, da wir für alle Hausbanken den gleichen Verarbeitungsprozess durchführen wollen (siehe Abbildung 4.8).

Schritte der Eingangsverarbeitung

	Sender-ID	Empfänger-ID	Nachrichtentyp	Schrittnr.	Anwendung	Aktiv
☐			CAMT.052.001.02	1	FIBNKSTMX1	☑
☐			CAMT.053.001.02	1	FIBNKSTMX1	☑
☐			CAMT.054.001.02	1	FIBNKSTMX1	☑
☐			MT940	1	DOWNLOAD	☑
☐			MT940	2	FIBNKSTMT1	☑
☐			MT942	1	DOWNLOAD	☑
☐			PAIN.002.001.02	1	FIBCMSTAT1	☑
☐			PAIN.002.001.03	1	FIBCMSTAT1	☑

Abbildung 4.8: Definition der Eingangsverarbeitungsschritte in MBC

Wir wählen nun in der Spalte NACHRICHTENTYP das Format unseres Kontoauszugs aus. Hier stehen uns neben CAMT.05x und SWIFT MT94x aktuell noch eine Reihe anderer Formate zur Auswahl, beispielsweise BAI oder CSB43. Anschließend legen wir fest, in welcher Schrittfolge die Auszüge verarbeitet werden sollen.

Es bieten sich uns dazu mehrere Optionen: So können wir beispielsweise eine Datei in einem ersten Schritt zur Sicherung in ein Verzeichnis herunterladen und in einem Folgeschritt über die Transaktion FEB_FILE_HANDLING weiterverarbeiten. Oder wir starten ebenfalls in einem zweiten Schritt den direkten Import des Kontoauszugs. Somit können wir über unterschiedliche Kombinationen den Importvorgang sehr flexibel gestalten.

In der Spalte AKTIV steuern wir, welcher der hier definierten Prozesse verwendet werden soll.

4.2.2 Selektionsvarianten für Kontoauszüge pflegen

Nach der Definition der Prozesse und Reihenfolge für unsere Eingangsverarbeitung ordnen wir nun die Selektionsvarianten zu. Wir navigieren dazu über KONNEKTOR FÜR SAP MULTI-BANK CONNECTIVITY • SELEKTIONSVARIANTEN FÜR KONTOAUSZÜGE PFLEGEN in die Anwendung. Hier ist bereits eine Reihe vordefinierter Varianten hinterlegt, die jeweils einem Nachrichtentyp zugeordnet sind (siehe Abbildung 4.9). Sie können die Zuordnung optional auf die Sender-ID Ihrer Hausbank erweitern.

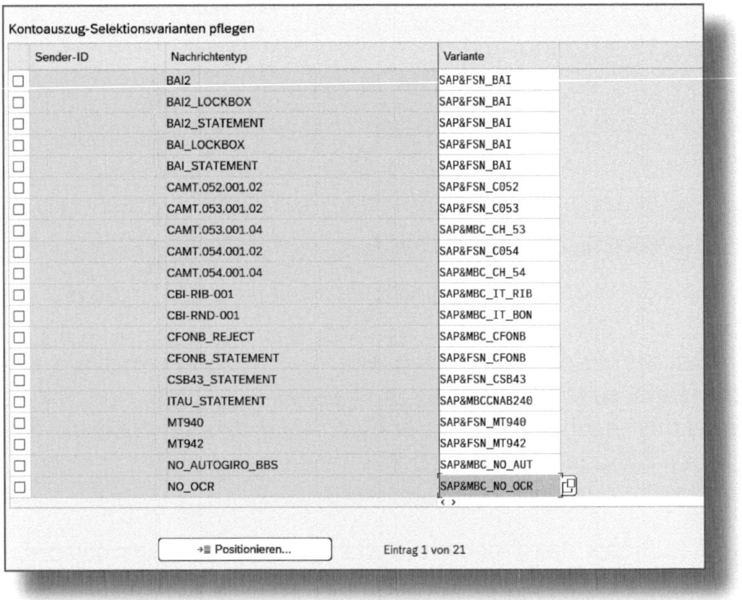

Kontoauszug-Selektionsvarianten pflegen

	Sender-ID	Nachrichtentyp	Variante
☐		BAI2	SAP&FSN_BAI
☐		BAI2_LOCKBOX	SAP&FSN_BAI
☐		BAI2_STATEMENT	SAP&FSN_BAI
☐		BAI_LOCKBOX	SAP&FSN_BAI
☐		BAI_STATEMENT	SAP&FSN_BAI
☐		CAMT.052.001.02	SAP&FSN_C052
☐		CAMT.053.001.02	SAP&FSN_C053
☐		CAMT.053.001.04	SAP&MBC_CH_53
☐		CAMT.054.001.02	SAP&FSN_C054
☐		CAMT.054.001.04	SAP&MBC_CH_54
☐		CBI-RIB-001	SAP&MBC_IT_RIB
☐		CBI-RND-001	SAP&MBC_IT_BON
☐		CFONB_REJECT	SAP&MBC_CFONB
☐		CFONB_STATEMENT	SAP&FSN_CFONB
☐		CSB43_STATEMENT	SAP&FSN_CSB43
☐		ITAU_STATEMENT	SAP&MBCCNAB240
☐		MT940	SAP&FSN_MT940
☐		MT942	SAP&FSN_MT942
☐		NO_AUTOGIRO_BBS	SAP&MBC_NO_AUT
☐		NO_OCR	SAP&MBC_NO_OCR

Positionieren... Eintrag 1 von 21

Abbildung 4.9: Zuordnung von Kontoauszugs-Selektionsvarianten

Die Varianten selbst sind durch die SAP geschützt, sodass Sie dort – zumindest vorläufig – keine direkten Anpassungen vornehmen können.

4.2.3 Auszugsparametersatzzuordnung pflegen

Die seitens der SAP geschützten Varianten lassen uns zunächst wenig bis keinen Spielraum, sie nach unseren Bedürfnissen anzupassen. Für mehr Flexibilität sorgt die Pflege einer sogenannten *Auszugsparametersatzzuordnung*. Wir navigieren dazu im Einführungsleitfaden über KONNEKTOR FÜR SAP MULTI-BANK CONNECTIVITY • AUSZUGSPARAMETERSATZZUORDNUNG PFLEGEN in die Anwendung.

Hier haben wir die Möglichkeit, den Importvorgang für eine (optionale) Sender-ID sowie für einen Nachrichtentyp dezidiert zu steuern (siehe Abbildung 4.10). Wir wählen hierzu einen zu verarbeitenden NACHRICHTENTYP aus und ordnen ihm eine PARAMETERSATZ-ID zu. Diese ID, über die beispielsweise der Verarbeitungsmodus, die Kontierung des Valutadatums und die Nummernkreisintervalle festgelegt werden, haben wir zuvor im Abschnitt 4.1.2 angelegt.

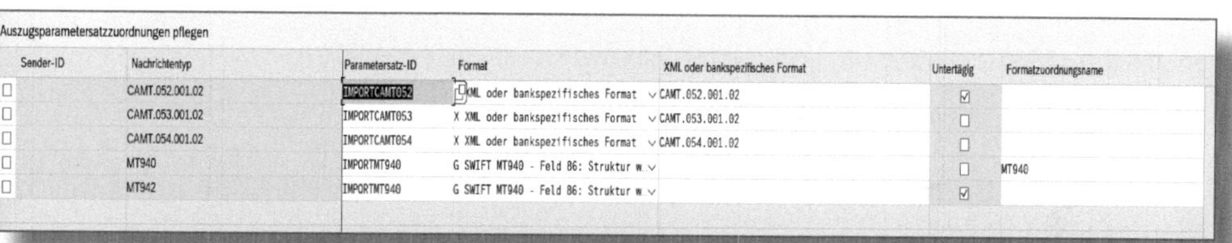

Auszugsparametersatzzuordnungen pflegen

	Sender-ID	Nachrichtentyp	Parametersatz-ID	Format	XML oder bankspezifisches Format	Untertägig	Formatzuordnungsname
☐		CAMT.052.001.02	IMPORTCAMT052	XML oder bankspezifisches Format	CAMT.052.001.02	☑	
☐		CAMT.053.001.02	IMPORTCAMT053	X XML oder bankspezifisches Format	CAMT.053.001.02	☐	
☐		CAMT.054.001.02	IMPORTCAMT054	X XML oder bankspezifisches Format	CAMT.054.001.02	☐	
☐		MT940	IMPORTMT940	G SWIFT MT940 - Feld 86: Struktur w...		☐	MT940
☐		MT942	IMPORTMT940	G SWIFT MT940 - Feld 86: Struktur w...		☑	

Abbildung 4.10: Pflege der Auszugsparametersatzzuordnung

In der Spalte FORMAT selektieren wir nun das zu verarbeitende Kontoauszugsformat und ordnen in der Spalte XML ODER BANKSPEZIFISCHES FORMAT das gewünschte Format zu. Handelt es sich bei den Kontoauszügen um untertägige Formate (CAMT.052 oder SWIFT MT942), so setzen wir in der Spalte UNTERTÄGIG einen Haken.

Abschließend können Sie in der Spalte FORMATZUORDNUNGSNAME für SWIFT MT940-Kontoauszüge noch den vordefinierten Wert MT940 auswählen. Dieser Wert wird über die Fiori-App »Formatdaten für Eingangsdateien von Banken« zur Verfügung gestellt, über die im weiteren Verlauf dann das Mapping der SWIFT MT940-Dateien abgebildet wird (siehe Abbildung 4.11).

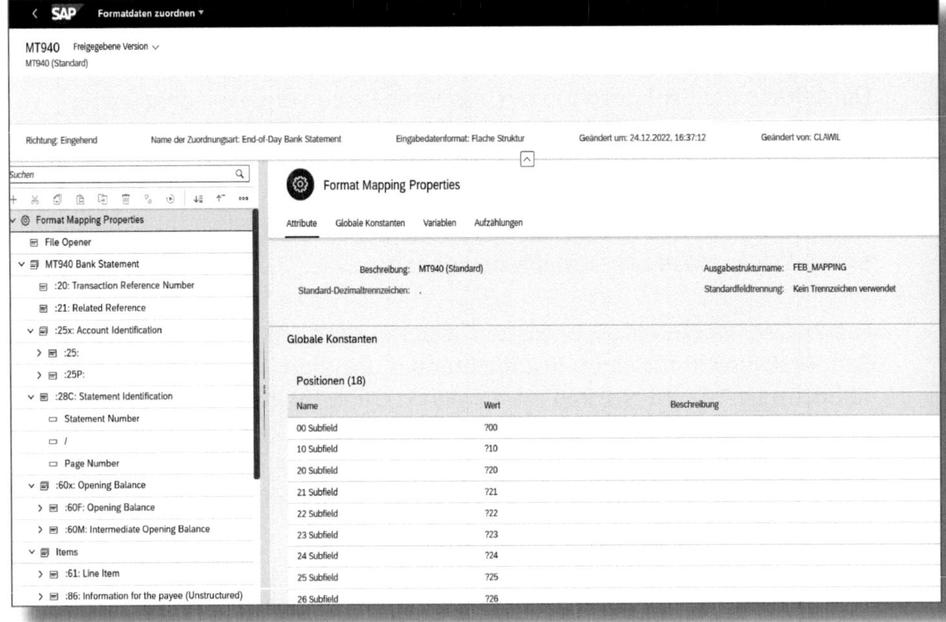

Abbildung 4.11: Mapping von SWIFT MT940-Dateien

4.3 Einstellungen für den Datenimport (SAP Fiori)

Im Abschnitt 2.3 haben Sie die Möglichkeit kennengelernt, wie Sie schnell und effizient Kontoauszüge über die Fiori-App »Eingangszahlungsdateien verwalten« verarbeiten bzw. einlesen. Für die Hintergrundverarbeitung der Kontoauszüge müssen wir zwei Einstellungen vornehmen: Wir müssen zum einen die Formate für den Import konfigurieren und zum anderen die dazugehörigen Parametersätze für den Verbuchungsmodus bzw. die Belegfindung. In den beiden nachfolgenden Abschnitten möchte ich Ihnen die dazugehörigen Einstellungsmöglichkeiten zeigen.

4.3.1 Formate für den Import konfigurieren (SAP Fiori)

Schauen wir uns zunächst die Einstellungen an, die wir für den Datenimport über die Fiori-App »Eingangszahlungsdateien verwalten« benötigen. Wir rufen dazu das Customizing im IMG über das Menü Finanzwesen • Bankbuchhaltung • Geschäftsvorfälle • Zahlungsverkehr • Elektronischer Kontoauszug • Formate für Import konfigurieren (SAP Fiori) auf. In der dort hinterlegten Dialogstruktur haben wir die Auswahl zwischen den folgenden Kontoauszugsformaten:

- Formate für Kontoauszüge
- Formate für Zahlungsablehnungen
- Formate für untertägige Kontoauszüge

Formate für Kontoauszüge

Wir legen zunächst alle Formate fest, die wir für den Import von Kontoauszügen aus dem Tagesabschluss verarbeiten möchten. In der zugehörigen Dialogstruktur (siehe Abbildung 4.12) wählen wir das Format des Kontoauszugs aus und ordnen bei XML- oder bankspezifischen Formaten die passende Formatangabe für den Kontoauszug zu, beispielsweise CAMT.05x-Formate. Bei anderen Formaten, wie beispielsweise SWIFT MT94x oder BAI, sind diese Angaben obsolet.

Damit bei der Verbuchung der Kontoauszüge die Buchungsregel über den Vorgang bzw. den sogenannten Geschäftsvorfallcode abgeleitet werden kann, ordnen wir außerdem die Zahlungsvorgangsartengruppe zu. Dahinter liegen die Einstellungen zu den Vorgangstypen, die wir zuvor anlegen müssen (die Anlage beschreibe ich erst in Abschnitt 4.6). Abschließend ergänzen wir noch eine Formatbeschreibung für den Eintrag.

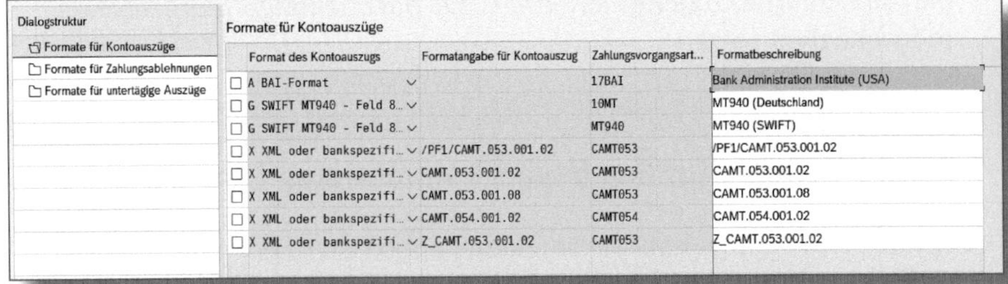

Dialogstruktur
- Formate für Kontoauszüge
- Formate für Zahlungsablehnungen
- Formate für untertägige Auszüge

Formate für Kontoauszüge

Format des Kontoauszugs	Formatangabe für Kontoauszug	Zahlungsvorgangsart...	Formatbeschreibung
A BAI-Format		17BAI	Bank Administration Institute (USA)
G SWIFT MT940 - Feld 8...		10MT	MT940 (Deutschland)
G SWIFT MT940 - Feld 8...		MT940	MT940 (SWIFT)
X XML oder bankspezifi...	/PF1/CAMT.053.001.02	CAMT053	/PF1/CAMT.053.001.02
X XML oder bankspezifi...	CAMT.053.001.02	CAMT053	CAMT.053.001.02
X XML oder bankspezifi...	CAMT.053.001.08	CAMT053	CAMT.053.001.08
X XML oder bankspezifi...	CAMT.054.001.02	CAMT054	CAMT.054.001.02
X XML oder bankspezifi...	Z_CAMT.053.001.02	CAMT053	Z_CAMT.053.001.02

Abbildung 4.12: Zuordnung von Formaten für die Kontoauszugsverarbeitung

> **Fiori-App ab OP 2022**
>
> Alternativ kann die Zahlungsvorgangsartengruppe im Release OP 2022 über die Fiori-App »Bankkonten verwalten« (ID F1366A) direkt in dem Bankkonto hinterlegt werden.

Formate für Zahlungsablehnungen

Wenn wir unsere Forderungen bei unseren Kunden beispielsweise über ein SEPA-Lastschriftverfahren einziehen, können mögliche Rücklastschriften von der Bank über den elektronischen Kontoauszug im Format SWIFT MT940 oder CAMT.053 zurückgeliefert werden; alternativ kann die Hausbank die Belastung in einer PAIN.002-Datei zurückmelden.

Auch diese Dateien können wir direkt über die Fiori-App verarbeiten. Analog zu den Einstellungen für die Verarbeitung unserer Kontoauszüge am Tagesabschluss hinterlegen wir die benötigten Angaben (siehe Abbildung 4.13) und wählen das zugehörige Format ISO 20022 für die Verarbeitung aus.

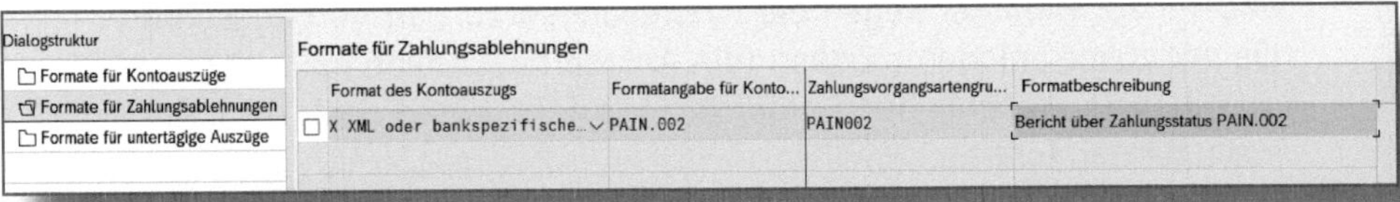

Dialogstruktur
- Formate für Kontoauszüge
- Formate für Zahlungsablehnungen
- Formate für untertägige Auszüge

Formate für Zahlungsablehnungen

Format des Kontoauszugs	Formatangabe für Konto...	Zahlungsvorgangsartengru...	Formatbeschreibung
X XML oder bankspezifische...	PAIN.002	PAIN002	Bericht über Zahlungsstatus PAIN.002

Abbildung 4.13: Formate für die Zahlungsablehnung PAIN.002

Formate für untertägige Auszüge

Abbildung 4.14 zeigt die Einstellungen für die Arbeit mit untertägigen Kontoauszügen, die beispielsweise im Format SWIFT MT940 oder CAMT.054 angeliefert werden.

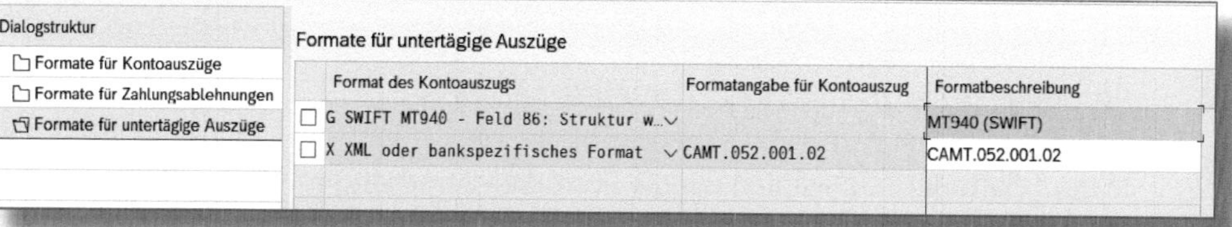

Abbildung 4.14: Formate für die untertägigen Kontoauszüge

4.3.2 Parametersätze definieren

Nach der Konfiguration der Formate für den Import definieren wir nun noch die dazugehörigen Parametersätze. Diese werden für den Import der Kontoauszüge über die Fiori-App benötigt, da sie den Verarbeitungsmodus steuern sowie die Belegnummernkreise beinhalten.

Dazu navigieren wir in die Einstellungen im IMG über FINANZWESEN • BANKBUCHHALTUNG • GESCHÄFTSVORFÄLLE • ZAHLUNGSVERKEHR • ELEKTRONISCHER KONTOAUSZUG • PARAMETERSÄTZE DEFINIEREN.

In der Dialogstruktur der PARAMETERSATZDEFINITION (siehe Abbildung 4.15) hinterlegen wir zunächst eine PARAMETERSATZ-ID, die wir später beim Importvorgang hinzuselektieren, und tragen in der Spalte PARAMETERSATZNAME eine Bezeichnung ein.

Die PARAMETERSATZ-ID benötigen wir außerdem für Kontoauszüge, die wir über die Funktionalitäten von SAP MBC verarbeiten (siehe Abschnitt 2.2).

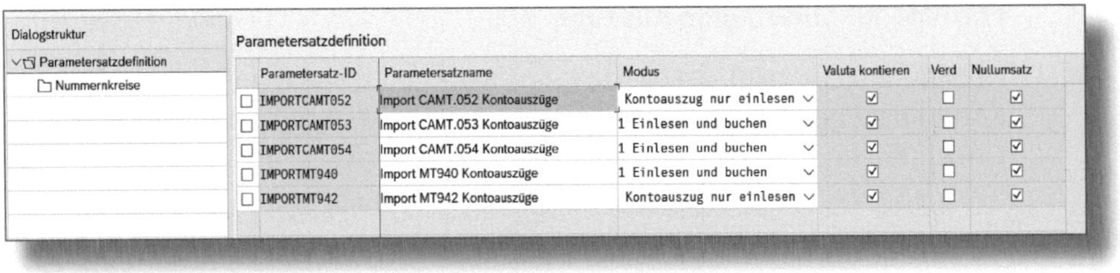

Dialogstruktur
- Parametersatzdefinition
  - Nummernkreise

Parametersatzdefinition

Parametersatz-ID	Parametersatzname	Modus	Valuta kontieren	Verd	Nullumsatz
IMPORTCAMT052	Import CAMT.052 Kontoauszüge	Kontoauszug nur einlesen	☑	☐	☑
IMPORTCAMT053	Import CAMT.053 Kontoauszüge	1 Einlesen und buchen	☑	☐	☑
IMPORTCAMT054	Import CAMT.054 Kontoauszüge	1 Einlesen und buchen	☑	☐	☑
IMPORTMT940	Import MT940 Kontoauszüge	1 Einlesen und buchen	☑	☐	☑
IMPORTMT942	Import MT942 Kontoauszüge	Kontoauszug nur einlesen	☑	☐	☑

Abbildung 4.15: Definition von Parametersätzen

In der Spalte MODUS wählen wir die Form der Verarbeitung für den Kontoauszug. Für die Verbuchung sind drei Alternativen vorgegeben:

- KONTOAUSZUG NUR EINLESEN
- EINLESEN UND BUCHEN
- EINLESEN UND BANKBUCHHALTUNG

Wenn Sie einen Haken in der Spalte VALUTA KONTIEREN setzen, wird das Valutadatum in die Verbuchung für die spätere Auswertung im SAP Cash Management übernommen. Auch eine VERDICHTUNG der Umsätze des Kontoauszugs lässt sich einstellen. Mit dieser Option werden Planposten bei der Anlage (beispielsweise beim Import von untertägigen Kontoauszügen) nicht einzelnen angelegt, sondern auf Basis des Valutadatums verdichtet.

Abschließend können Sie noch festlegen, ob Sie im Zuge des Imports bei einem NULLUMSATZ den Verwendungszweck übernehmen möchten (siehe dazu auch Kapitel 2, Abschnitt »Dateiangaben«).

Die hier definierten Parameter sind grundsätzlich vergleichbar mit den Optionen, die wir auch im Report RFEBKA00 für die Kontoauszugsverarbeitung vorfinden.

4.4 Einstellungen für den Kontoauszugsmonitor

Im Abschnitt 2.5 haben wir die verschiedenen Monitore für die Kontrolle des jeweiligen Importstatus unserer Kontoauszüge kennengelernt. Unter SAP S/4HANA wurde das Set-up konsequent weg vom Customizing hin zur Stammdatenverwaltung verschoben. So werden nun die Einstellungen für den Kontoauszugsmonitor nicht mehr im Customizing gepflegt, sondern direkt in der Fiori-App »Bankkonten verwalten« (ID F1366A). Schauen wir uns dies im Detail an.

> **! Customizing Kontoauszugsmonitor FTE_BSM**
>
> Die Einstellungen für den Kontoauszugsmonitor (Transaktion FTE_BSM) wurden in der Vergangenheit im Customizing durchgeführt. Beginnend mit dem Release OP 2020 wurde diese Möglichkeit sukzessive zurückgebaut. Neue Einstellungen müssen nun direkt in der Fiori-App »Bankkonten verwalten« (ID F1366A) gepflegt und bestehende Einstellungen über die Transaktion FCLM_BSM_MIGRATION migriert werden.

Wir starten dazu die App und navigieren in das Register BANKBEZIEHUNG. Für das Monitoring der Kontoauszüge dienen zwei Abschnitte:

Kontoauszug am Tagesende

Der Abschnitt für die Verarbeitung von Kontoauszügen am Tagesende beinhaltet neben den Einstellungen des Kontoauszugsmonitors noch weitere Optionen, die in den Bereich des SAP Cash Managements fallen und die wir an dieser Stelle nicht weiter vertiefen. Konzentrieren wir uns auf die in Abbildung 4.16 gezeigten Einstellungsmöglichkeiten.

Im ersten Schritt bestimmen wir im Feld IMPORTMETHODE FÜR AUSZÜGE AM TAGESENDE, wie wir einen Kontoauszug importieren wollen. Im zweiten Schritt hinterlegen wir den IMPORTWEG der Kontoauszüge. Dabei greifen wir auf Informationen zurück, die zuvor im Customizing der Bankkontenverwaltung bzw. des Cash- und Liquiditätsmanagements hinterlegt worden sind.

Im Abschnitt 2.5.3 haben Sie bereits die Felder und deren Bedeutung kennengelernt, die im Kontoauszugsmonitor zur Transaktion FTE_BSM verwendet werden. Die dazu notwendigen Einstellungen werden nun hier direkt in den Stammdaten der Bankkontenverwaltung ohne weiteres Customizing definiert:

- Verarbeitungsstatus (in der FTE_BSM = Prozess-Status)
- Differenzstatus
- Serialnummerstatus (in der FTE_BSM = Serienstatus)
- Abstimmungsstatus (in der FTE_BSM = Abgleichstatus)

Wenn Sie den jeweiligen Status auswerten wollen, markieren Sie das Feld bei dessen Anlage oder Änderung; es wird in der Anzeigefunktion anschließend mit einem JA gekennzeichnet (siehe Abbildung 4.16). Für die Berechnung, also zu welchen Zeitpunkten Kontoauszüge für den Import erwartet werden, ordnen Sie im Feld INTERVALL einen zeitlichen Abstand und im Feld INTERVALLEINHEIT das zugehörige Intervall Ihrer Kontoauszüge zu. Legen Sie in einem weiteren Schritt im Feld FABRIKKALENDER-ID fest, auf Basis welches Kalenders die Auszüge erwartet werden. Abschließend können Sie für die Anzeige in der Transaktion FTE_BSM noch optional festlegen, an welcher POSITION der Kontoauszug angezeigt werden soll.

Für das Monitoring legen Sie in einem letzten Schritt im Feld PRÜFZEIT DES KONTOAUSZUGS noch den erwarteten Zeitpunkt des Eintreffens Ihrer Kontoauszüge fest, zu dem dann der Eingang der Kontoauszüge geprüft wird.

Die weiteren Felder EINZELSÄTZE AM TAGESENDE ABSTIMMEN, BUCHUNGSTYP sowie der UMBUCHUNGSMODUS werden im Rahmen des Cash Managements verwendet.

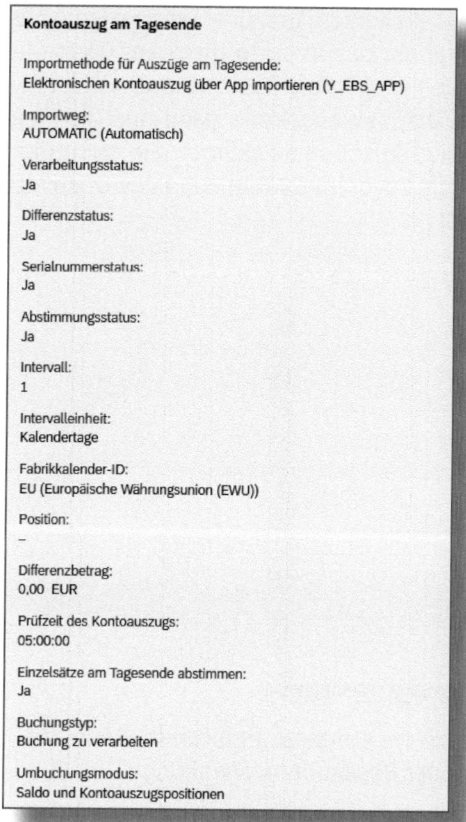

Abbildung 4.16: Informationen für die Kontoauszugsverarbeitung in der Bankkontenverwaltung

Untertägiger Kontoauszug

Der zweite Abschnitt für das Monitoring der Kontoauszüge enthält die Einstellungen zum UNTERTÄGIGEN KONTOAUSZUG (siehe Abbildung 4.17). Auch die Option UNTERTÄGIGE EINZELSÄTZE ABSTIMMEN wird nur für das Cash Management benötigt und somit nicht weiter betrachtet.

Damit wir die untertägigen Kontoauszüge in der Fiori-App »Kontoauszugsmonitor (Untertägig)« (ID F3671) überwachen können, setzen wir einen Haken im Feld UPLOAD UNTERTÄGIGER AUSZÜGE. Wenn wir zusätzlich einen Planposten zum Zeitpunkt des Imports für unser Cash Management anlegen wollen, wählen wir im Feld DISPOSITIONSEBENE (EINZELSATZ) noch eine passende Dispositionsebene dazu aus. Im Feld IMPORTMETHODE FÜR UNTERTÄGIGE AUSZÜGE selektieren Sie außerdem die informelle Importmethode, die zuvor im Customizing des Cash Managements angelegt worden ist.

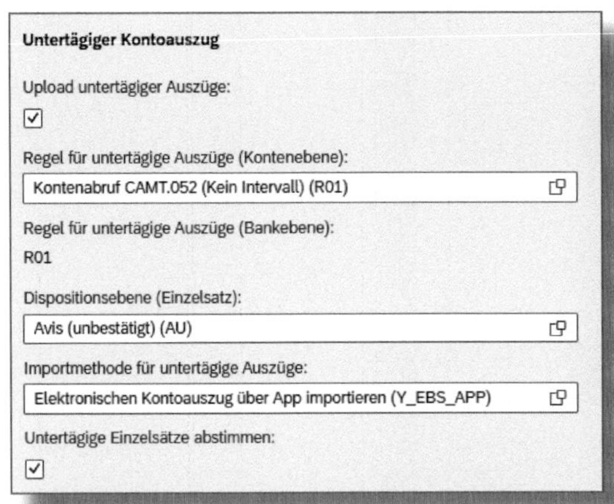

Abbildung 4.17: Informationen für die Kontoauszugsverarbeitung von untertägigen Kontoauszügen in der Bankkontenverwaltung

Nun kommen wir zu zwei Einstellungen, über die wir die Zeitintervalle definieren können. Wie Sie im Abschnitt 2.3 kennengelernt haben, kann der Importstatus auf der Basis definierter Termine sowie der erwarteten Anzahl Importe überwacht werden.

Auch diese Einstellungen können direkt vom Fachbereich vorgenommen werden. Für die Definition der Regeln steht uns die App »Überwachungsregeln definieren – Untertägiger Kontoauszug« zur Verfügung – alternativ können Sie die Einstellungen über die Transaktion FCLM_BRM_RULE in der SAP GUI vornehmen.

Wir rufen aber die App auf und sehen für unser Beispiel, dargestellt in Abbildung 4.18, eine Übersicht der bisher erstellten Regeln, die wir nun auf Kontoebene zuordnen können.

Bearbeiten Details Mehr

Reg.-ID	RegBeschr.	Regelwerk
R01	Kontenabruf CAMT.052 (Kein Intervall)	jeden Tag von 10:00 Uhr bis 11:00 Uhr ...
R02	Kontenabruf CAMT.052 (Intervall)	jeden Tag von 10:00 Uhr bis 15:00 Uhr ...

Abbildung 4.18: Definition von Überwachungsregeln

Möchten wir die Regeln nicht explizit auf Kontenebene zuordnen, dann können wir die Regeln verwenden, die auf der Bankebene hinterlegt worden sind. Sie können die entsprechenden Regeln in der Fiori-App »Banken verwalten« (ID F1574) hinterlegen. Dazu starten Sie die App und wählen die Hausbank aus, für die Sie untertägige Kontoauszüge empfangen. Wechseln Sie nun in den Änderungsmodus und selektieren Sie im Feld Regel für untertägige Auszüge (Bankebene) im Register Allgemeine Daten eine Regel, die Sie in diesem Zusammenhang definiert haben (siehe Abbildung 4.19). Abschließend speichern Sie die Eingabe.

Steuerungsdaten

Bankland/-region:
DE (Deutschland)

Bankschlüssel:
62251550

Bankname: *
Sparkasse Hohenlohekreis

SWIFT/BIC:
SOLADES1KUN

Banktyp:
Standardbank

Bankengruppe:

Bankleitzahl:
62251550

Regel für untertägige Auszüge (Bankebene):
R01

Anzahl verwendeter Stücke:
1

Abbildung 4.19: Definition von Steuerdaten in der Bankenverwaltung

Regelhierarchie

Regeln, die auf Bankebene hinterlegt sind, können nicht überschrieben werden. Regeln, die auf Kontenebene definiert worden sind, haben gegenüber der REGEL-ID (Bankebene) Vorrang.

Für die Anlage einer weiteren Regel auf Kontenebene klicken wir in der Menüleiste der App »Überwachungsregeln definieren – Untertägiger Kontoauszug« auf BEARBEITEN«. Über den Button [Regel anlegen] gelangen wir zur Regeldefinition. In dem folgenden Pop-up tragen wir eine Regel-ID und eine passende Beschreibung ein.

Wie in Abbildung 4.20 dargestellt, hinterlegen wir im Abschnitt ALLGEMEINE REGEL, wie häufig/in welchem Zyklus (hier jeden Tag) Sie Kontoauszüge erwarten sowie zu welchem Zeitpunkt diese von der Bank angeliefert werden und bestätigen die Eingaben.

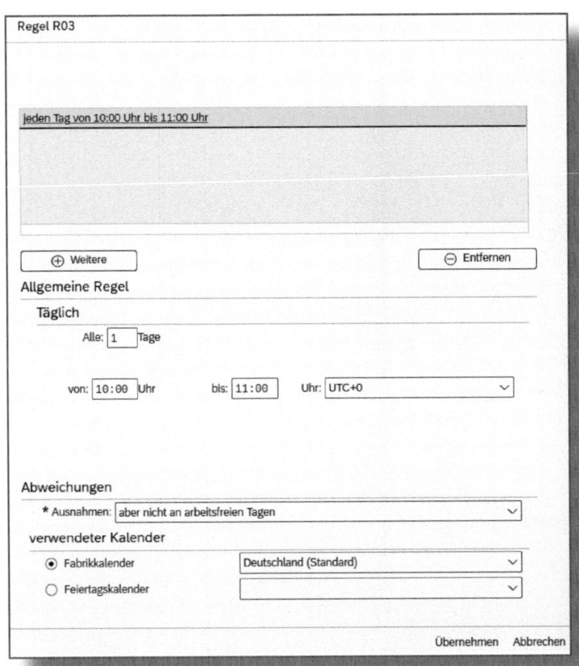

Abbildung 4.20: Detailansicht einer Überwachungsregel

Zusätzliche Zeitintervalle können Sie über den Button [⊕ Weitere] hinzufügen. Im Bereich ABWEICHUNGEN legen Sie fest, wie Sie Ausnahmen an arbeitsfreien Tagen einplanen möchten – ordnen Sie an der Stelle noch einen FABRIKKALENDER oder FEIERTAGSKALENDER zu und ÜBERNEHMEN Sie die Einstellungen. Sichern Sie abschließen die neue Regel-ID über den Button [Sichern].

Alternativ zur einfachen Regelanlage können Sie noch eine Regel mit Rhythmus generieren. Klicken Sie dazu im Bearbeitungsmodus der App auf den Button [Regel mit Rhythmus anlegen] und tragen Sie die für die Regel notwendigen Informationen ein. Dieser Weg hat den Vorteil, dass sich der IMPORTRHYTHMUS einfacher hinterlegen lässt, indem im Rahmen der definierten START- und ENDZEIT ein Intervall in Minuten eingetragen wird (siehe Abbildung 4.21).

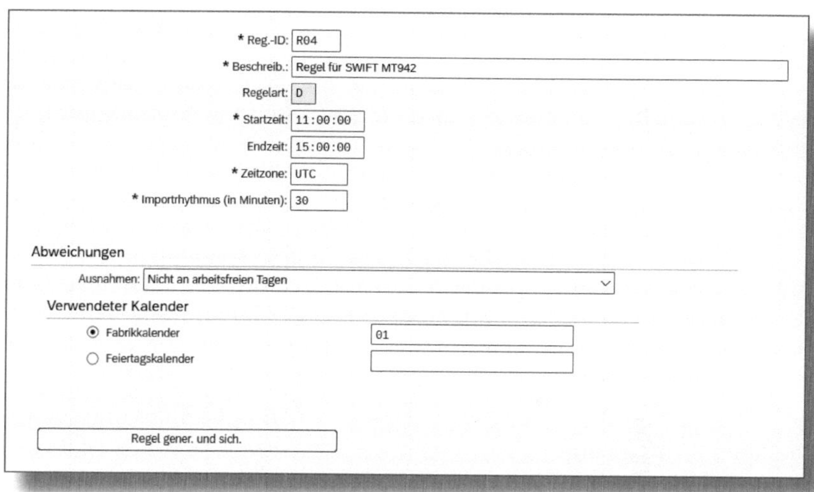

Abbildung 4.21: Verarbeitungsrhythmus einer Überwachungsregel

Klicken Sie abschließend auf den Button REGEL GENER. UND SICH., um die Einstellungen zu speichern.

4.5 Grundeinstellungen für den manuellen Kontoauszug

Bei der Verbuchung eines manuellen Kontoauszugs in SAP setzen wir im Customizing auf ähnliche Elemente wie beim Set-up des elektronischen Kontoauszugs. Im folgenden Abschnitt schauen wir uns das Customizing dazu etwas näher an.

Geschäftsvorgänge anlegen und zuordnen

Nachdem wir zunächst Buchungsregeln angelegt haben (siehe Abschnitt 4.6), legen wir im Folgeschritt die Vorgänge für die Verbuchung der Auszüge an, ordnen Buchungsregeln und optional Interpretationsalgorithmen zu. Wir navigieren dazu im SAP-Customizing-Einführungsleitfaden über FINANZWESEN • BANKBUCHHALTUNG • GESCHÄFTSVORFÄLLE • ZAHLUNGSVERKEHR • MANUELLER KONTOAUSZUG • GESCHÄFTSVORGÄNGE ANLEGEN UND ZUORDNEN in das Customizing der manuellen Kontoauszüge. Nachdem wir die Anwendung geöffnet haben, wird uns der vorbelegte VORGANGSTYP 1 (manueller Kontoauszug) angezeigt (siehe Abbildung 4.22).

Hier legen wir einen flexiblen Vorgang an, auf den später die Belegposition erfasst werden soll. Diesem ordnen wir ein Vorzeichen (+ oder –) und eine Buchungsregel zu, die wir im Rahmen der Grundeinstellungen zuvor angelegt haben (die Beschreibung dazu folgt in Abschnitt 4.6). Wenn Sie mit Kontenmodifikationen arbeiten möchten, tragen Sie im Feld KONTMOD ein +-Zeichen ein. Für die spätere Interpretation der Belegzeile wählen Sie in der Spalte INTALG. einen passenden Interpretationsalgorithmus aus.

Die Möglichkeiten rund um die Kontenmodifikation bzw. Interpretationsalgorithmen schauen wir uns im Abschnitt 4.6 detaillierter an. Hinterlegen Sie zur Regel abschließend noch einen Text.

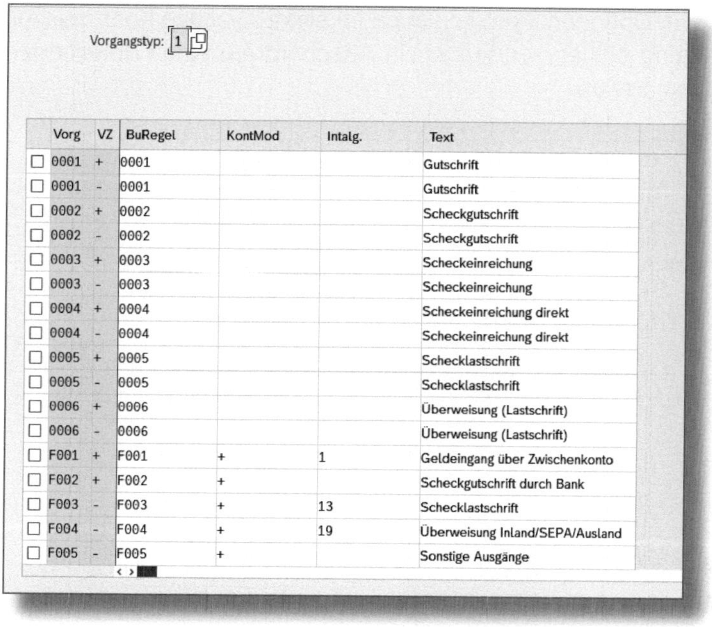

Vorgangstyp: 1

Vorg	VZ	BuRegel	KontMod	Intalg.	Text
0001	+	0001			Gutschrift
0001	-	0001			Gutschrift
0002	+	0002			Scheckgutschrift
0002	-	0002			Scheckgutschrift
0003	+	0003			Scheckeinreichung
0003	-	0003			Scheckeinreichung
0004	+	0004			Scheckeinreichung direkt
0004	-	0004			Scheckeinreichung direkt
0005	+	0005			Schecklastschrift
0005	-	0005			Schecklastschrift
0006	+	0006			Überweisung (Lastschrift)
0006	-	0006			Überweisung (Lastschrift)
F001	+	F001	+	1	Geldeingang über Zwischenkonto
F002	+	F002	+		Scheckgutschrift durch Bank
F003	-	F003	+	13	Schecklastschrift
F004	-	F004	+	19	Überweisung Inland/SEPA/Ausland
F005	-	F005	+		Sonstige Ausgänge

Abbildung 4.22: Übersicht Geschäftsvorgänge

Buchungsschlüssel und Buchungsregeln für manuelle Kontoauszüge definieren

Die im Rahmen der Anlage von Geschäftsvorgängen zuzuordnenden Buchungsregeln definieren wir inklusive Buchungsschlüssel unter FINANZWESEN • BANKBUCHHALTUNG • GESCHÄFTSVORFÄLLE • ZAHLUNGSVERKEHR • MANUELLER KONTOAUSZUG • BUCHUNGSSCHLÜSSEL UND BUCHUNGSREGELN FÜR MANUELLEN KONTOAUSZUG DEFINIEREN.

Die in Abbildung 4.23 dargestellte Dialogstruktur zeigt die Einstellungen zu:

- KONTENSYMBOLE ANLEGEN
- KONTEN ZU KONTENSYMBOL ZUORDNEN
- SCHLÜSSEL FÜR BUCHUNGSREGELN ANLEGEN
- BUCHUNGSREGELN DEFINIEREN

Da diese vier Optionen identisch auch im elektronischen Kontoauszug zur Verfügung stehen, werfen wir in Abschnitt 4.6 einen detaillierten Blick auf das Set-up.

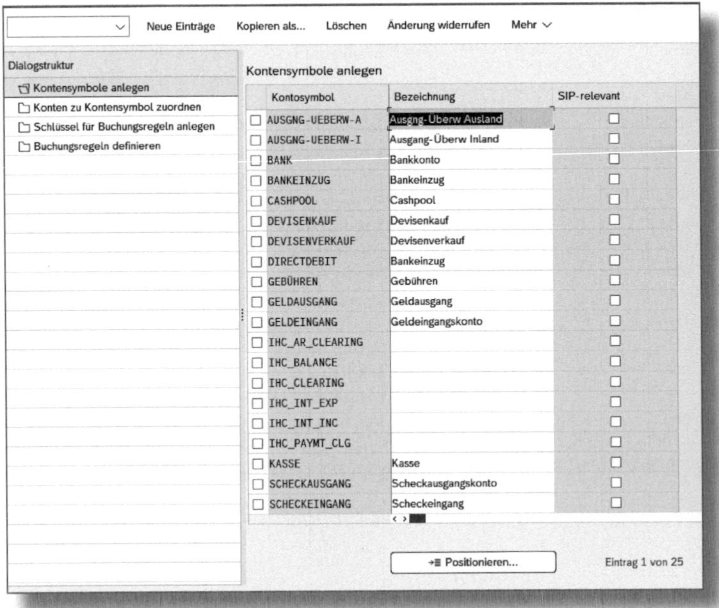

Abbildung 4.23: Definition von Buchungsregeln

4.6 Grundeinstellungen für den elektronischen Kontoauszug

Um elektronische Kontoauszüge verbuchen zu können, müssen wir zunächst die Grundeinstellungen für den elektronischen Kontoauszug definieren. Sie bilden die Basis für alle weiteren Aktivitäten wie beispielsweise die Interpretation, Kontenfindung und Verbuchungslogik der Belege im Haupt- und Nebenbuch. Von der Idee her müssen wir die Inhalte und Logiken, die wir von den papierhaften Kontoauszügen kennen, in den Grundeinstellungen abbilden.

Um uns das etwas genauer anzusehen, navigieren wir im Einführungsleitfaden über das Menü FINANZWESEN • BANKBUCHHALTUNG • GE-

SCHÄFTSVORFÄLLE • ZAHLUNGSVERKEHR • ELEKTRONISCHER KONTOAUSZUG • GRUNDEINSTELLUNGEN FÜR DEN ELEKTRONISCHEN KONTOAUSZUG VORNEHMEN und starten dort das Customizing. Wir legen zunächst den Arbeitsbereich für die Einstellungen fest und wählen den Kontenplan für unsere Einstellungen. Im Anschluss erhalten wir eine in mehrere Abschnitte gliederte Dialogstruktur gemäß Abbildung 4.24.

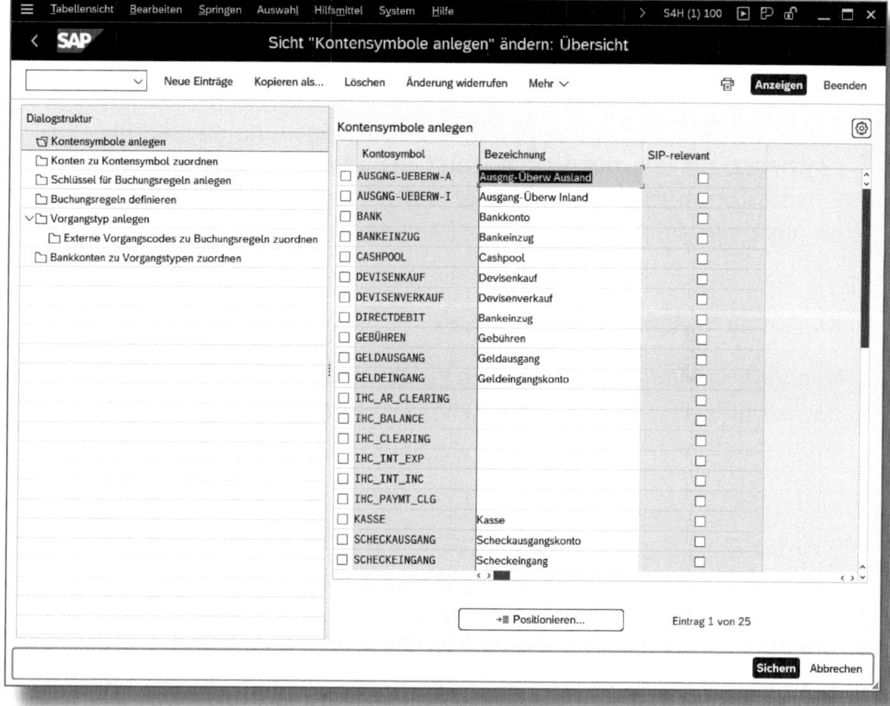

Abbildung 4.24: Definition von Kontensymbolen

Die Customizing-Elemente in der DIALOGSTRUKTUR bauen inhaltlich aufeinander auf und besitzen bestimmte Abhängigkeiten bei der späteren Verbuchung der Kontoauszüge.

Kontensymbole anlegen

Beginnen wir zunächst mit der Anlage von Kontensymbolen (siehe Abbildung 4.24). Das *Kontensymbol* steht als Platzhalter für die spätere

Zuordnung der Konten bzw. der Buchungslogik. Wenn wir uns unseren papierhaften Kontoauszug bildlich vorstellen, klassifizieren wir die Buchungen aus den Umsätzen und legen für jede Buchung ein passendes Symbol an – so werden uns beispielsweise GEBÜHREN für die Kontoführung am Monatsende auf unserer BANK belastet.

Wir definieren dazu das Symbol in der Spalte KONTOSYMBOL und hinterlegen eine BESCHREIBUNG. Die Grundeinstellungen waren an der Stelle über Jahre hinweg unverändert – mit dem SAP-S/4HANA-Release ist eine Neuerung dazugekommen: die Spalte SIP-RELEVANT.

Hinter der Abkürzung verbergen sich die sogenannten *Self Initiated Payments*, die bei der Verwendung der »Bankabstimmkonten« zum Einsatz kommen. Weitere Details und Informationen dazu finden Sie im Abschnitt 4.6.1 (Konfiguration Zahlungsverkehr).

Konten zu Kontensymbol zuordnen

Nachdem wir im ersten Schritt die Kontensymbole definiert haben, ordnen wir diesen nun in einem zweiten Schritt Sachkonten zu (siehe Abbildung 4.25).

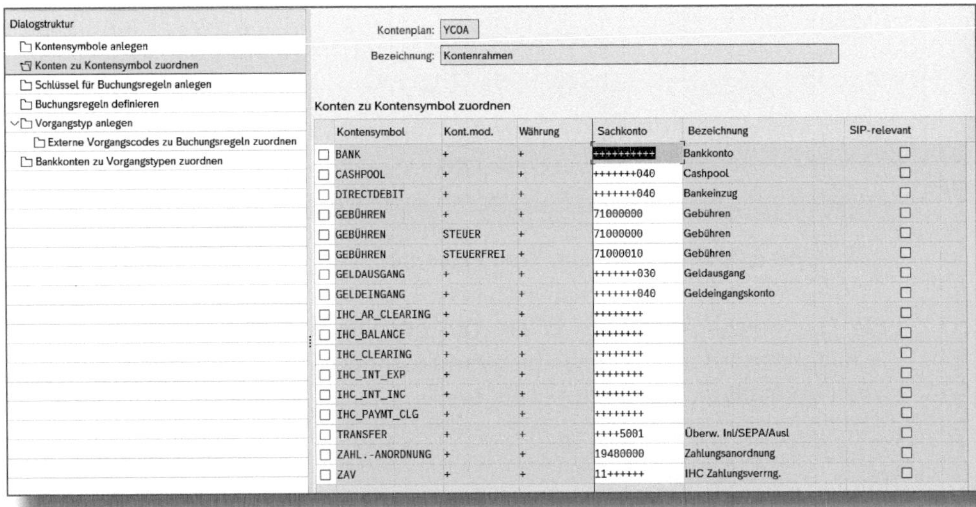

Kontensymbol	Kont.mod.	Währung	Sachkonto	Bezeichnung	SIP-relevant
BANK	+	+	+++++++++	Bankkonto	☐
CASHPOOL	+	+	+++++++040	Cashpool	☐
DIRECTDEBIT	+	+	+++++++040	Bankeinzug	☐
GEBÜHREN	+	+	71000000	Gebühren	☐
GEBÜHREN	STEUER	+	71000000	Gebühren	☐
GEBÜHREN	STEUERFREI	+	71000010	Gebühren	☐
GELDAUSGANG	+	+	+++++++030	Geldausgang	☐
GELDEINGANG	+	+	+++++++040	Geldeingangskonto	☐
IHC_AR_CLEARING	+	+	++++++++		☐
IHC_BALANCE	+	+	++++++++		☐
IHC_CLEARING	+	+	++++++++		☐
IHC_INT_EXP	+	+	++++++++		☐
IHC_INT_INC	+	+	++++++++		☐
IHC_PAYMT_CLG	+	+	++++++++		☐
TRANSFER	+	+	++++5001	Überw. Inl/SEPA/Ausl	☐
ZAHL.-ANORDNUNG	+	+	19480000	Zahlungsanordnung	☐
ZAV	+	+	11++++++	IHC Zahlungsverrng.	☐

Abbildung 4.25: Konten zu Kontensymbol zuordnen

Für die Zuordnung der Sachkonten zu den Kontensymbolen haben wir an der Stelle mehrere Möglichkeiten. So können wir beispielsweise in der Spalte Kontensymbol ein Symbol selektieren und das dazugehörige Sachkonto direkt zuordnen. Daraus ergibt sich eine 1:1-Zuordnung zwischen dem Symbol und dem Sachkonto. Damit wir aber nicht jedes Bankkonto einzeln anlegen müssen, können wir mit einer »maskierten« Eingabe arbeiten. In dem Fall füllen wir das Feld mit ++++++++++ auf. Das Kontensymbol Bank ersetzt dabei das in den Hausbankstammdaten hinterlegte Sachkonto. Ein ähnliches Vorgehen bietet sich beispielsweise für die Bankverrechnungskonten an, indem wir auch hier eine maskierte Eingabe verwenden und mit der Eingabe +++++++040 beispielsweise die letzten drei Stellen des Sachkontos unserer Hausbank ersetzen. Voraussetzung ist eine Kontenstruktur, die dieses Vorgehen ermöglicht, da sich ansonsten der Pflegeaufwand für die Kontenfindung eher vergrößert.

Eine weitere Differenzierung zwischen dem Kontensymbol und den Sachkonten erreichen Sie beispielsweise über die Spalte Währung. Sie können an der Stelle ein Kontensymbol verwenden, aber gezielt auf andere Sachkonten steuern. Wollen Sie etwa zwischen USD und EUR unterscheiden, so tragen Sie das entsprechende Währungskennzeichen in diese Spalte ein.

Auch die Spalte Kont.mod. (Kontenmodifikation) bietet Ihnen die Möglichkeit, ein Kontensymbol für mehrere Sachverhalte wiederzuverwenden. Analog zu den Angaben in der Spalte Währung können Sie über Einträge in der Spalte der Kontenmodifikation gezielt auf unterschiedliche Sachkonten steuern. Allerdings können Sie dieses Feld nur über das Ausprägen im User-Exit ansprechen, indem Sie das Feld FEBEP-KFMOD befüllen oder ein Suchmuster einsetzen, wie in Abschnitt 3.4 beschrieben.

Analog zur Anlage der Kontensymbole existiert auch hier die Spalte SIP-relevant, die aber nicht eingabebereit ist, da die Einstellungen dazu im Zuge der Anlage (siehe Abbildung 4.24) bereits festgelegt wurden.

Schlüssel für Buchungsregeln anlegen

In den ersten beiden Schritten hatten wir bereits die Kontensymbole definiert und die Konten hinterlegt, im nächsten Arbeitsschritt definieren wir einen Schlüssel für unsere Buchungsregel (siehe Abbildung 4.26). Bleiben wir dafür bei unserem Beispiel, d. h. dass wir gemäß der Belastung auf dem Kontoauszug die Bankgebühren verbuchen müssen. Mit Klick auf NEUE EINTRÄGE legen wir einen vierstelligen Schlüssel an und ergänzen einen sprechenden TEXT – anschließend SICHERN wir unsere Eingaben.

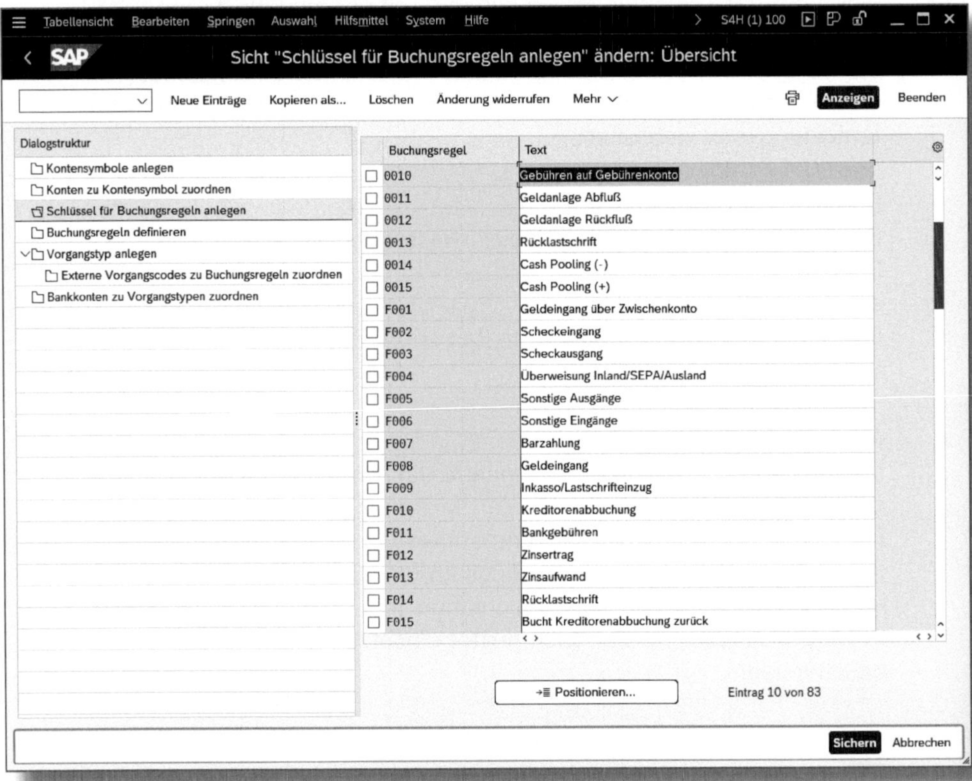

Abbildung 4.26: Schlüssel für Buchungsregel anlegen

Buchungsregeln definieren

Im nächsten Schritt definieren wir die eigentlichen Buchungsregeln und wechseln dazu in das entsprechende Dialogfeld (siehe Abbildung 4.27).

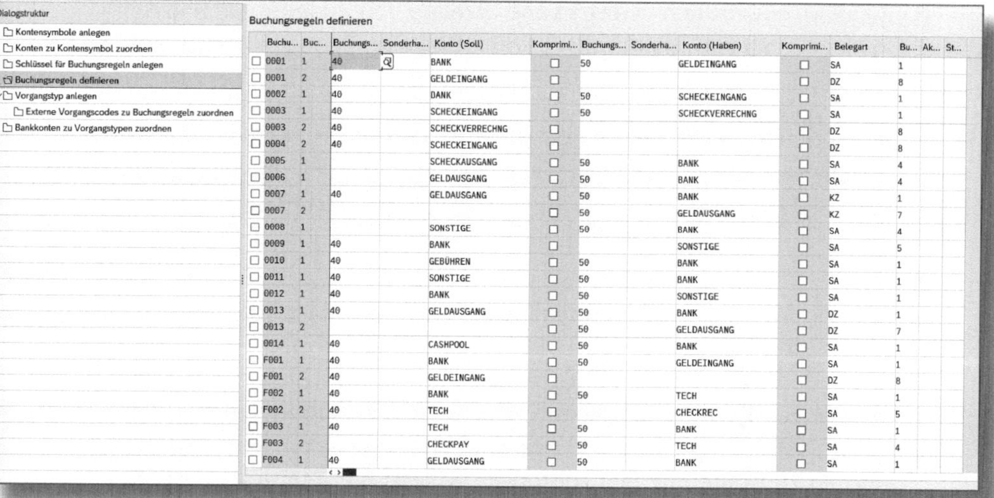

Buchungsregeln definieren

	Buchu...	Buc...	Buchungs...	Sonderha...	Konto (Soll)	Komprimi...	Buchungs...	Sonderha...	Konto (Haben)	Komprimi...	Belegart	Bu...	Ak...	St...
☐	0001	1	40		BANK	☐	50		GELDEINGANG	☐	SA	1		
☐	0001	2	40		GELDEINGANG	☐				☐	DZ	8		
☐	0002	1	40		DANK	☐	50		SCHECKEINGANG	☐	SA	1		
☐	0003	1	40		SCHECKEINGANG	☐	50		SCHECKVERRECHNG	☐	SA	1		
☐	0003	2	40		SCHECKVERRECHNG	☐				☐	DZ	8		
☐	0004	2	40		SCHECKEINGANG	☐				☐	DZ	8		
☐	0005	1			SCHECKAUSGANG	☐	50		BANK	☐	SA	4		
☐	0006	1			GELDAUSGANG	☐	50		BANK	☐	SA	4		
☐	0007	1	40		GELDAUSGANG	☐	50		BANK	☐	KZ	1		
☐	0007	2				☐	50		GELDAUSGANG	☐	KZ	7		
☐	0008	1			SONSTIGE	☐	50		BANK	☐	SA	4		
☐	0009	1	40		BANK	☐			SONSTIGE	☐	SA	5		
☐	0010	1	40		GEBÜHREN	☐	50		BANK	☐	SA	1		
☐	0011	1	40		SONSTIGE	☐	50		BANK	☐	SA	1		
☐	0012	1	40		BANK	☐	50		SONSTIGE	☐	SA	1		
☐	0013	1	40		GELDAUSGANG	☐	50		BANK	☐	DZ	1		
☐	0013	2				☐	50		GELDAUSGANG	☐	DZ	7		
☐	0014	1	40		CASHPOOL	☐	50		BANK	☐	SA	1		
☐	F001	1	40		BANK	☐	50		GELDEINGANG	☐	SA	1		
☐	F001	2	40		GELDEINGANG	☐				☐	DZ	8		
☐	F002	1	40		BANK	☐	50		TECH	☐	SA	1		
☐	F002	2	40		TECH	☐			CHECKREC	☐	SA	5		
☐	F003	1	40		TECH	☐	50		BANK	☐	SA	1		
☐	F003	2			CHECKPAY	☐	50		TECH	☐	SA	4		
☐	F004	1	40		GELDAUSGANG	☐	50		BANK	☐	SA	1		

Abbildung 4.27: Buchungsregel definieren

Jetzt verknüpfen wir alle bisher vorgenommenen Einstellungen, indem wir ein passendes Buchungsschema anlegen. Wir unterscheiden über die zweite Spalte von links zwischen:

- dem **Buchungsbereich 1** für Sachkontenbuchungen bzw. Buchungen im Hauptbuch und
- dem **Buchungsbereich 2** für die Nebenbuchhaltung.

Auf Basis der zuvor definierten Schlüssel legen wir die Buchungsregeln an.

Buchungsbereich 1 und 2

In Abhängigkeit vom Buchungsvorgang kann es in manchen Fällen ausreichen, nur den Buchungsbereich 1 zu kontieren. Sollte es allerdings zu Fehlern bei der Verbuchung kommen, werden diese Belege nicht im Hauptbuch verbucht und erzeugen im Zusammenhang mit dem SAP Cash Management Schiefstände im Tagesfinanzstatus.

Daher empfiehlt es sich, die Kontierungslogik über ein Bankverrechnungskonto auszuweiten und mögliche Fehler in der Verbuchung in das Nebenbuch auszulagern. In dem Zusammenhang kann auch der Buchungsbereich 2 mit Sachkonten kontiert werden.

Schauen wir uns die Optionen beim Anlegen einer Buchungsregel anhand der BUCHUNGSREGEL 0001 etwas näher an (siehe Abbildung 4.28). Für die Buchung im Hauptbuch haben wir den BUCHUNGSBEREICH 1 ausgewählt. In den Bereichen SOLL und HABEN hinterlegen wir nun die BUCHUNGSSCHLÜSSEL und das KONTENSYMBOL. Aus dem Abschnitt »Konten zu Kontensymbol zuordnen« wissen Sie: Hinter dem Kontensymbol liegt ein Sachkonto, das später für die Buchung eingesetzt wird.

Möchten Sie zur Buchung ein Sonderhauptbuchkennzeichen hinterlegen, so tragen Sie dies im Feld SONDERHAUPTBUCHKZ. ein. Falls Sie die Buchungen auf dem Bankbestands- oder -verrechnungskonto komprimieren wollen, markieren Sie das Feld KOMPRIMIERUNG. In der Regel – und so auch in diesem Beispiel – werden alle Buchungen einzeln auf den Konten gebucht, sodass dort zum Teil umfangreiche Buchungen abgebildet werden. Durch die Komprimierung erreicht man eine valutarische Zusammenfügung der Belege und reduziert dadurch den Buchungsstoff auf den Hauptbuchkonten.

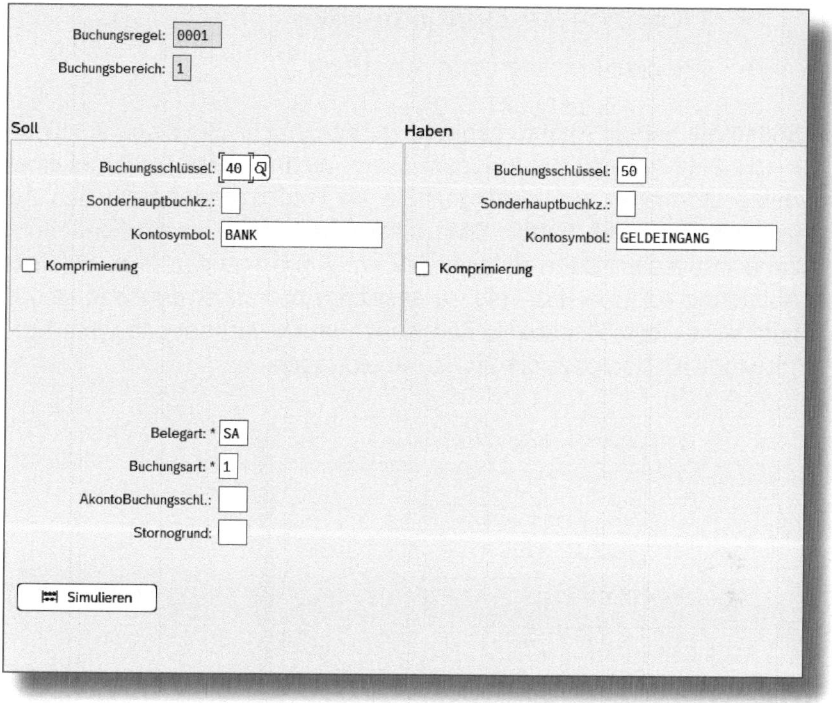

Abbildung 4.28: Detailübersicht einer Buchungsregel

In der unteren Bildschirmhälfte legen Sie schließlich die Belegart fest und definieren eine Buchungsart, mit der Sie den Beleg buchen möchten. In unserem Beispiel buchen wir im Buchungsbereich »1« und lösen mit der Buchungsart »1« eine Sachkontenbuchung aus. Grundsätzlich stehen uns an der Stelle die folgenden Buchungsarten zur Verfügung:

- 1 Buchen Sachkonto
- 2 Buchen Personenkonto Soll
- 3 Buchen Personenkonto Haben
- 4 Ausgleich Sachkonto Soll
- 5 Ausgleich Sachkonto Haben
- 7 Ausgleich Personenkonto Soll

- 8 AUSGLEICH PERSONENKONTO HABEN
- 9 RÜCKNAHME & STORNO AUSGLEICH

Sollen die Belege Akonto gebucht werden, tragen Sie einen Schlüssel in das Feld AKONTOBUCHUNGSSCHL. ein. Wenn Sie mittels Regel einen Beleg stornieren wollen, tragen Sie im Feld STORNOGRUND den Anlass ein. Über den Button SIMULIEREN können Sie die Kontenfindung zunächst testen. Dazu müssen Sie im sich öffnenden Pop-up (siehe Abbildung 4.29) in das Feld ZU ERSETZEN beispielsweise das Hauptbuchkonto Ihrer Hausbank, den KONTENPLAN und optional eine KONTENMODIFIKATION bzw. die WÄHRUNG eintragen.

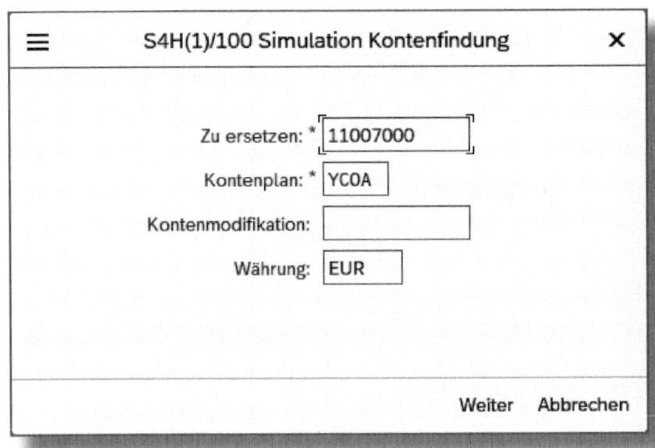

Abbildung 4.29: Simulation der Kontenfindung

Abbildung 4.30 zeigt das Ergebnis der Kontenfindung. Für unser Beispiel können wir feststellen, dass die Maskierung für das Geldeingangskonto korrekt ermittelt wurde und die dahinterliegende Buchung somit fehlerfrei ist.

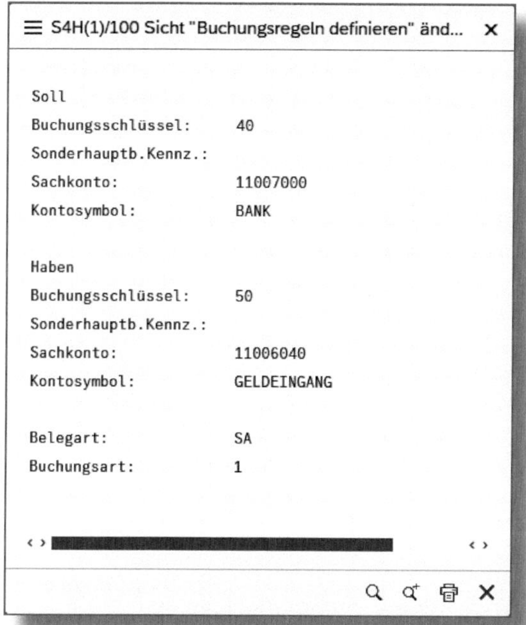

Abbildung 4.30: Ergebnisse der Simulation einer Kontenfindung

Werfen wir nun noch einen Blick auf dieselbe Buchungsregel, dieses Mal aber auf den BUCHUNGSBEREICH »2«. Hier sind kleine Unterschiede gegenüber dem BUCHUNGSBEREICH »1« zu erkennen (siehe Abbildung 4.31). So haben wir im HABEN keine Einträge hinterlegt, was mit der BUCHUNGSART »8« zusammenhängt. Diese Buchungsart besagt, dass wir ein Personenkonto im Haben ausgleichen möchten – ein Eintrag im Haben ist an der Stelle somit obsolet.

Das gleiche Vorgehen müssen wir bei allen Regeln hinterlegen, wo ein Ausgleich auf dem Personen- oder auch Hauptbuchkonto entweder im Soll oder Haben erfolgen soll.

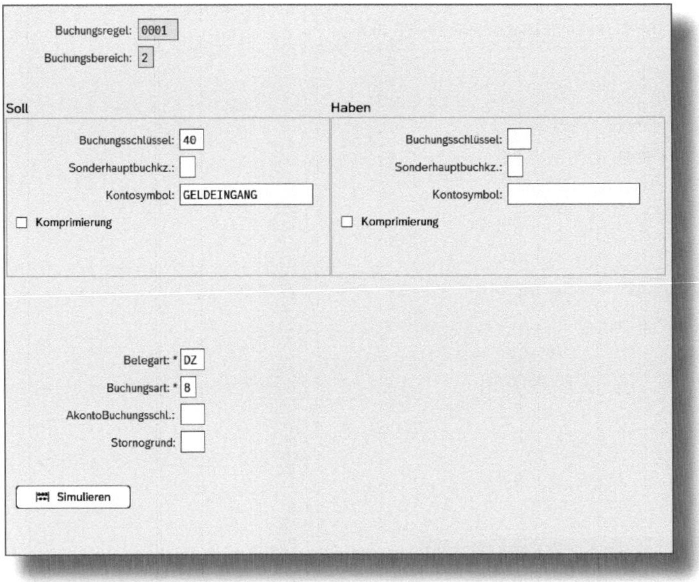

Abbildung 4.31: Buchungsregel für den automatischen Kontenausgleich eines Personenkontos

Ausgleich von Bankverrechnungskonten

Wenn Sie mit Bankverrechnungskonten arbeiten, werden diese im Rahmen der automatischen Kontoauszugsverarbeitung nicht automatisch ausgeglichen. Verwenden Sie für das Ausziffern der Bankverrechnungskonten die App »Offene Posten automatisch ausgleichen« bzw. den dahinterliegenden Report SAPF124.

Vorgangstyp anlegen

Wechseln wir nun zum Menüpunkt VORGANGSTYP ANLEGEN (siehe Abbildung 4.32) und legen dort einen frei definierbaren Vorgang an, der beispielsweise ein Kontoauszugsformat oder eine Hausbank widerspiegelt.

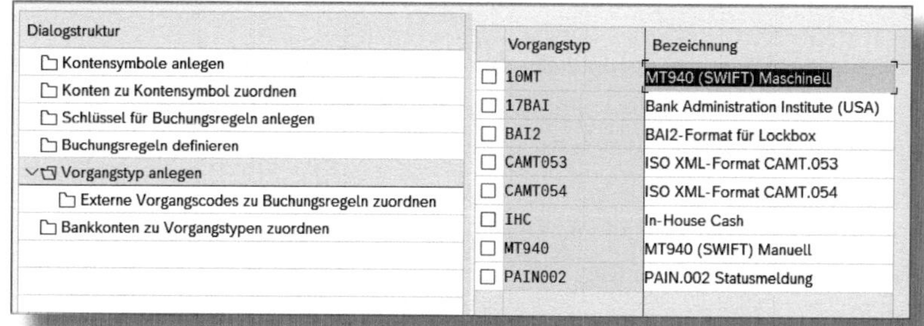

Abbildung 4.32: Anlage von Vorgangstypen

Nach Anlage der Vorgangstypen wechseln wir zu EXTERNE VORGANGSCODES ZU BUCHUNGSREGELN ZUORDNEN, um dort u. a. die sogenannten *Geschäftsvorfallcodes* bzw. EXTERNEN VORGÄNGE und INTERPRETATIONSALGORITHMEN zuzuordnen (siehe Abbildung 4.33).

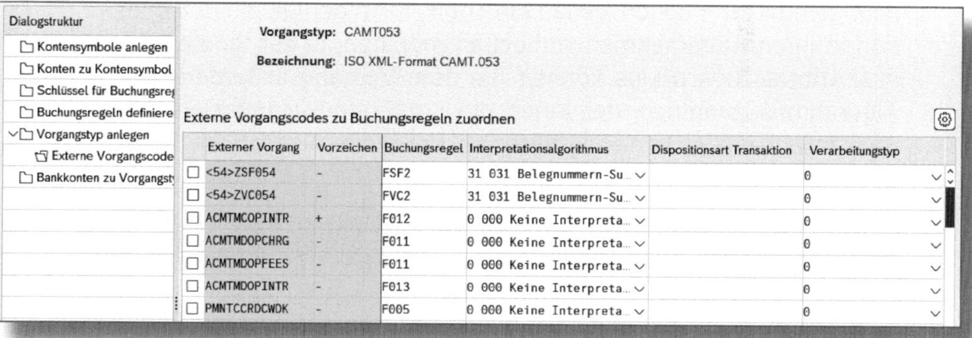

Abbildung 4.33: Externe Vorgangscodes zu Buchungsregeln zuordnen

Diese externen Schlüssel beinhalten die detaillierten Informationen eines Umsatzes im elektronischen Kontoauszug. Dies können nationale Schlüssel sein (dreistellig) – beispielsweise von der Deutschen Kreditwirtschaft – oder globale ISO 20022-Transaktionscodes. Tragen Sie alle Schlüsselwerte ein, die Sie für die Verarbeitung Ihrer Kontoauszüge benötigen, gefolgt von einem VORZEICHEN »+« oder »-« für Soll- oder Haben-Buchungen.

☛ Unallocated

In der Praxis kann bzw. wird es vorkommen, dass Sie neue externe Schlüssel aufgrund von Vorgängen in Ihren Kontoauszügen abbilden müssen, die Sie bisher noch nicht konfiguriert haben. Fehlt während des Importvorgangs ein solcher Schlüssel, kommt es zum Abbruch der Verarbeitung. Sie können das vermeiden, indem Sie in der Spalte Externer Vorgang ein UNALLOCATED mit einem »+« und »-« pflegen. Ordnen Sie dazu noch eine Dummy-Buchungsregel zu, in der diese Vorgänge zunächst gesammelt werden. Aus dem Buchungsprotokoll können Sie den ursprünglichen Vorgang entnehmen und den Schlüssel korrekt nachpflegen.

Jetzt ordnen Sie dem externen Vorgang Ihres Kontoauszugs eine Buchungsregel zu – sprich, genau die Logik, nach der Sie die Belegposition in Ihrem Unternehmen verbuchen möchten. In der Spalte Interpretationsalgorithmus können Sie dem Vorgang außerdem einen Algorithmus zuordnen, der Ihnen die Kontoinformationen aus dem Bankzwischenspeicher analysiert, um beispielsweise offene Posten auszugleichen.

☛ Übersicht Interpretationsalgorithmen

Es gibt von der SAP leider nur einen sehr alten Hinweis 114713 »Neue Interpretationsalgorithmen ab Rel. 3.0F«, der ein paar Algorithmen beschreibt, aber längst nicht mehr alle bzw. die Note wurde nicht mehr aktualisiert. Im SAP Help Portal nehmen die Algorithmen mittlerweile fast 5 A4-Seiten ein!

Finden Sie unter den im SAP-Standard verfügbaren Interpretationsalgorithmen keinen für Ihre Verbuchung passenden Vorgang, dann können Sie auch kundeneigene Algorithmen entwickeln und über eine Buchungsregel zuordnen. Sie legen dazu einen Funktionsbaustein mit der Namenskonvention

'Z_FIEB_' febep-intag '_ALGORITHM'

an und entwickeln dazu einen Funktionsbaustein im kundeneigenen Namensraum (siehe Abbildung 4.34). Als Vorlage für Ihre Eigenentwicklung können Sie beispielsweise den Funktionsbaustein FIEB_8XX_ALGORITHM_SAMPLE verwenden.

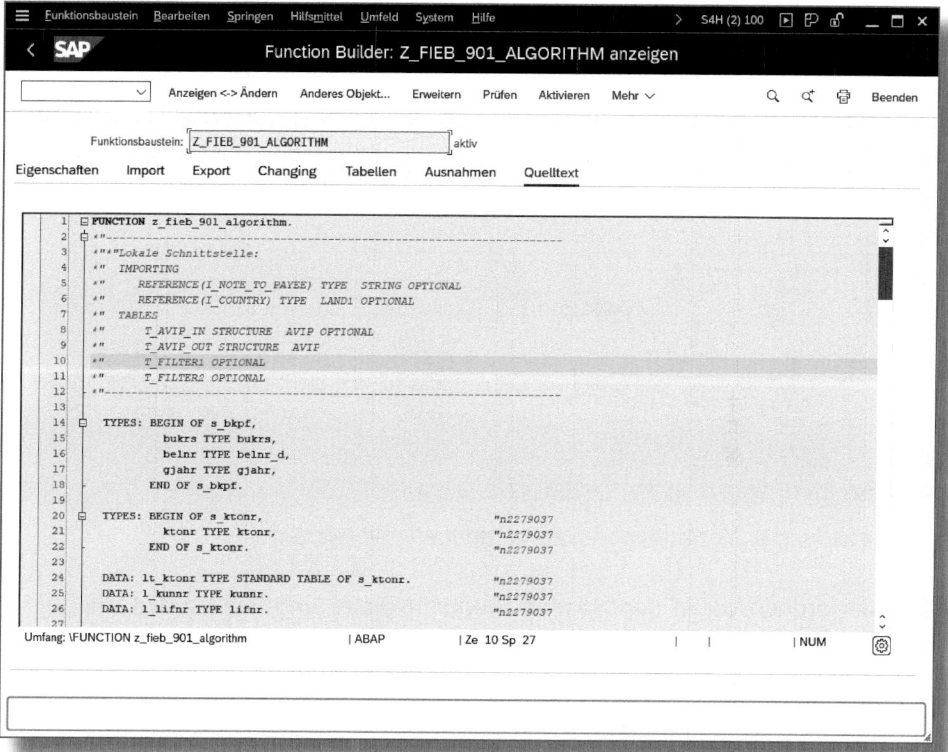

Abbildung 4.34: Beispielfunktionsbaustein für kundeneigene Interpretationsalgorithmen

Der Aufruf der kundeneigenen Interpretationsalgorithmen erfolgt im Report RFEBBU10 bzw. im Include BBU10_F01.

In der Spalte DISPOSITIONSART TRANSAKTION in Abbildung 4.33 können Sie optional ein Planavis der hier verknüpften Belege für die Finanzdisposition zuordnen. Dies ermöglicht Ihnen, die eher globalen Zuordnungen zu den Plandaten während des Imports granularer auf den Vorgang abzustimmen. Für den Fall, dass Sie BACS-Kontoauszüge verarbeiten, können Sie in der Spalte VERARBEITUNGSTYP noch formatspezifische Einstellungen vornehmen.

Bankkonten zu Vorgangstypen zuordnen

Der letzte Schritt der Grundeinstellungen zu unserem elektronischen Kontoauszug dient der Zuordnung der für die Auszugsverarbeitung vorgesehenen Bankkonten zu einem Vorgangstyp. Wir wechseln dazu in der Dialogstruktur in den Menüpunkt BANKKONTEN ZU VORGANGSTYPEN ZUORDNEN (siehe Abbildung 4.35).

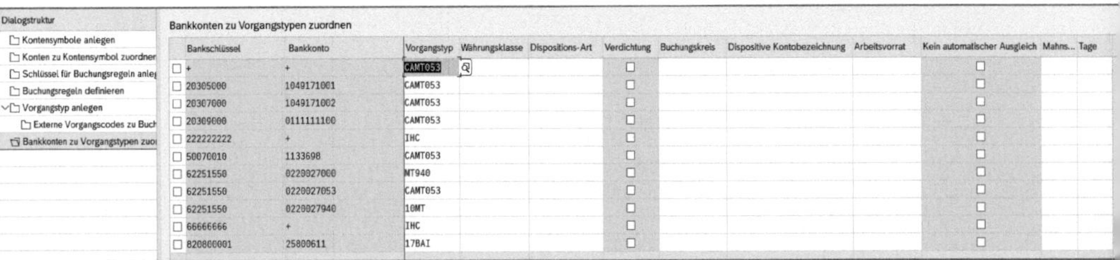

Bankschlüssel	Bankkonto	Vorgangstyp	Währungsklasse	Dispositions-Art	Verdichtung	Buchungskreis	Dispositive Kontobezeichnung	Arbeitsvorrat	Kein automatischer Ausgleich	Mahns...	Tage
+	+	CAMT053			☐				☐		
20305000	1049171001	CAMT053			☐				☐		
20307000	1049171002	CAMT053			☐				☐		
20309000	0111111100	CAMT053			☐				☐		
222222222	+	IHC			☐				☐		
50070010	1133698	CAMT053			☐				☐		
62251550	0220027000	MT940			☐				☐		
62251550	0220027053	CAMT053			☐				☐		
62251550	0220027940	10MT			☐				☐		
66666666	+	IHC			☐				☐		
820800001	25800611	17BAI			☐				☐		

Abbildung 4.35: Bankkonten zu Vorgangstypen zuordnen

Hier ordnen wir in den Spalten BANKSCHLÜSSEL und BANKKONTO die Hausbankkonten zu, die wir im Rahmen des elektronischen Kontoauszugs verarbeiten möchten. Wie bei den Einstellungen unter KONTEN ZU KONTENSYMBOL ZUORDNEN können wir auch hier mit einer »Maskierung« der Daten arbeiten. Schließlich ordnen wir den Konten jeweils einen zuvor angelegten VORGANGSTYP zu.

Optional stehen uns hier noch weitere Felder zur Verfügung:

- In der Spalte WÄHRUNGSKLASSE hinterlegen Sie einen Währungsschlüssel, wenn Sie Kontoauszüge verarbeiten, die einen alternativen Währungsschlüssel ungleich den Schlüsseln nach ISO-Standard besitzen.

- In der Spalte Dispositions-Art können Sie gezielt eine Dispositionsebene hinterlegen, die die Umsätze beim Import für das Cash Management fortschreibt.
- Rechts davon schließt sich die Einstellung Verdichtung an, durch die nicht pro Einzelsatz ein Planposten angelegt wird, sondern eine Verdichtung auf Basis des Valutadatums erfolgt.
- In der Spalte Buchungskreis ordnen Sie ebenfalls optional den Buchungskreis der Bankkonten zu.
- Die Spalte Dispositive Kontobezeichnung bezieht sich ebenfalls auf das Cash Management – hier wird die Kontonummer durch einen »sprechenden Namen« ersetzt, der im Reporting des Cash Managements anstelle der Kontonummer erscheint.
- Die Spalte Arbeitsvorrat dürfte im Zeitalter von SAP HANA überholt und mittlerweile obsolet sein. Über diese Einstellung können Arbeitsvorräte für den späteren Ausgleich von Bankverrechnungskonten gebildet werden.
- Einen Haken in der Spalte Kein automatischer Ausgleich setzen Sie, wenn kein automatischer Ausgleich von offenen Posten gewünscht ist, sofern der Betrag das einzige Selektionskriterium in der Kontenfindung ist.
- Abschließend haben wir mit den Spalten Mahnsperre und Tage noch zwei Optionen, die sich auf die Verarbeitung von untertägigen Kontoauszügen (SWIFT MT942 und CAMT.052) beziehen. Beide Kontoauszugsformate haben keine rechtliche Bindung hinsichtlich des übermittelten Inhalts, können aber bereits Informationen liefern, mit denen sich in der Finanzbuchhaltung Folgeaktivitäten steuern lassen. Ihr Import ermöglicht eine Beleginterpretation in den Nebenbüchern und kann somit für Belege, die im Mahnprozess sind oder kurz davor stehen, eine Mahnsperre auslösen. Erfolgt auf Basis der avisierten Zahlungen doch keine Gutschrift auf dem Bankkonto, verfällt die Mahnsperre nach der in der Spalte Tage hinterlegten Zeit.

Automatisches Löschen von Mahnsperren

Beim Import von untertägigen Kontoauszügen wird im Hintergrund automatisch der Report RFEBKA20 gestartet, welcher die überfälligen Mahnsperrkennzeichen prüft, die in dem Zusammenhang gesetzt worden sind. Führt ein finaler oder manueller Kontoausgleich nicht zum gewünschten Ergebnis, löscht der Report diese Mahnsperrkennzeichen.

4.6.1 Bankkontenverarbeitung mit Bankabstimmkonten

Eine weitere Neuerung, die die SAP mit dem Release OP 2020 ausgeliefert hat, sind die sogenannten *Bankabstimmkonten*, mit deren Hilfe sich die Anzahl notwendiger Hauptbuch- bzw. Verrechnungskonten in der Kontoauszugsverarbeitung wie auch im elektronischen Zahlungsverkehr reduzieren lässt.

Namensgebung für Bankabstimmkonto

Die Funktionalität der Bankabstimmkonten wurde von der SAP mehrmals umbenannt. Neben »Bankabstimmkonten« ist sie als »Bankabstimm-Ledger« oder – in der aktuellen Version – auch als »Single Reconciliation Account for Bank Accounts« bekannt. Ich verwende im Buch den ursprünglichen Begriff der Bankabstimmkonten.

Nachfolgend erhalten Sie einen Überblick über den Funktionsumfang sowie die notwendigen Einstellungen im Customizing bzw. in den Stammdaten, die Sie für den Einsatz von Bankabstimmkonten benötigen.

Idee und Konzeption

Grundsätzlich muss bei der Anlage einer neuen Hausbank immer ein neues Sachkonto (Bankbestandskonto) im Kontenplan angelegt werden – inklusive der dazugehörigen Bankverrechnungskonten, um die Prozesse im Zahlungsverkehr (F110-, F111-Zahlungen und elektronischer Kontoauszug) zu ermöglichen. Haben Sie bereits ein umfangreiches Portfolio an Hausbanken und Zahlungsmethoden im Einsatz, so kann dies schnell zu einer Vielzahl an Sachkonten führen, die es im Sachkontenstamm zu pflegen gilt (siehe Abbildung 4.36).

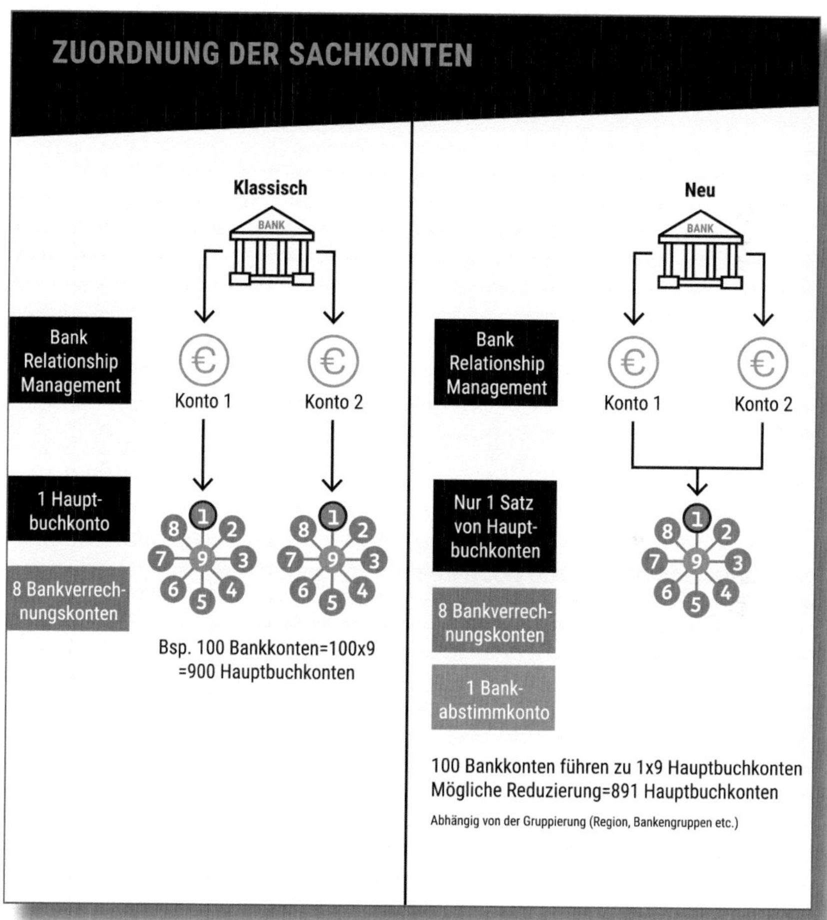

Abbildung 4.36: Übersicht Bankabstimmkonten

Mit Einführung der Bankabstimmkonten wurde eine Funktionalität ausgeliefert, mit der die Zahlungsprozesse vereinfacht und die Anzahl der Sachkonten, je nach Gruppierungen bzw. Zahlungsmethoden, reduziert werden kann, indem einem Bankabstimmkonto mehrere Hausbankkonten in der Bankkontenverwaltung zugeordnet werden. Die Umstellung selbst ist optional und kann schrittweise erfolgen. Das heißt, Sie können mögliche sinnvolle Migrationsszenarien selbst definieren und bei Bedarf umsetzen. Alle bestehenden Funktionalitäten behalten dabei ihre Gültigkeit. Die alte und die neue Verarbeitungslogik können parallel laufen. Für die spätere bzw. eigentliche Migration steht mit der Transaktion FB_MIG_HBA_COCKPIT ein »Migrationscockpit« zur Verfügung.

! Einschränkungen für Bankabstimmkonten

Für die Verwendung der Bankabstimmkonten gibt es einige Einschränkungen, die im Vorfeld zu berücksichtigen sind. Sie finden nähere Informationen dazu in den Sammelhinweisen 3007105, 3143577 und 3107606.

Für den Einsatz der Bankabstimmkonten müssen zunächst einige Einstellungen vorgenommen bzw. geprüft werden. So benötigen wir etwa für das Bankabstimmverfahren ein Sachkonto (Bankabstimmkonto), das im weiteren Verlauf mehreren Hausbankkonten zugeordnet werden kann. Sie können dabei bereits bestehende Konten kopieren oder auch ein Konto direkt ändern. Letzteres ist allerdings nur möglich, wenn für das Sachkonto noch keine Buchungen vorliegen.

Benennung der Sachkonten

Für die nachfolgenden Beispiele werden die angelegten Sachkonten pauschal »Bankabstimmkonto« oder »Bankunterkonto« genannt. Bei einer späteren Anlage der Sachkonten können diese nach Bedarf »sprechende« Namen erhalten.

Wie in Abbildung 4.37 dargestellt ist, muss das Bankabstimmkonto der SACHKONTOART GELDKONTO sowie der SACHKONTOUNTERART BANKABSTIMMKONTO zugeordnet werden.

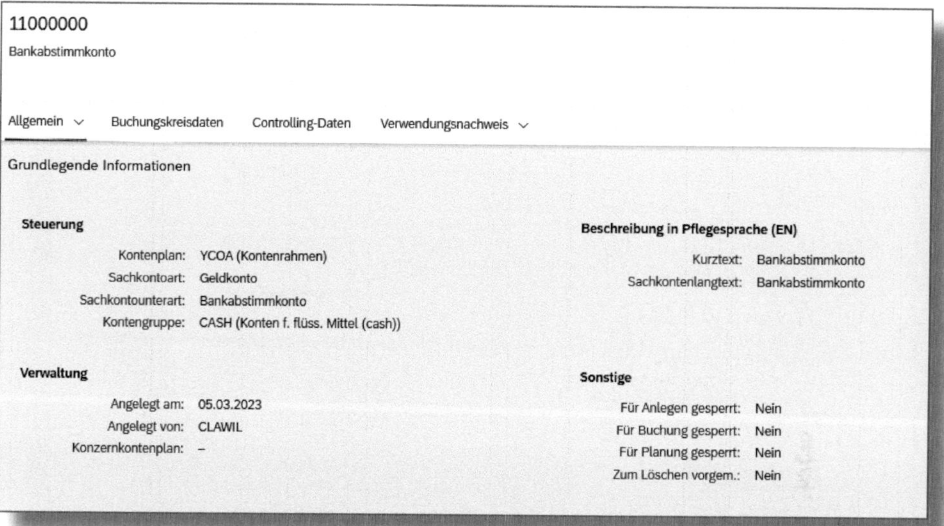

Abbildung 4.37: Zuordnung eines Sachkontos zur Sachkontoart Geldkonto

Möchten wir das Konto im späteren Verlauf im Cash Management darstellen, so müssen wir ihm in den Steuerungsdaten im Register ANLEGEN/BANK/ZINS die DISPOEBENE F0 mitgeben und das Konto als GELDBEWEGUNGSRELEVANT markieren (siehe Abbildung 4.38).

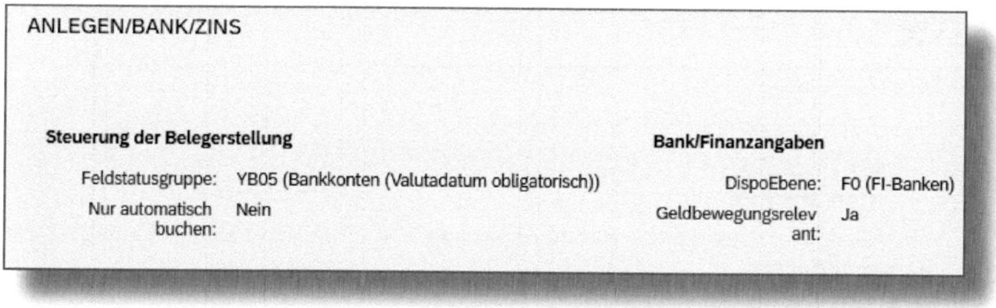

ANLEGEN/BANK/ZINS

Steuerung der Belegerstellung

Feldstatusgruppe: YB05 (Bankkonten (Valutadatum obligatorisch))
Nur automatisch buchen: Nein

Bank/Finanzangaben

DispoEbene: F0 (FI-Banken)
Geldbewegungsrelevant: Ja

Abbildung 4.38: Definition des Bankabstimmkontos als geldbewegungsrelevant

Nachdem wir das Bankabstimmkonto angelegt haben, erstellen wir als Nächstes einen Satz an Verrechnungskonten, die wir mit dem Bankabstimmkonto verknüpfen (siehe Abbildung 4.39). Die Verrechnungskonten werden der SACHKONTOART GELDKONTO und SACHKONTOUNTERART BANKUNTERKONTO sowie dem zuvor definierten ABSTIMMKONTO zugeordnet.

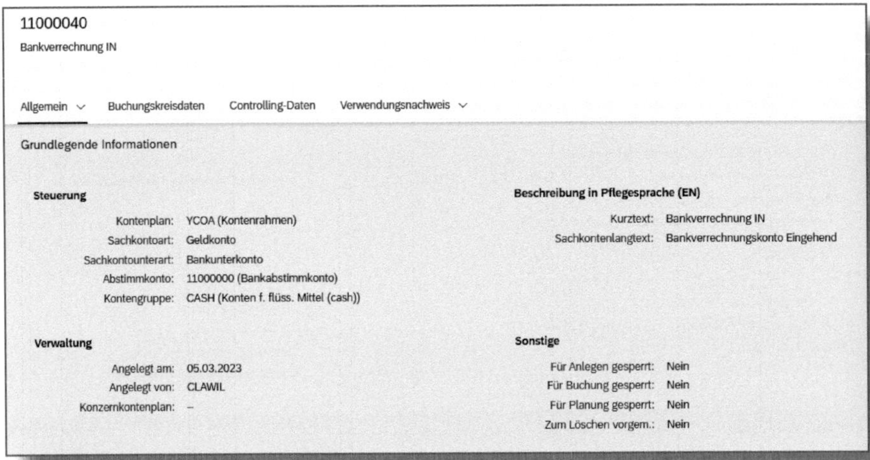

11000040
Bankverrechnung IN

Allgemein | Buchungskreisdaten | Controlling-Daten | Verwendungsnachweis

Grundlegende Informationen

Steuerung

Kontenplan: YCOA (Kontenrahmen)
Sachkontoart: Geldkonto
Sachkontounterart: Bankunterkonto
Abstimmkonto: 11000000 (Bankabstimmkonto)
Kontengruppe: CASH (Konten f. flüss. Mittel (cash))

Beschreibung in Pflegesprache (EN)

Kurztext: Bankverrechnung IN
Sachkontenlangtext: Bankverrechnungskonto Eingehend

Verwaltung

Angelegt am: 05.03.2023
Angelegt von: CLAWIL
Konzernkontenplan: –

Sonstige

Für Anlegen gesperrt: Nein
Für Buchung gesperrt: Nein
Für Planung gesperrt: Nein
Zum Löschen vorgem.: Nein

Abbildung 4.39: Definition der Bankverrechnungs- bzw. der Sachkontounterart

Auch hier können wir die Bewegungen im Cash Management darstellen, indem wir analog zum Bankabstimmkonto in den Steuerungsdaten im Register ANLEGEN/BANK/ZINS eine DISPOEBENE zuordnen und das Konto als GELDBEWEGUNGSRELEVANT markieren (siehe Abbildung 4.40).

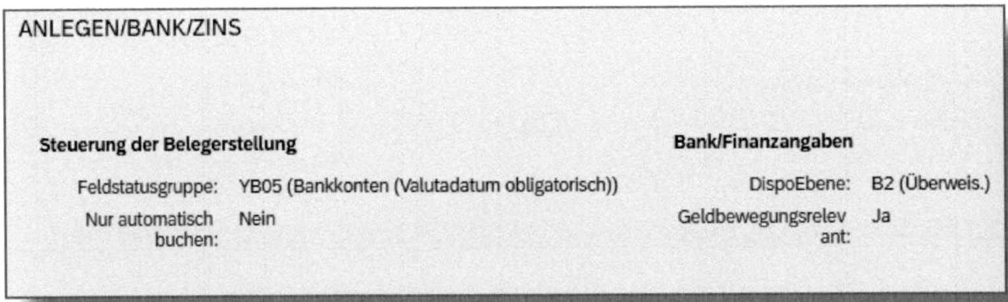

ANLEGEN/BANK/ZINS

Steuerung der Belegerstellung

Feldstatusgruppe: YB05 (Bankkonten (Valutadatum obligatorisch))
Nur automatisch buchen: Nein

Bank/Finanzangaben

DispoEbene: B2 (Überweis.)
Geldbewegungsrelevant: Ja

Abbildung 4.40: Definition des Bankunterkontos als geldbewegungsrelevant

Nachdem die Hauptbuchkonten als Bankabstimmkonten bzw. Bankunterkontoarten klassifiziert sind, können wir sie unseren Hausbanken zuordnen (siehe Abbildung 4.41).

! Aufbau und Einsatz möglicher Szenarien

Die hier aufgezeigten Szenarien stellen lediglich Beispiele dar, die je nach verwendeter Bankenstruktur bzw. Zahlwege abweichen können, sodass abhängig davon mit einer unterschiedlichen Anzahl an Bankabstimmkonten gearbeitet werden muss.

Abbildung 4.41: Übersicht Zuordnung der Sachkonten

Abbildung 4.41 fasst den Zuordnungsprozess noch einmal beispielhaft zusammen: Sie zeigt auf der linken Seite die unterschiedlichen Hausbanken bzw. Hausbankkonten, die in der App »Bankkonten verwalten« (ID F1366A) angelegt sind. Diesen wird nun jeweils das Bankabstimmkonto im Stammsatz hinzugefügt. Die dazugehörigen Verrechnungskonten selbst sind dann wieder dem Bankabstimmkonto hinzugefügt.

Integration in die Bankkontenverwaltung

Nachdem wir die notwendigen Sachkonten strukturiert und angelegt haben, erfolgt die Integration in die Bankkontenverwaltung. Wir starten dazu die App »Bankkonten verwalten« und öffnen das Bankkonto, dem wir das Bankabstimmkonto zuordnen möchten.

Wir wechseln dazu in den Bearbeitungsmodus im Register der Hausbankkontenkonnektivität (siehe Abbildung 4.42). In unserem Beispiel haben wir dem Bankkonto noch das ursprüngliche SACHKONTO zugeordnet, welches wir nun migrieren möchten. Haben Sie an der Stelle dem Hausbankkonto noch kein SACHKONTO zugeordnet bzw. legen Sie das Bankkonto neu an, so können Sie im Sachkonto sofort das Bankabstimmkonto hinterlegen – ohne eine Migration durchführen zu müssen.

In dem Zusammenhang ist es wichtig, den ID-TYP *Zentralsystem: Hausbankkonto* festzulegen. Dadurch werden die HAUSBANK bzw. das HAUSBANKKONTO zu Mussfeldern.

Für die spätere Darstellung der Konten in der Bilanz ordnen Sie der Bank in der App »Banken verwalten« (ID F1574) einen RISIKOGESCHÄFTSPARTNER zu, den Sie zuvor in der Geschäftspartnerverwaltung mit der Rolle TR0703 angelegt haben.

Da wir das bestehende Bankkonto migrieren möchten, klicken wir oben rechts auf den Button SACHKONTO MIGRIEREN. In dem Feld ZIELBANKABSTIMMKONTO tragen wir nun das Bankabstimmkonto ein und bestätigen die Eingabe mit [Enter] (siehe Abbildung 4.43).

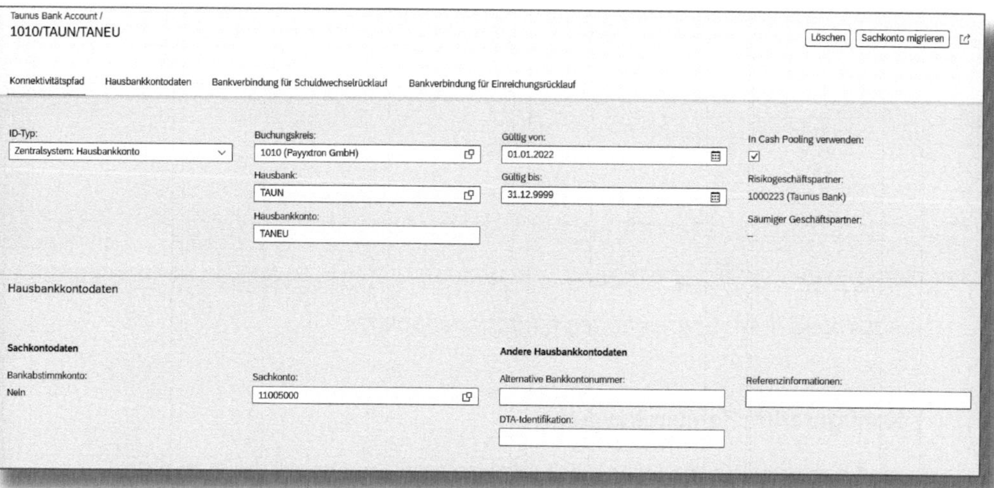

Abbildung 4.42: Einstellungen in der Hausbankkontenkonnektivität

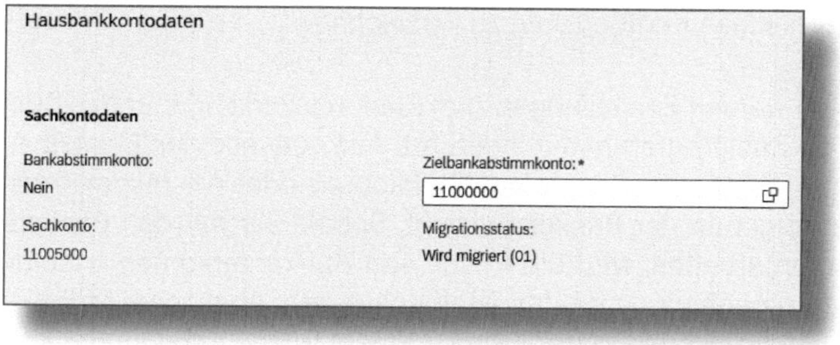

Hausbankkontodaten

Sachkontodaten

Bankabstimmkonto:
Nein

Zielbankabstimmkonto: *
11000000

Sachkonto:
11005000

Migrationsstatus:
Wird migriert (01)

Abbildung 4.43: Eintrag des Zielbankabstimmkontos

Daraufhin wird unter SACHKONTO unser bisheriges Hauptbuchkonto angezeigt und bekommt den MIGRATIONSSTATUS *Wird migriert (01)*. Sichern Sie anschließend Ihre Eingaben.

Werfen wir nun einen ersten Blick auf unser *Migrationscockpit*, das Sie über die Transaktion FB_MIG_HBA_COCKPIT aufrufen. Hier können wir entnehmen, dass sich unser Hausbankkonto aktuell in der Migration befindet (siehe Abbildung 4.44).

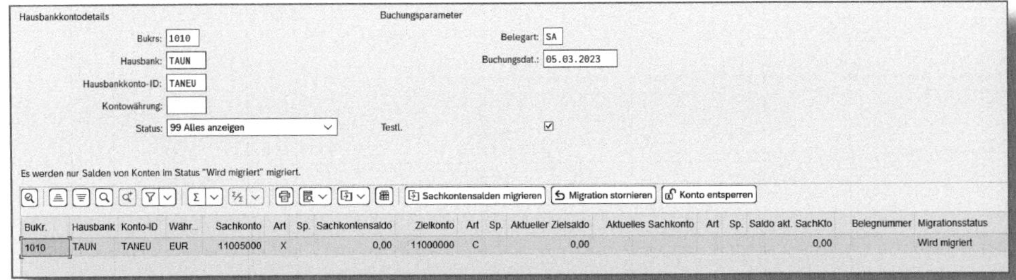

Abbildung 4.44: Übersicht des Migrationscockpits

Konfiguration Zahlungsverkehr

Im Anschluss an die Pflege der Stammdaten wechseln wir in das Customizing, um die Bankabstimmkonten im Zahlungsverkehr verwendbar zu machen. Mit Release OP 2020 sind einige Änderungen in Bezug auf die Kontenfindung für den ausgehenden Zahlungsverkehr wie auch den elektronischen Kontoauszug zu verzeichnen.

Im Regelfall werden Einstellungen zum Zahlungsverkehr über das Customizing im Zahlprogramm durchgeführt. Alle notwendigen Einstellungen beispielsweise für Rangfolge, Bankkonten oder die disponierten Beträge erfolgen in der Bankenauswahl. Sobald wir mit den Bankabstimmkonten arbeiten, wird die Pflege von Bankunterkonten obsolet, da wir die Kontenfindung für den Zahlungsverkehr ab diesem Moment über den elektronischen Kontoauszug steuern (siehe Abbildung 4.45).

SAP Sicht "Bankkonten" ändern: Übersicht

Neue Einträge | Kopieren als... | Löschen | Änderung widerrufen | Alle markieren | Mehr | Anzeigen

Dialogstruktur
- Bankenauswahl
  - Rangfolge
  - Bankkonten
  - Bankkonten (erweitert)
  - Disponierte Beträge
  - Wertstellung
  - Spesen/Gebühren

Zahlender Buchungskreis: 1010 Payyxtron GmbH

Bankkonten

Hausbank	Z...	Währung	Konto-Id	Bankunterkonto	Verr.konto	Geb.kennz.	Ges...
COBA	1	EUR	050				
COBA	T	EUR	050				
DEBK1	1	EUR	DEAC1	11001020			
DEBK1	E	EUR	DEAC1	11001040			
DEBK1	F		DEAC1	11001020			

Abbildung 4.45: Pflege der Bankunterkonten

Da in den Einstellungen zum elektronischen Kontoauszug eine Kontenfindung hinterlegt ist, die nun auch für die periodischen Zahlläufe (F110) verwendet werden kann, reduziert sich der Pflegeaufwand spürbar.

Dazu finden Sie in den Grundeinstellungen des elektronischen Kontoauszugs eine neue Spalte SIP-RELEVANT (Self-initiated Payment). Navigieren Sie im Customizing in das Menü FINANZWESEN • BANKBUCHHALTUNG • GESCHÄFTSVORFÄLLE • ZAHLUNGSVERKEHR • ELEKTRONISCHER KONTOAUSZUG • GRUNDEINSTELLUNGEN FÜR DEN ELEKTRONISCHEN KONTOAUSZUG VORNEHMEN und wählen Sie hier wie gewohnt Ihren Kontenplan aus. Sie gelangen anschließend in die DIALOGSTRUKTUR des elektronischen Kontoauszugs.

Wie in Abbildung 4.46 dargestellt, markieren Sie in einem ersten Schritt in der Spalte SIP-RELEVANT der Struktur KONTENSYMBOLE ANLEGEN die Kontensymbole, über die Sie im weiteren Verlauf die Kontenfindung für den ausgehenden Zahlungsverkehr definieren möchten.

Dialogstruktur
- Kontensymbole anlegen
  - Konten zu Kontensymbol zuordnen
  - Schlüssel für Buchungsregeln anlegen
  - Buchungsregeln definieren
  - Vorgangstyp anlegen
    - Externe Vorgangscodes zu Buchungsregeln zuordnen
  - Bankkonten zu Vorgangstypen zuordnen

Kontensymbole anlegen

Kontosymbol	Bezeichnung	SIP-relevant
AUSGNG-UEBERW-A	Ausgng-Überw Ausland	☐
AUSGNG-UEBERW-I	Ausgang-Überw Inland	☐
BANK	Bankkonto	☐
BANKEINZUG	Bankeinzug	☐
CASHPOOL	Cashpool	☐
DEVISENKAUF	Devisenkauf	☐
DEVISENVERKAUF	Devisenverkauf	☐
DIRECTDEBIT	Bankeinzug	☐
GEBÜHREN	Gebühren	☐
GELDAUSGANG	Geldausgang	☑
GELDEINGANG	Geldeingangskonto	☑
IHC_AR_CLEARING		☐
IHC_BALANCE		☐
IHC_CLEARING		☐
IHC_INT_EXP		☐
IHC_INT_INC		☐
IHC_PAYMT_CLG		☐
KASSE	Kasse	☐

Abbildung 4.46: Kennzeichnung eines Kontensymbols als SIP

Anschließend wechseln Sie in der Dialogstruktur zu KONTEN ZU KONTENSYMBOL ZUORDNEN, wo Sie Ihre Sachkonten mit den Kontensymbolen verknüpfen (siehe Abbildung 4.47).

Hier erkennen wir sehr schön die Idee bzw. die Funktionsweise der Bankabstimmkonten: An dieser zentralen Stelle haben wir Zugriff auf die Kontensymbole, die Verknüpfung der Sachkonten für die Kontenfindung bis hin zur späteren Verbuchung unserer Zahlläufe wie auch der Kontoauszüge.

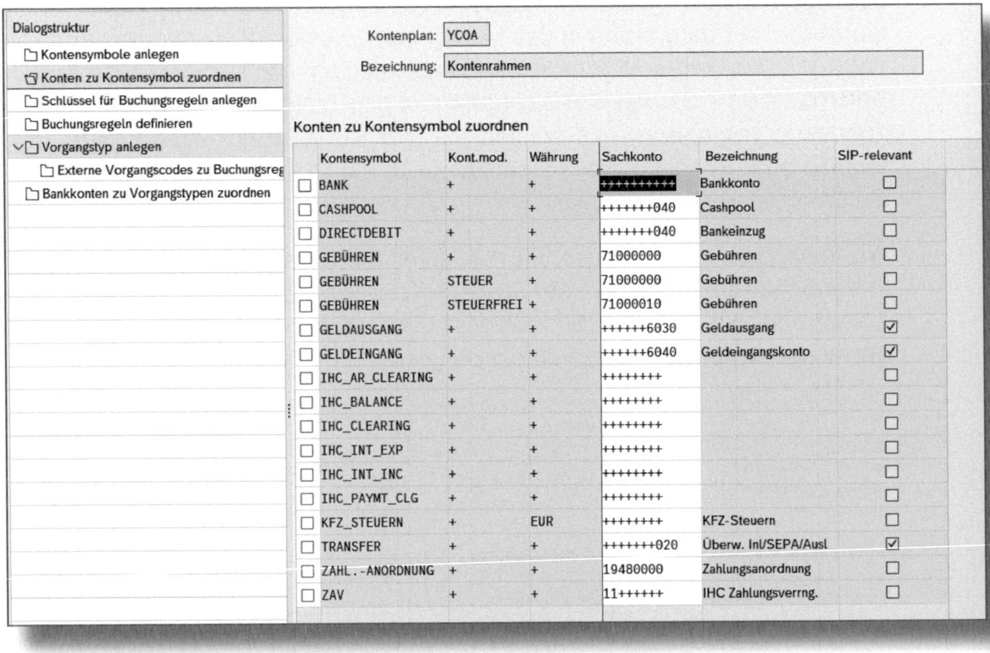

Dialogstruktur
- Kontensymbole anlegen
- Konten zu Kontensymbol zuordnen
- Schlüssel für Buchungsregeln anlegen
- Buchungsregeln definieren
- Vorgangstyp anlegen
  - Externe Vorgangscodes zu Buchungsreg
- Bankkonten zu Vorgangstypen zuordnen

Kontenplan: YCOA
Bezeichnung: Kontenrahmen

Konten zu Kontensymbol zuordnen

Kontensymbol	Kont.mod.	Währung	Sachkonto	Bezeichnung	SIP-relevant
BANK	+	+	++++++++++	Bankkonto	☐
CASHPOOL	+	+	+++++++040	Cashpool	☐
DIRECTDEBIT	+	+	+++++++040	Bankeinzug	☐
GEBÜHREN	+	+	71000000	Gebühren	☐
GEBÜHREN	STEUER	+	71000000	Gebühren	☐
GEBÜHREN	STEUERFREI	+	71000010	Gebühren	☐
GELDAUSGANG	+	+	++++++6030	Geldausgang	☑
GELDEINGANG	+	+	++++++6040	Geldeingangskonto	☑
IHC_AR_CLEARING	+	+	++++++++		☐
IHC_BALANCE	+	+	++++++++		☐
IHC_CLEARING	+	+	++++++++		☐
IHC_INT_EXP	+	+	++++++++		☐
IHC_INT_INC	+	+	++++++++		☐
IHC_PAYMT_CLG	+	+	++++++++		☐
KFZ_STEUERN	+	EUR	++++++++	KFZ-Steuern	☐
TRANSFER	+	+	+++++++020	Überw. Inl/SEPA/Ausl	☑
ZAHL.-ANORDNUNG	+	+	19480000	Zahlungsanordnung	☐
ZAV	+	+	11++++++	IHC Zahlungsverrng.	☐

Abbildung 4.47: Zuordnung von Sachkonten für SIP-relevante Kontensymbole

Im letzten Schritt müssen wir noch eine Verknüpfung zwischen dem ausgehenden Zahlungsverkehr und der Kontenfindung im elektronischen Kontoauszug herstellen. Dazu navigieren wir im Customizing über FINANZWESEN • DEBITOREN- UND KREDITORENBUCHHALTUNG • GESCHÄFTSVORFÄLLE • ZAHLUNGSAUSGANG • ZAHLUNGSAUSGANG AUTOMATISCH • ZAHLWEG-/BANKENAUSWAHL FÜR ZAHLPROGRAMM • KONTENSYMBOL ZU ZAHLWEGEN ZUORDNEN in die Verknüpfung für die Kontenfindung (siehe Abbildung 4.48).

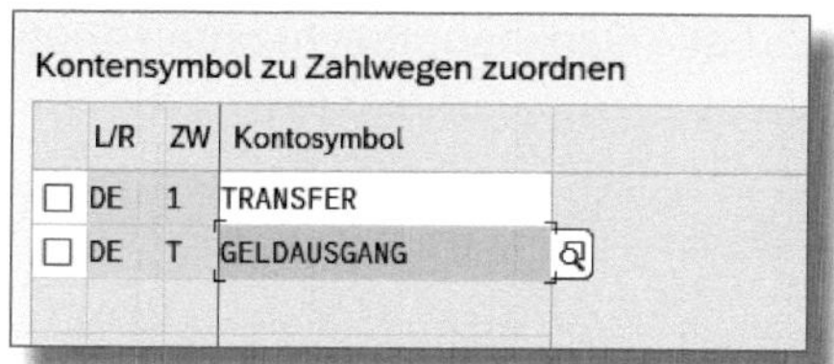

Abbildung 4.48: Zahlwege zu Kontensymbolen zuordnen

Hinterlegen Sie dort ein Land, einen Zahlweg sowie das dazugehörige KONTENSYMBOL, hinter dem in den Einstellungen des elektronischen Kontoauszugs das Konto für die spätere Verbuchung liegt.

Nachdem wir die Einstellungen abgeschlossen haben, wechseln wir in die Migration für die Hausbankkonten, deren Zuordnung zu Hauptbuchkonten geändert worden ist. Bei der initialen Anlage von Hausbankkonten und einer direkten Zuordnung des Bankabstimmkontos ist dieser Schritt obsolet.

Umstellung und Migration

Wie bereits zu Beginn kurz angemerkt, steht uns für die Migration der Konten ein Migrationscockpit (Transaktion FB_MIG_HBA_COCKPIT) zur Verfügung, mit dem wir die eigentliche Übertragung durchführen und auch überwachen können. Wichtig an der Stelle ist:

- Migriert werden nur Bankbestandskonten, keine Bankverrechnungskonten.
- Eine Migration kann rückgängig gemacht werden.

Starten wir nun die Migration unserer Hauptbuchkonten und wählen die Sachkonten aus, die wir auf die Bankabstimmkonten umstellen möchten (siehe Abbildung 4.49).

Tragen Sie dazu in den Spalten BUKRS, HAUSBANK und HAUSBANKKONTO-ID Ihr zu migrierendes Hausbankkonto ein und starten Sie die Anwendung. Optional genügt es, nur den Buchungskreis einzutragen; in dem Fall werden Ihnen übergreifend alle Bankhauptbuchkonten angezeigt.

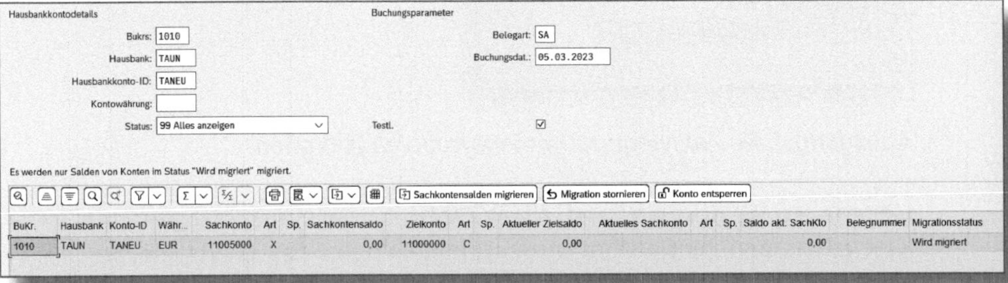

Abbildung 4.49: Übersicht des Migrationscockpits

Sie sehen hier neben den unterschiedlichen Salden des Kontos auch das aktuell hinterlegte SACHKONTO sowie das spätere ZIELKONTO – das Bankabstimmkonto. Die Spalte MIGRATIONSSTATUS zeigt zudem den aktuellen Status der Migration des Bankkontos.

Sind alle Einträge korrekt, können Sie zunächst einen Testlauf durchführen, indem Sie einen Haken im Feld TESTL. setzen. Klicken Sie nun auf den Button SACHKONTENSALDEN MIGRIEREN, um die Datenmigration zu starten. Wird Ihnen angezeigt, dass die Salden des Kontos stimmen, entfernen Sie den Haken für den Testlauf wieder und führen anschließend die Migration durch.

! Kontenmigration

Bitte beachten Sie: Es werden nur Salden von Konten migriert, die den Status »Wird migriert« besitzen.

Nach der erfolgreichen Migration ändert sich auch der Status im Migrationscockpit (siehe Abbildung 4.50). Der MIGRATIONSSTATUS hat sich auf SACHKONTENSALDO MIGRIERT geändert und das SACHKONTO enthält nun die Kontonummer des Bankabstimmkontos. Zum Zeitpunkt der Migration wird allerdings noch immer das ursprünglich hinterlegte Sachkonto der Hausbank verwendet.

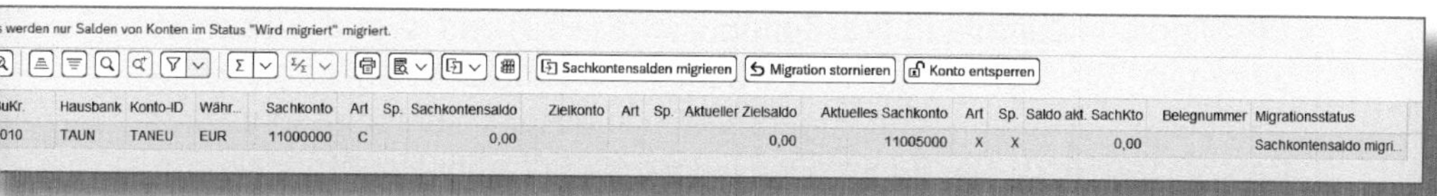

uKr.	Hausbank	Konto-ID	Währ...	Sachkonto	Art	Sp.	Sachkontensaldo	Zielkonto	Art	Sp.	Aktueller Zielsaldo	Aktuelles Sachkonto	Art	Sp.	Saldo akt. SachKto	Belegnummer	Migrationsstatus
010	TAUN	TANEU	EUR	11000000	C		0,00				0,00	11005000	X	X	0,00		Sachkontensaldo migri...

Abbildung 4.50: Migrationsdetails eines Sachkontos

Schauen wir uns die unterschiedlichen Migrationsphasen etwas näher an und wo die dazugehörigen »Fallback«-Möglichkeiten im Rahmen eines Fehlers platziert sind (siehe Abbildung 4.51).

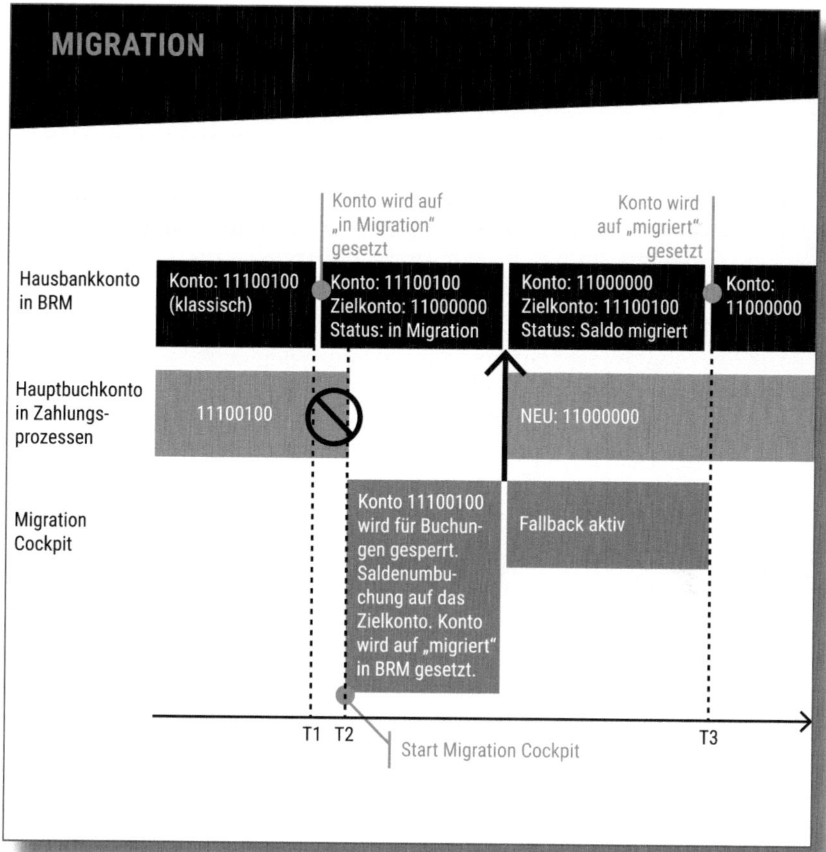

Abbildung 4.51: Übersicht Migrationsprozess von Hauptbuchkonten

Die Migration durchläuft drei Zeitpunkte (T1–T3) und ist in drei Ebenen aufgeteilt. Bis zum Zeitpunkt T1 haben wir unserem Bankkonto klassisch ein Hauptbuchkonto zugeordnet – in unserem Beispiel ist es das Konto 11005000. Alle Buchungen werden auf diesem Hauptbuchkonto durchgeführt. Mit Beginn des Zeitpunkts T2 tauschen wir das bestehende Hauptbuchkonto gegen das Bankabstimmkonto 11000000 aus. Das Hausbankkonto wird ab dem Zeitpunkt auf »In Migration« gesetzt und das Konto 11005000 für Buchungen gesperrt. Gleichzeitig starten wir die Migration des Kontos über das Migrationscockpit.

Wir verbuchen nun alle Belege gegen das Bankabstimmkonto 11000000 – das Konto hat im Migrationscockpit den Status »Sachkontensaldo migriert«, und gleichzeitig ist der Fallback aktiv, um im Fehlerfall die Migration wieder rückgängig zu machen bzw. zu stornieren.

Sind alle Buchungen im Zeitraum T2 erfolgreich verlaufen, dann können wir zum Zeitpunkt T3 die endgültige Migration des Bankkontos durchführen. Wir wechseln dazu erneut in die App »Bankkonten verwalten«, selektieren das zu ändernde Hausbankkonto und navigieren wieder in das Register der Hausbankkontenkonnektivität (vgl. Abbildung 4.42). Der MIGRATIONSSTATUS des Kontos im Abschnitt HAUSBANKKONTODATEN ist zu dem Zeitpunkt auf WIRD MIGRIERT (03) gesetzt (siehe Abbildung 4.52).

Hausbankkontodaten

Sachkontodaten

Bankabstimmkonto: Ja	Migrationsstatus: Wird migriert (03)
Sachkonto: 11000000	Altes Sachkonto: 11005000
Berechtigungsgruppe:	

Abbildung 4.52: Migrationsstatus in den Hausbankkontodaten

Um das Hausbankkonto nun final als Bankabstimmkonto umzusetzen, wechseln wir in den Bearbeitungsmodus, klicken auf den Button [Sachkontenmigration abschließen] und sichern anschließend die Eingaben. Das Konto wurde zum Zeitpunkt T3 vollständig migriert und ist im Migrationscockpit als solches auch gekennzeichnet.

In Abbildung 4.51 haben wir gesehen, wie wir zwischen den Zeitpunkten T2 und T3 mit einem Fallback-Szenario arbeiten können. Dieses Szenario ist zum einen für die Zahlläufe gültig, kann zum anderen aber auch für die elektronische Kontoauszugsverarbeitung verwendet werden.

Für diese *Auslaufphase* wurde eine neue Kontenmodifikation /SAPFBACK/ angelegt, die es Ihnen ermöglicht, in der Übergangsphase noch auf alte bzw. Verrechnungskonten zu buchen, sollte es an der Stelle noch offene Belege zur Verrechnung bzw. zum Ausgleich (z. B. Scheckzahlungen) geben (siehe Abbildung 4.53).

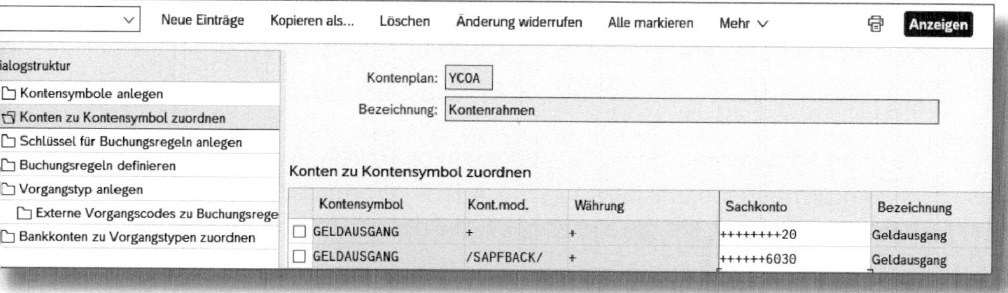

Abbildung 4.53: Kontenmodifikation für Fallback-Szenarien

Navigieren Sie dazu im Customizing-Einführungsleitfaden über FINANZWESEN • BANKBUCHHALTUNG • GESCHÄFTSVORFÄLLE • ZAHLUNGSVERKEHR • ELEKTRONISCHER KONTOAUSZUG zum Punkt GRUNDEINSTELLUNGEN FÜR DEN ELEKTRONISCHEN KONTOAUSZUG VORNEHMEN und wechseln Sie dort in die Dialogstruktur KONTEN ZU KONTENSYMBOL zuordnen. In der Spalte KONT.MOD. ordnen Sie den Ordnungsbegriff /SAPFBACK/ allen Konten zu, für die Sie mit einem Fallback arbeiten möchten.

4.6.2 Daten für MT940-Kontoauszugsimport zuordnen

Im Kontoauszugsformat SWIFT MT940 werden die Informationen zum Verwendungszweck im Tag »:86: Mehrzweckfeld« bereitgestellt. Im Fall von internationalen Kontoauszügen kann dies unstrukturiert erfolgen, bei Kontoauszügen, die beispielsweise über die Deutsche Kreditwirtschaft (DK) bereitgestellt werden, ist auch eine strukturierte Belegung des Mehrzweckfelds :86; möglich.

Das *strukturierte Mehrzweckfeld* ist über Feldschlüssel aufgeteilt. So finden wir beispielsweise unter dem Feldschlüssel 00 den Buchungstext, in den Bereichen 20–29 die Informationen zum Verwendungszweck oder im Feld 31 die Kontonummer bzw. IBAN des Überweisenden.

Schnittstellenspezifikation

Eine detaillierte Schnittstellenspezifikation zum SWIFT MT940-Kontoauszugsformat finden Sie in der Anlage 3 »Datenformate« unter *www.ebics.de*.

Es kann vorkommen, dass Sie eine gezielte Zuordnung von Kontoauszugsinformationen aus dem Tag :86: auf bestimmte FEBEP-Felder vornehmen möchten, um daraus abgeleitet Buchungen auszulösen.

Dies können Sie zu einem über den Funktionsexit FEB00004 bzw. EXIT_RFEKA400_001 erreichen, indem Sie dort die Rohdaten des elektronischen Kontoauszugs anpassen, oder Sie hinterlegen dies in diesem Customizing-Abschnitt, indem Sie im IMG-Einführungsleitfaden über FINANZWESEN • BANKBUCHHALTUNG • GESCHÄFTSVORFÄLLE • ZAHLUNGSVERKEHR • ELEKTRONISCHER KONTOAUSZUG • LÄNDER-/REGIONENSPEZIFISCHE EINSTELLUNGEN ZU DATEN FÜR MT940-KONTOAUSZUGSIMPORT ZUORDNEN navigieren.

Sie sehen nun, wie in Abbildung 4.54 dargestellt ist, eine DIALOGSTRUKTUR für den TAG 86. Legen Sie hier das Land in der Spalte L/R, den BANKSCHLÜSSEL Ihrer Hausbank sowie das TRENNZEICHEN für den Tag 86 fest – im Regelfall ist dies ein »?« im strukturierten Mehrzweckfeld.

In der Spalte OFFSET EXT. VORGANG können Sie optional das Offset des Tags :86: beim Import des elektronischen Kontoauszugs ermitteln und/oder dessen Länge in der Spalte LÄNGE EXT. VORGANG definieren.

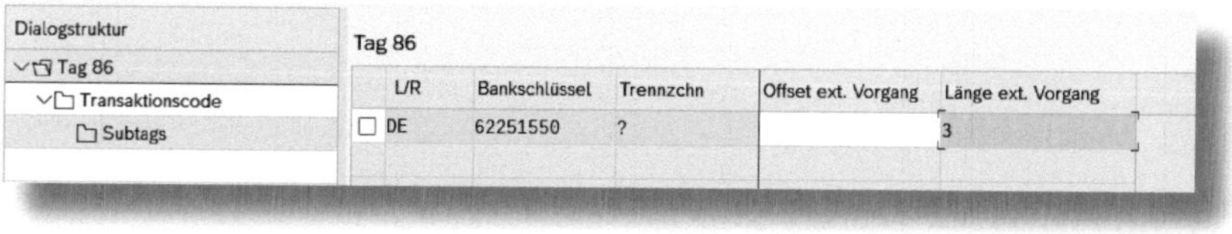

Dialogstruktur
Tag 86
Transaktionscode
Subtags

Tag 86

L/R	Bankschlüssel	Trennzchn	Offset ext. Vorgang	Länge ext. Vorgang
DE	62251550	?		3

Abbildung 4.54: Daten für MT940-Kontoauszugsimport zuordnen

Sobald Sie diese Informationen hinterlegt haben, markieren Sie die Zeile und navigieren in der Dialogstruktur zu den TRANSAKTIONSCODES. Hier hinterlegen Sie in der Spalte EXTERNER VORGANG den Geschäftsvorfallcode (GVC), für den Sie eine Anpassung vornehmen möchten, sowie einen griffigen Text in der Spalte BESCHREIBUNG DES EXTERNEN VORGANGS (siehe Abbildung 4.55).

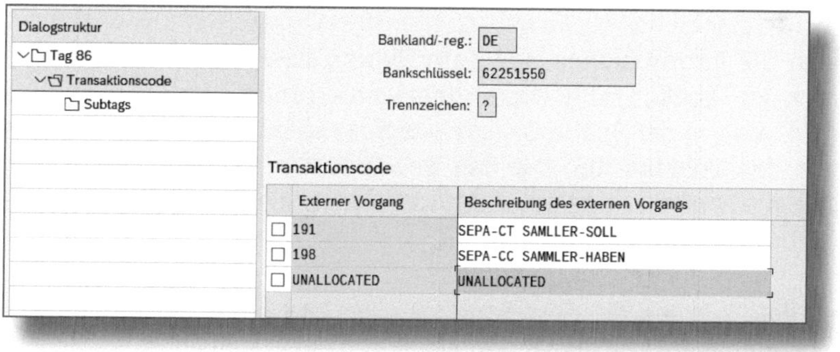

Dialogstruktur
Tag 86
Transaktionscode
Subtags

Bankland/-reg.: DE
Bankschlüssel: 62251550
Trennzeichen: ?

Transaktionscode

Externer Vorgang	Beschreibung des externen Vorgangs
191	SEPA-CT SAMLLER-SOLL
198	SEPA-CC SAMMLER-HABEN
UNALLOCATED	UNALLOCATED

Abbildung 4.55: Zuordnung von externen Vorgangscodes im Tag 86

Anschließend möchten wir auf Basis des GVC – aus dem elektronischen Kontoauszug Ihrer Bank – den Subtag aus dem Feld :86: ermitteln und diesen gezielt einer Tabelle bzw. einem Tabellenfeld der Tabelle FEBEP zuordnen. Wir wechseln dazu in den Abschnitt SUBTAGS (siehe Abbildung 4.56) und ordnen in der Spalte SUBTAG-NAME den gewünschten Subtag aus dem strukturierten Mehrzweckfeld :86: der Tabelle bzw. einem Tabellenfeld in der Spalte ZUORDNUNG zu. Wählen Sie nun in der Spalte BESCHREIBUNG FÜR EINTRAG "ZUORDNUNG ZU" eines der vordefinierten Felder aus.

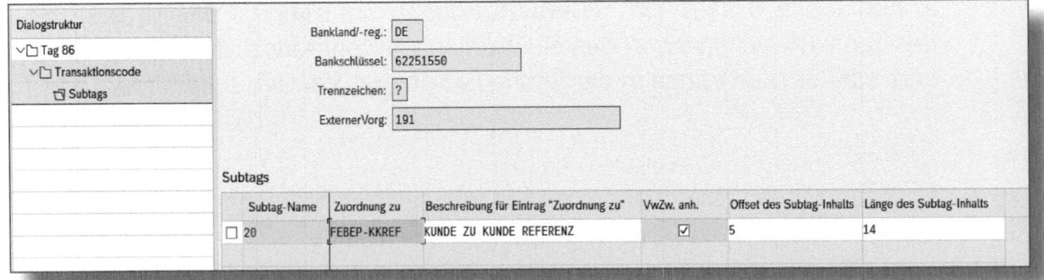

Abbildung 4.56: Zuordnung eines Subtags zu einem FEBEP-Tabellenfeld

! Zuordnung von Feldern

Die Zuordnung der Felder ist nur für die Tabelle FEBEP und die Felder BUTXT, PNOTA, PABLZ, PAKTO, PASWI, PARTN, KKRE und VGEXT möglich.

Sollen die Informationen aus dem Subtag bzw. dem Verwendungszweck der Tabelle FEBRE zugeordnet werden, markieren wir die Spalte VwZw. ANH. In der Spalte OFFSET DES SUBTAG-INHALTS können Sie die Stelle des Subtags :86: mit den gewünschten Informationen ermitteln – die Spalte LÄNGE DES SUBTAG-INHALTS gibt die Anzahl der Zeichen der Subtag-Daten an.

Nachdem wir uns die Grundlagen für das Mapping von Subtags angeschaut haben, möchte ich Ihnen anhand eines kleinen Beispiels aufzeigen, wie Sie mit dieser Funktionalität in der Praxis arbeiten können.

Im Beispiel möchten wir die Belastung eines ausgehenden Datenträgers automatisiert verarbeiten bzw. die Buchungen auf dem Bankverrechnungskonto ausgleichen. Die Grundeinstellungen für das Beispiel können Sie Abbildung 4.54, Abbildung 4.55 und Abbildung 4.56 bzw. dem externen Vorgang 191 entnehmen.

Die Information, die wir für das Mapping benötigen, ist die Referenznummer des Datenträgers, die in der Tabelle REGUT hinterlegt ist. Die

Referenznummer selbst ist mit KREF+ im Subfeld ?20 hinterlegt (siehe Listing 4.1).

```
:86:191?00SEPA-CT SAMMLER-SOLL?1097161?20KREF+PmtInfId2119-
1?21SVWZ+SEPA-UBERWEISUNG?30COBADEFFXXX?31DE76505400280440040
400?32PAYYX T
est FFM
```

Listing 4.1: Übersicht Subfeld :86 eines MT940-Kontoauszugs

Für die automatische Verbuchung müssen wir in einem ersten Schritt die Referenznummer aus dem Mehrzweckfeld ermitteln und diese dem Interpretationsalgorithmus 019 sowie einer Buchungsregel zuordnen.

Die Ermittlung der Referenznummer kann beispielsweise über ein Suchmuster oder alternativ direkt über diese Funktionalität erfolgen. Der Vorteil der direkten Zuordnung liegt darin, dass wir die Referenznummern für die Datenträgerermittlung direkt in das Tabellenfeld FEBEP-KKREF schreiben können, ohne diese über Suchmuster ermitteln und zuordnen zu müssen – wir sparen uns somit an der Stelle zusätzliches Customizing.

Nachdem wir die Einstellungen für die Zuordnung vorgenommen haben, erhalten wir nach dem Import des elektronischen Kontoauszugs die in Abbildung 4.57 dargestellte Kontoauszugsposition.

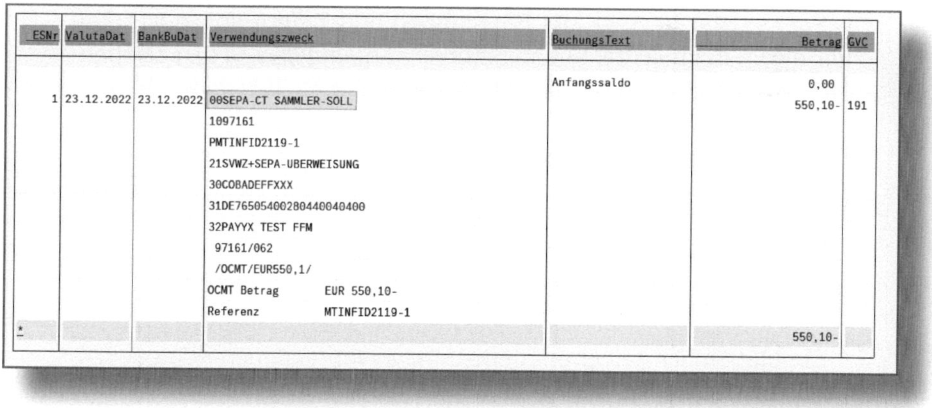

ESNr	ValutaDat	BankBuDat	Verwendungszweck	BuchungsText	Betrag	GVC
				Anfangssaldo	0,00	
1	23.12.2022	23.12.2022	00SEPA-CT SAMMLER-SOLL 1097161 PMTINFID2119-1 21SVWZ+SEPA-UBERWEISUNG 30COBADEFFXXX 31DE76505400280440040400 32PAYYX TEST FFM 97161/062 /OCMT/EUR550,1/ OCMT Betrag EUR 550,10- Referenz MTINFID2119-1		550,10-	191
*					550,10-	

Abbildung 4.57: Detailübersicht einer MT940-Kontoauszugsposition

Der Belegposition wird bei einer zugeordneten Transaktion nun zusätzlich noch die Beschreibung des externen Vorgangs hinzugefügt sowie der zweistellige Feldschlüssel, der der jeweiligen Verwendungszweckzeile vorangestellt wird. Die aus diesem Set-up ermittelte Referenznummer wird in der FEBEP-KKREF zugeordnet (siehe Abbildung 4.58).

Feldname	Wert	Wert unkonvertiert	Technischer Feldname
Kunde-Kunde Referenz	PMTINFID2119-1	PMTINFID2119-1	KKREF

Abbildung 4.58: Zuordnung von Feldnamen und Feldwerten

4.7 Suchmuster für den elektronischen Kontoauszug

Bereits seit dem Release SAP R/3 4.6c können wir im Rahmen der elektronischen Kontoauszugsverarbeitung die Suchmuster für die Belegfindung bzw. Beleginterpretation nutzen. Dieser »Klassiker« ist auch unter SAP S/4HANA weiterhin verfügbar.

Ihr Funktionsumfang reicht von der einfachen Suche nach Ausgleichsinformationen aus den Überweisungsbelegen bzw. deren Beleganreicherung bis hin zu komplexen Sachverhalten mit den dazugehörigen Kontierungslogiken.

Ein Suchmuster besteht aus Buchstaben und Ziffern sowie aus Zeichen, die im Rahmen der Suchmusterverwendung bzw. in den Zeichenketten eine besondere Bedeutung haben (siehe Abbildung 4.59).

Anlage und Verwendung von Suchmustern gliedern sich in drei Abschnitte:

1. Definition eines Suchmusters
2. Detaillierte Zuordnung des Musters zur Verwendung
3. Simulation der Belegnummernsuche in vorhandenen Kontoauszügen (optional)

Zeichen	Bedeutung	Beispiel
|	Oder	alb findet a oder b
()	Gruppe	C(aclb)d findet cacd oder cbd
+	Wiederholung (min. einmal)	Ab+ findet ab oder ababab
*	Wiederholung (auch 0-mal)	Ab+ findet a oder ab oder ababab
?	Wildcard	A?b findet aQb oder a1b
#	Ziffer 0-9	
\	Fluchtsymbol	\#\#\# findet ###
^	Zeilenanfang	
$	Zeilenende	
"	Leerzeichen	Das Zeichen wird eliminiert
/	Schrägstrich	Gefundene Zeichenketten werden als n-Belegnummem interpretiert

Abbildung 4.59: Verwendete Zeichen in Suchmustern

Anlegen eines Suchmusters

Zum Anlegen des Suchmusters verzweigen wir im Einführungsleitfaden auf FINANZWESEN • BANKBUCHHALTUNG • GESCHÄFTSVORFÄLLE • ZAHLUNGSVERKEHR • ELEKTRONISCHER KONTOAUSZUG • SUCHMUSTER FÜR ELEKTRONISCHEN KONTOAUSZUG HINTERLEGEN. Definieren wir nun ein erstes einfaches Beispiel, bei dem wir ein Leerzeichen an der dritten Stelle aus dem Verwendungszweck der Überweisungsgutschrift entfernen, um die Kundenzahlung beim Import automatisch verarbeiten zu können.

Wir erstellen dazu einen neuen Eintrag und hinterlegen zunächst, wie in Abbildung 4.60 dargestellt, einen SUCHMUSTERNAMEN sowie eine BESCHREIBUNG in den dafür vorgesehenen Feldern.

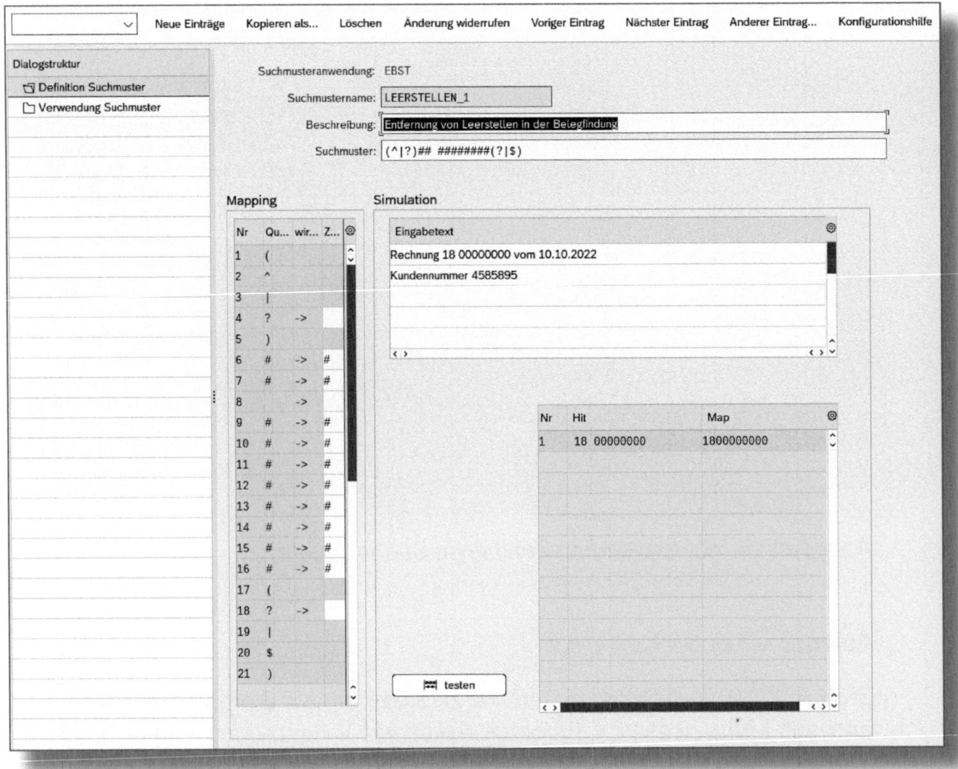

Abbildung 4.60: Definition eines Suchmusters

Anschließend legen wir das eigentliche SUCHMUSTER fest, also den Bereich, den wir später im Verwendungszweck untersuchen möchten. Unser Beispiel enthält zu Beginn die Bedingung (^|?), wobei das ^-Zeichen den Beginn des Suchmusters festlegt, und das ? ein beliebiges Zeichen ist, das vor dem zu untersuchenden Verwendungszweck stehen kann. Da wir eine Rechnung untersuchen möchten, tragen wir die Anzahl der Stellen ein und verwenden dazu das #-Zeichen. Die dritte Stelle der Zeichenkette versehen wir mit einer Leerstelle, welche der Geschäftspartner in seinem Überweisungsbeleg mitgibt. Wir schließen das Suchmuster wiederum mit einer Bedingung (?|$) ab, bei der das »?« für ein beliebiges Zeichen nach unserem Verwendungszweck stehen kann, während das $-Zeichen das Ende des Suchmusters markiert.

Nach der Eingabe des Suchmusters bestätigen wir die Werte mit der `Enter`-Taste und sichern das Suchmuster. Die Zuordnung des Suchmusters zu den Quell- und Zielfeldern wird im Bereich MAPPING zwischen der Dialogstruktur und der Simulation abgebildet. Im Suchmuster selbst werden die für einen späteren Belegtreffer nicht benötigten Zeichen (Quellfeld), wie beispielsweise die Anfangs- und Endzeichen, durch ein Leerzeichen im Zielfeld ersetzt bzw. entfernt. Über den Simulationsmodus können Sie Ihr Suchmuster zunächst testen. Klicken Sie dazu auf den Button TESTEN und kontrollieren Sie, ob das zuvor definierte Suchmuster die Informationen aus dem Verwendungszweck interpretieren kann.

Definition für Anfang und Ende eines Suchmusters

Definieren Sie für jedes Suchmuster ein Anfangs- »^« und ein Endezeichen »$«. So vermeiden Sie fehlerhafte Beleginterpretationen und lange Laufzeiten bei der Suchmusterermittlung.

Sollte es zu mehreren Belegtreffern kommen, werden die doppelten Einträge aus dem Puffer gelöscht, und es wird nur einer der ermittelten Vorgänge verwendet. Der Verwendungszweck selbst wird nicht dauerhaft geändert, sondern lediglich für dessen Interpretation mit den im Customizing hinterlegten Informationen angereichert.

Nach dem einfachen Beispiel zum Verwendungszweck wollen wir noch ein weiteres Beispiel anlegen, bei dem wir im weiteren Verlauf eine komplexere Zuordnung des Suchmusters vornehmen. Dabei handelt es sich um Bankgebühren, die wir direkt aus dem elektronischen Kontoauszug kontieren und buchen möchten.

Wir legen dazu ein weiteres Suchmuster an (siehe Abbildung 4.61), allerdings mit dem Unterschied, dass wir das Zielfeld im MAPPING nicht mehr füllen. An der Stelle wollen wir nur den Verwendungszweck ermitteln, zu dem wir dann später eine Zuordnung bzw. Kontierung vornehmen, die wir uns im nächsten Abschnitt genauer anschauen werden.

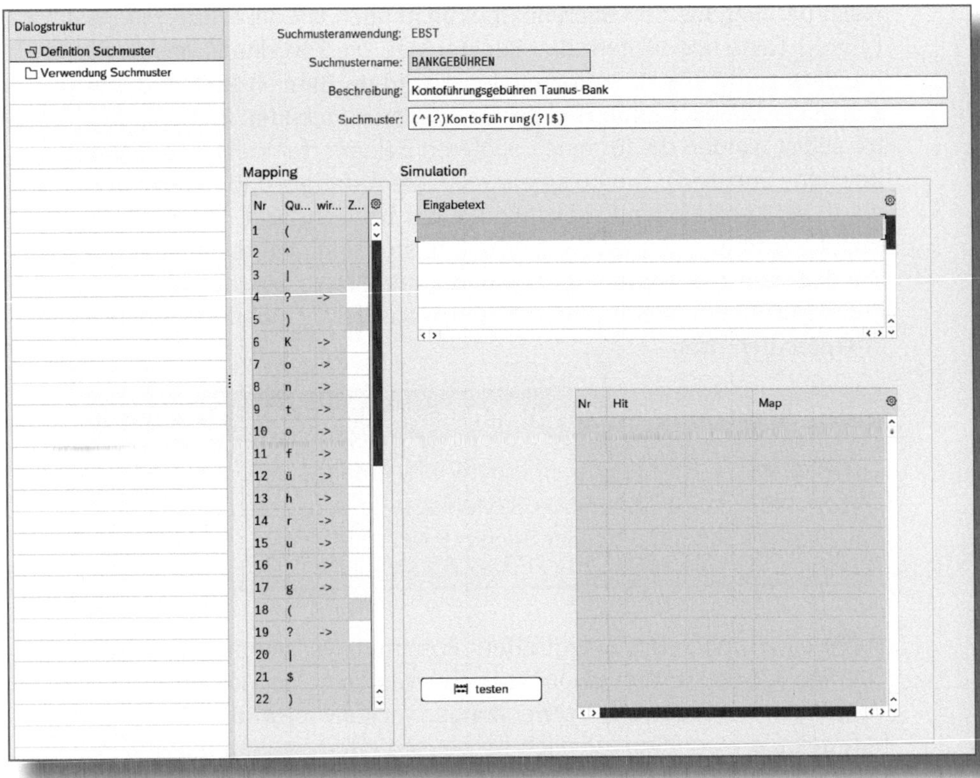

Abbildung 4.61: Details eines Suchmusters

In diesem wie auch im vorigen Beispiel legen wir den Zeilenanfang und das Zeilenende fest und verwenden dazu eine Bedingung, die wir mit einer einfachen Klammer »(« eröffnen. Im Anschluss definieren wir mit dem »^«-Symbol den Beginn des Suchmusters, gefolgt von dem Symbol »|« und einer Wildcard »?«, die ein beliebiges Zeichen abbilden kann. Am Ende schließen wir die Bedingung mit dem Zeichen »)«. Das gleiche bzw. ähnliche Vorgehen übernehmen wir nun noch am Ende des Suchmusters, mit dem Unterschied, dass wir für das Suchmusterende bzw. dessen Markierung das Zeichen »$« verwenden. Die beiden Wildcards in der Bedingung ermöglichen uns, alle Zeichen zu identifizieren, die vor oder nach dem eigentlichen Suchmuster stehen, sodass das Suchmuster die Stelle im Zeichenstring identifizieren kann.

Zuordnung eines Suchmusters

Nachdem wir unsere Suchmuster definiert haben, müssen wir sie noch für den Einsatz in der elektronischen Kontoauszugsverarbeitung zuordnen. Dazu wechseln wir in der Dialogstruktur auf VERWENDUNG SUCHMUSTER. Hier legen wir fest, an welcher Stelle und vor allem, **wie** ein Suchmuster eingesetzt werden soll. Für die Verwendung stehen uns die folgenden Felder zur Verfügung:

- BUCHUNGSKREIS
- HAUSBANK
- KONTO-ID
- EXTERNER VORGANGSCODE
- VORZEICHEN
- INTERPRETATIONSALGORITHMUS
- SUCHMUSTERNAME
- ZIELFELD
- AKTIV (einzelne Suchmuster können damit von der Belegfindung in der Kontoauszugsverarbeitung ausgeschlossen werden)
- MAPPINGBASIS

Sie können somit gezielt Suchmuster einzelnen oder mehreren Buchungskreisen, Geschäftsvorfallcodes (GVC) und Banken zuordnen, oder Sie nehmen eher globale Einstellungen vor, um den Pflegeaufwand zu reduzieren. Über entsprechende Vorzeichen haben Sie die Möglichkeit, die Belege auf Soll- oder Haben-Positionen weiter einzuschränken, indem Sie dezidiert Regeln zuordnen. Für unser erstes Beispiel mit der Leerstelle im Verwendungszweck könnte eine Zuordnung wie in Abbildung 4.62 aussehen:

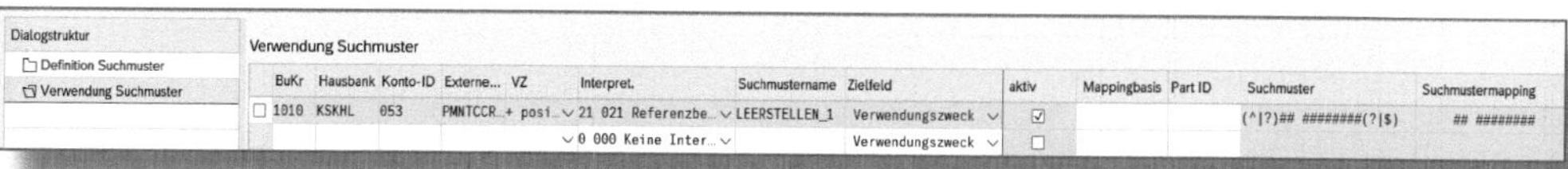

Abbildung 4.62: Verwendung von Suchmustern

Ordnen Sie das Suchmuster außerdem einem Interpretationsalgorithmus (Spalte INTERPRET.) zu, den Sie für die Beleginterpretation verwenden möchten. Eine Übersicht der Interpretationsalgorithmen finden Sie im Abschnitt 4.6. Zu den wichtigsten Feldern für die Suchmuster dürften das ZIELFELD und die MAPPINGBASIS gehören. Über das *Zielfeld* legen Sie fest, wohin das Ergebnis aus der Suche geschrieben werden soll. Für unser erstes Praxisbeispiel verwenden wir dazu das Feld VERWENDUNGSZWECK.

Das Feld *Mappingbasis* beinhaltet Informationen, die aus dem Zielfeld ableitbar sind. So können Sie beispielsweise im Zielfeld KOSTENSTELLE einen Wert hinterlegen, der für die Kontierung und Buchung eines Belegs benötigt wird. Soll das Ergebnis Ihrer Buchung auf eine bestimmte Buchungsregel steuern, so können Sie das über die gezielte Kombination aus ZIELFELD und MAPPINGBASIS erreichen. Die Zeichenkette in der Spalte MAPPINGBASIS ist frei wählbar – tragen Sie hier die Buchungsregel ein, die Sie für die Verbuchung des Belegs benötigen. Für unser erstes Beispiel bleibt die Spalte der Mappingbasis leer, da wir mit den Ergebnissen des ermittelten Zeichenstrings den Verwendungszweck prüfen werden.

Mappingbasis von Suchmustern

Der Belegnummernkreis für ausgehende Rechnungen ist mit 4000000000 zehnstellig festgelegt. Wir stellen einem Kunden eine Rechnung mit der Nummer 4000045807. Der Kunde verzichtet bei der Regulierung bzw. Angabe des Verwendungszwecks auf die vorangestellte 40000 und übermittelt mit 45807 nur einen Teil der Rechnungsnummer.

Über die Mappingbasis 4000000000 bei der Belegnummernsuche wird das Feld wieder auf den zu erwartenden Wert aufgefüllt und führt somit zu einem eindeutigen Belegtreffer.

Wenn ein Suchmuster nicht mehr benötigt wird, Sie es aber noch nicht final löschen wollen, lässt es sich über das Feld AKTIV auch ausschalten. Möchten Sie die Mustersuche nur dann anwenden, wenn Sie den Geschäftspartner (beispielsweise Debitoren) eindeutig zuordnen können, so setzen Sie ein »X« im Feld PART ID.

Schauen wir uns nun die Einstellungen für die Verwendung der Suchmuster zu unserem zweiten Beispiel an, der automatisierten Verbuchung unserer Bankgebühren. Die Kontierung umfasst neben einer Kostenstelle einen Geschäftsbereich und die Mitgabe eines Steuerkennzeichens – unsere Hausbank nimmt an der Stelle ihr Optionsrecht in Anspruch und berechnet die Leistungen zzgl. der Umsatzsteuer.

Im SAP-Standard ist dazu bereits eine Reihe von Standardfeldern vorgegeben, die Sie für die Zuordnung verwenden können (z. B. Kostenstelle, Buchungsregel, Geschäftsbereich).

tur
tion Suchmuster
endung Suchmuster

Verwendung Suchmuster

	BuKr	Hausbank	Konto-ID	Externe...	VZ	Interpret.	Suchmustername	Zielfeld	aktiv	Mappingbasis	Part ID	Suchmuster	Suchmustermapping
☐	1010	KSKHL	053	ACMTMDO...	- nega...	0 000 Keine Inter...	BANKGEBÜHREN	EBFKOA1 BDC-Kontoart 1	☑	1		(^|?)Kontoführung(?|$)	
☐	1010	KSKHL	053	ACMTMDO...	- nega...	0 000 Keine Inter...	BANKGEBÜHREN	EBFKOA2 BDC-Kontoart 2	☑	1		(^|?)Kontoführung(?|$)	
☐	1010	KSKHL	053	ACMTMDO...	- nega...	0 000 Keine Inter...	BANKGEBÜHREN	EBFNAM1 BDC-Feldname 1	☑	BSEG-MWSKZ		(^|?)Kontoführung(?|$)	
☐	1010	KSKHL	053	ACMTMDO...	- nega...	0 000 Keine Inter...	BANKGEBÜHREN	EBFNAM2 BDC-Feldname 2	☑	BKPF-XMWST		(^|?)Kontoführung(?|$)	
☐	1010	KSKHL	053	ACMTMDO...	- nega...	0 000 Keine Inter...	BANKGEBÜHREN	EBFNAM3 BDC-Feldname 3	☑	COBL-GSBER		(^|?)Kontoführung(?|$)	
☐	1010	KSKHL	053	ACMTMDO...	- nega...	0 000 Keine Inter...	BANKGEBÜHREN	EBFVAL1 BDC-Feldwert 1	☑	V0		(^|?)Kontoführung(?|$)	
☐	1010	KSKHL	053	ACMTMDO...	- nega...	0 000 Keine Inter...	BANKGEBÜHREN	EBFVAL2 BDC-Feldwert 2	☑	X		(^|?)Kontoführung(?|$)	
☐	1010	KSKHL	053	ACMTMDO...	- nega...	0 000 Keine Inter...	BANKGEBÜHREN	EBFVAL3 BDC-Feldwert 3	☑	0000		(^|?)Kontoführung(?|$)	
☐	1010	KSKHL	053	ACMTMDO...	- nega...	0 000 Keine Inter...	BANKGEBÜHREN	EBKOSTL Kostenstelle	☑	1200000		(^|?)Kontoführung(?|$)	
☐	1010	KSKHL	053	ACMTMDO...	- nega...	0 000 Keine Inter...	BANKGEBÜHREN	EBVGINT Buchungsregel	☑	4000		(^|?)Kontoführung(?|$)	
						0 000 Keine Inter...		Verwendungszweck	☐				

Abbildung 4.63: Verwendung von BDC-Zielfeldern für Suchmuster

Sollten die vorhandenen Felder für eine Zuordnung nicht ausreichen, so können Sie zusätzlich eine Reihe von Batch-Data-Communication(BDC)-Feldern für das direkte Befüllen der Zielfelder (Dynpro-Felder) verwenden, wenn dazu kein passendes Zielfeld im Bankdatenspeicher existiert (siehe Abbildung 4.63).

In unserem Beispiel wird zunächst festgelegt, in welcher Buchungszeile die Verbuchung später erfolgen soll. Dies wird über das Zielfeld BDC-KONTOART gesteuert. Der entsprechende Wert bzw. Inhalt wird im Feld MAPPINGBASIS hinterlegt. Für die Belegung der Buchungszeile sind die folgenden Möglichkeiten vorgesehen:

- 0 = 1. Zeile Buchungsbereich 1
- 1 = 1. Zeile Buchungsbereich 2
- 2 = 2. Zeile Buchungsbereich 1
- 3 = 2. Zeile Buchungsbereich 2

Im Beispiel soll die Verbuchung jeweils in der ersten Zeile des Buchungsbereichs 2 (Nebenbuch) für die Felder BSEG-MWSKZ und BKPF-XMWST erfolgen. Diese Felder geben Sie über den BDC-FELDNAMEN mit und hinterlegen die passenden Werte im BDC-FELDWERT. Darüber hinaus benötigt die Buchung noch eine Kostenstelle, die als Standardselektion aus den Zielfeldern ausgewählt werden kann.

Auf welche Konten gebucht wird, steuern Sie über die Buchungsregel, welche die eigentliche Information des Sachkontos enthält und die Inhalte der BDC-Felder aufnimmt.

Die Funktionsweise des auf den ersten Blick komplexen Geflechts aus Standardfeldern und BDC-Feldern wird bei der Modellierung des Suchmusters klarer. Grundsätzlich sollten Sie sich für den Aufbau eines Suchmusters folgende Fragen stellen:

- Welche Buchung soll abgebildet werden?
- Welche (Sach-)Konten werden dazu benötigt?
- In welchem Buchungsbereich erfolgt die Buchung?
- Welche Felder werden dazu benötigt?

Basierend auf diesen Antworten lassen sich die einzelnen Schritte von der Definition bis hin zur Anlage relativ einfach in Suchmuster einbinden, die dann als Vorlage für weitere Vorgänge dienen können.

Abschließend möchte ich Ihnen für unser zweites Beispiel (Bankgebühren) noch eine weitere Einsatzmöglichkeit der Suchmuster aufzeigen. Zusätzliche Flexibilität in der Kontenfindung bzw. Zuordnung von Belegen erhalten Sie durch eine Kombination mit dem Feld KONTENMODIFIKATION aus den Grundeinstellungen des elektronischen Kontoauszugs (siehe Abbildung 4.64). Wir möchten z. B. unsere Bankgebühren auf unterschiedliche Hauptbuchkonten verbuchen. In den Grundeinstellungen des elektronischen Kontoauszugs haben wir dazu ein Kontensymbol angelegt und das Sachkonto für unsere Bankgebühren zugeordnet.

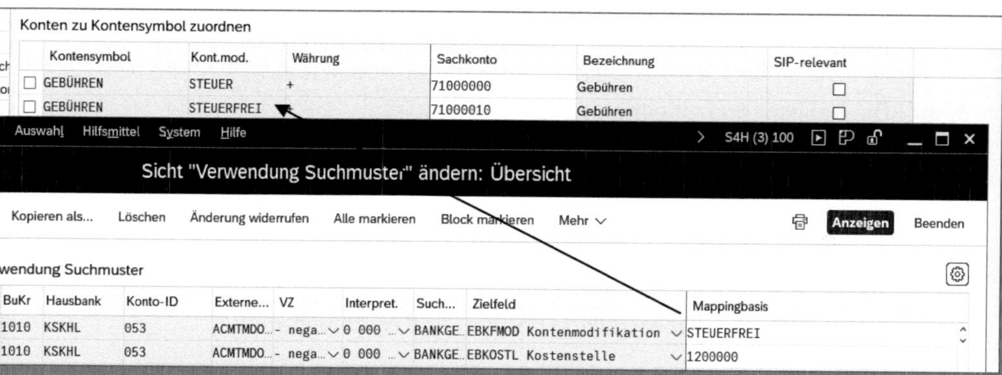

Abbildung 4.64: Verwendung der Kontenmodifikation in Suchmustern

Um zu vermeiden, dass wir ein weiteres Kontensymbol inkl. Zuordnung eines Sachkontos für die zweite Gebührenbuchung anlegen müssen, können wir die KONTENMODIFIKATION nutzen. Bei der Verwendung bzw. Zuordnung des Suchmusters wählen wir als Zielfeld die Kontenmodifikation aus und hinterlegen dort die gleiche Mappingbasis wie in den Grundeinstellungen bzw. der Kontenmodifikation des elektronischen Kontoauszugs.

In Tabelle 4.1 habe ich Ihnen kurz die Vor- und Nachteile von Suchmustern zusammengestellt.

Vorteile von Suchmustern	Nachteile von Suchmustern
Es sind keine Programmierkenntnisse notwendig.	Die Suchmuster können nicht zur Laufzeit bzw. im Rahmen der Nachbearbeitung geändert werden.
Komplexe Sachverhalte können abgebildet werden (z. B. die Verwendung von BDC-Feldwerten, Kostenstellen, Buchungsregeln, etc.).	Ändert sich der Verwendungszweck, auf dem das Suchmuster aufbaut, wird der Beleg nicht gefunden bzw. gebucht. Der Sachbearbeiter erkennt dies erst bei der Kontoauszugsnachbearbeitung.
Die Realisierung ist einfach und kann schnell in den Produktivbetrieb übernommen werden.	
Suchmuster können im Parallelbetrieb zu sonstigen Erweiterungen eingesetzt werden.	

Tabelle 4.1: Gegenüberstellung der Vor- und Nachteile von Suchmustern

4.8 Belegnummernsuche mit Mustern simulieren

Um einen kompletten Kontoauszug mit den zuvor hinterlegten Mustern zu simulieren, navigieren Sie im Einführungsleitfaden über FINANZWESEN • BANKBUCHHALTUNG • GESCHÄFTSVORFÄLLE • ZAHLUNGSVERKEHR • ELEKTRONISCHER KONTOAUSZUG • BELEGNUMMERNSUCHE MIT MUSTERN SIMULIEREN und starten dort die Simulation. Tragen Sie, wie in Abbildung 4.65, den BUCHUNGSKREIS, die HAUSBANK, KONTO-ID und die AUSZUGSNUMMER für den Kontoauszug ein, den Sie simulieren möchten. Im Abschnitt FILTER erhalten Sie eine Vorauswahl an BELEGNUMMERNINTERVALLEN. Tragen Sie für die Simulation die Intervalle ein, die Sie für den Import Ihrer Kontoauszüge verwenden, um die gleichen Ergebnisse erzielen zu können. Klicken Sie anschließend auf SIMULIEREN, um das Ergebnis aufzurufen.

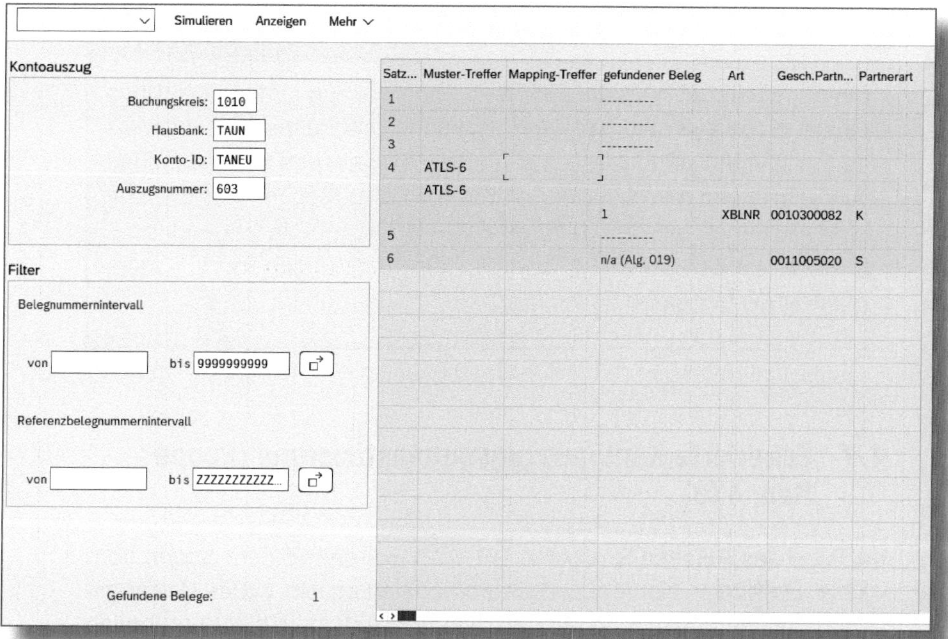

Abbildung 4.65: Simulation von Suchmustern

Im Anschluss werden alle Umsätze aus dem Kontoauszug aufgelistet. In der Spalte MUSTER-TREFFER erhalten Sie eine Übersicht der Zeichenketten, die über die Mustersuche im Verwendungszweck des elektronischen Kontoauszugs gefunden wurden.

In der Spalte MAPPING-TREFFER sehen Sie das ermittelte Suchmuster auf Basis des Mappings und des dazugehörigen Nummernintervalls. Die Spalte GEFUNDENER BELEG zeigt Ihnen den über einen Interpretationsalgorithmus ermittelten Beleg. Eine Verprobung, ob der Betrag dazu stimmt bzw. ob der Beleg noch offen oder bereits ausgeglichen ist, erfolgt an der Stelle nicht. Die Spalte ART zeigt Ihnen die Belegart (BELNR oder XBLNR). In der Spalte GESCH.PARTNER finden Sie die Nummer des Geschäftspartners, und das Feld PARTNERART zeigt an, ob es ein Debitor, Kreditor oder ein Sachkonto ist.

Voraussetzungen

Bevor Sie ein Suchmuster für einen Kontoauszug simulieren, muss dieser eingelesen worden sein. Wurden Suchmuster neu definiert oder verändert, sind diese nur für neu eingelesene Kontoauszüge wirksam. Bereits vorhandene Referenzinformationen im Bankspeicher werden durch neu definierte Muster nicht mehr angereichert. Im Rahmen der Simulation werden die Änderungen in den Suchmustern hingegen berücksichtigt.

4.9 Erweiterte Kontoauszugsautomatisierung (Scope Item 4X8)

Im Zuge des Release S/4HANA OP 2021 wurde mit dem *Scope Item 4X8 – Erweiterte Kontoauszugsautomatisierung* ein neuer Umfangsbestandteil zur Verfügung gestellt. Einige Funktionen, die ursprünglich Bestandteil von Cash Application waren (Scope Item 1MV – Integration von Cash Application), wurden daraus entfernt und sind nun Bestandteil von 4X8.

Das Scope Item 1MV umfasst dort allerdings nur noch die auf das maschinelle Lernen bezogenen Funktionen, wie beispielsweise den Abgleich von Einzelposten im elektronischen Kontoauszug. Das Scope Item 4X8 wurde dahingehend erweitert, dass die Kontoauszugsverarbeitung auf Basis der automatisierten Vorlagen bzw. Nachbearbeitungsregeln erfolgt.

! Einsatz beider Umfangsbestandteile

Auch wenn Sie in der Vergangenheit bereits das Scope Item 1MV lizenziert hatten, benötigen Sie ab dem Release OP 2021 zusätzlich das Scope Item 4X8 für eine vollumfängliche Integration in die automatisierte bzw. regelbasierte Kontoauszugsnachbearbeitung.

Schauen wir uns nachfolgend das Set-up der erweiterten Kontoauszugsautomatisierung an. Dazu aktivieren wir zunächst die GESCHÄFTSFUNKTION (vergleichbar mit den Business Functions aus dem ECC), indem wir diese über den Pflege-View (SM30) V_SBR_FTR_STATE aufrufen. Tragen Sie dort die GESCHÄFTSFUNKTIONS-ID *AUTOMATIC_REPROCESSINGRULE* ein und setzen Sie diese auf AKTIV (siehe Abbildung 4.66).

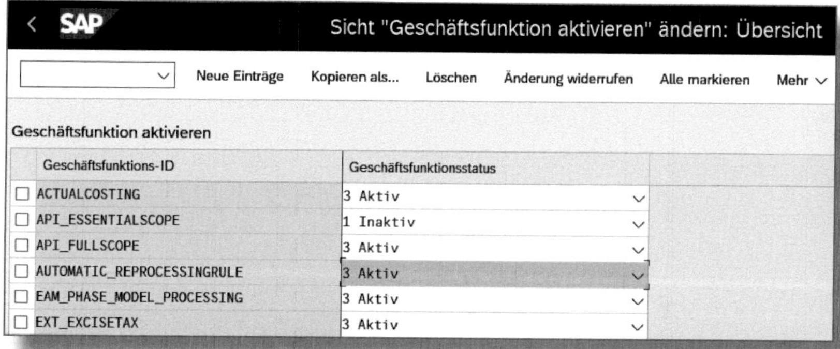

Abbildung 4.66: Aktivierung des Scope Item 4X8

Nach Aktivierung der Geschäftsfunktion kann ein Nachbearbeitungslauf gestartet werden, der das Nachbearbeiten unvollständiger bzw. offener Belege im elektronischen Kontoauszug auf Basis der automatisierten Nachbearbeitungsregeln vornimmt.

Zum *Anlernen von Nachbearbeitungsregeln* für den späteren automatischen Ausgleich ist es notwendig, dass mindestens drei identische Vorgänge bzw. Buchungen in einem Buchungskreis vorhanden sind.

Im letzten Schritt planen wir einen Hintergrundjob ein, damit wir die Vorlagen für die Nachbearbeitungsregeln unserer Kontoauszüge anlegen können. Dazu starten wir die Fiori-App »Debitoren Jobs einplanen« (ID F2366), klicken auf ANLEGEN und wählen unter VORLAGENAUSWAHL als JOBVORLAGE »Kontoauszug: Vorlagen für Nachbearbeitungsregeln für Kontoauszüge anlegen« aus und tragen analog zur Vorlage denselben JOBNAMEN ein. In den EINPLANUNGSOPTIONEN markieren Sie SOFORT STARTEN und hinterlegen abschließend unter PARAMETER den BUCHUNGSKREIS (siehe Abbildung 4.67). Mit Klick auf den EINPLANEN-Button wird der Hintergrundjob gestartet.

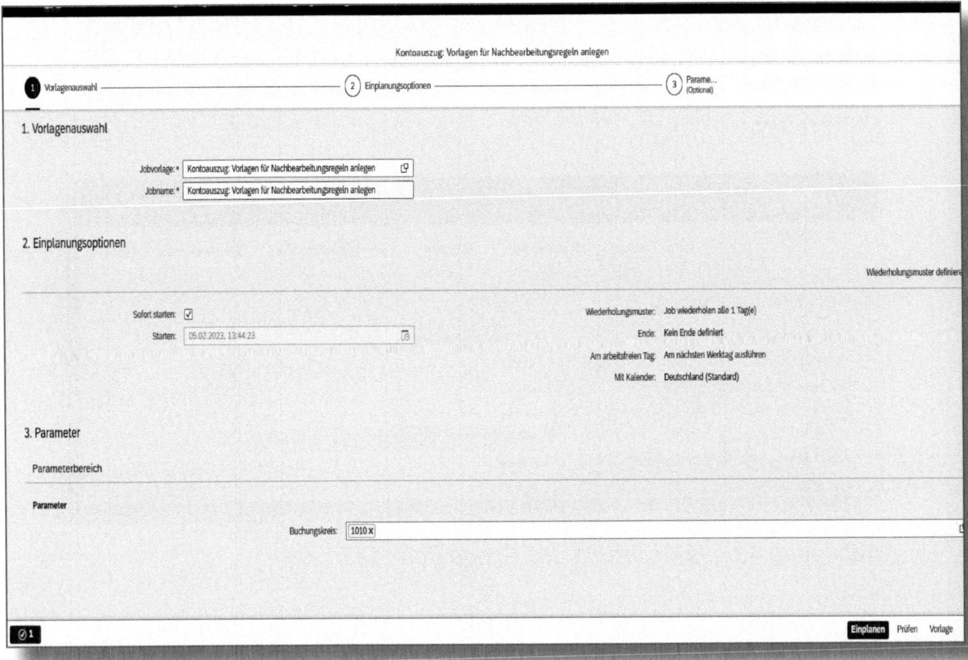

Abbildung 4.67: Jobdetails für die Anlage von Nachbearbeitungsregeln

Analog dazu planen wir einen weiteren Job auf Basis der Jobvorlage »Kontoauszug: KPIs für Vorlagen von Nachbearbeitungsregeln für Kontoauszüge berechnen« ein, der die Werte bzw. Inhalte der Regelvorlagen aktualisiert.

Prüfen Sie abschließend Ihre ermittelten Regeln, indem Sie in die App »Nachbearbeitungsregeln für Kontoauszüge verwalten« wechseln (siehe dazu auch Abschnitt 3.4).

Berechtigungen für Kontoauszugsautomatisierungen

Mit einem aktiven Scope Item 4X8 können die Nachbearbeitungsregeln auch von den Mitarbeitern aus der Fachabteilung automatisiert werden. Wenn Sie dies beispielsweise nur für Key-User ermöglichen möchten, dann steuern Sie den Zugriff über das Berechtigungsobjekt F_RP_BUKRS. Sie können über dieses Objekt den Buchungskreis sowie über CURR_SETT die Werteschlüssel für die Nachbearbeitungsregeln steuern – bspw. mit dem Schlüssel *001 Nachbearbeitungsregeln automatisieren*.

4.10 Erweiterungsmöglichkeiten des SAP-Standards

Die bisherigen Abschnitte haben Ihnen beschrieben, wie Sie im SAP-Standard ohne Programmierkenntnisse Belege suchen und interpretieren. Allerdings finden wir in manchen Bereichen Buchungs- bzw. Interpretationslogiken vor, die nicht immer mit den bisher aufgezeigten Möglichkeiten gelöst werden können.

Für diesen Fall bietet der SAP-Standard eine Reihe von Erweiterungsoptionen, die ich Ihnen in den nachfolgenden Abschnitten kurz erläutern werde.

4.10.1 User-Exit

Die bekannteste Erweiterungsmöglichkeit für die elektronische Kontoauszugsverarbeitung dürfte sicherlich der Benutzer- oder auch *User-Exit* sein. Wir erreichen die Einstellungen dazu über den Einführungsleitfaden, indem wir über FINANZWESEN • BANKBUCHHALTUNG • GESCHÄFTSVORFÄLLE • ZAHLUNGSVERKEHR • ELEKTRONISCHER KONTOAUSZUG • ERWEITERUNGEN FÜR EL. KONTOAUSZUG ENTWICKELN (ÜBERGREIFEND) navigieren. Alternativ können Sie diese SAP-Erweiterungen auch direkt mit der Transaktion CMOD aufrufen. Die wichtigsten Erweiterungen bieten aktuell die beiden folgenden Exits:

- FEB00001 Elektronischer Kontoauszug
- FEB00004 Raw data processing User-Exit SWIFT MT940

Während wir mit dem Erweiterungsprojekt FEB00001 die Interpretation der Verwendungszweckzeilen des elektronischen Kontoauszugs steuern, indem wir beispielsweise Buchungsregeln ändern oder die Kontenfindung übersteuern, verwenden wir das Erweiterungsprojekt FEB00004 für die Bearbeitung der SWIFT MT940-Rohdaten – beispielsweise in Bezug auf Bankschlüssel sowie Kontonummern bzw. IBAN.

Die Erweiterung FEB00001 wird bei der Beleginterpretation im Rahmen des Reports RFEBBU10 aufgerufen, die Erweiterung FEB00004 bei der Verarbeitung der Kontoauszüge im Report RFEKA400.

Möchten Sie mit den Erweiterungen arbeiten, so legen Sie zunächst ein Projekt an und ordnen anschließend eine der hier aufgeführten Erweiterungen zu (siehe Abbildung 4.68).

Projekt		■		FEB00001 User-Exit elektronischer Kontoauszug
Erweiterung	Impl	■	Bsp	FEB00001 Elektronischer Kontoauszug
Funktionsexit	✓	■		EXIT_RFEBBU10_001

Abbildung 4.68: Funktionsexits für den elektronischen Kontoauszug

Bei der initialen Anlage einer Erweiterung ist das Projekt zunächst inaktiv. Über einen Doppelklick auf den Funktionsexit gelangen Sie in den dahinterliegenden Funktionsbaustein EXIT_RFEBBU10_001 für die Erweiterung FEB00001 bzw. EXIT_RFEKA400_001 für die Erweiterung FEB00004. Über die dazugehörigen Includes ZXF01U01 bzw. ZXF01U06 navigieren Sie im ABAP-Editor in das Coding, wo Sie die entsprechende Logik dazu ausprägen können.

Nachfolgend möchte ich Ihnen anhand eines einfachen Beispiels aufzeigen, welche Optionen im Rahmen des Include ZXF01U01 zur Verfügung stehen (siehe Listing 4.2).

```
*&---------------------------------------------------*
*& Include          ZXF01U01
*&---------------------------------------------------*
*"----------------------------------------------------
*"*"Lokale Schnittstelle:
*"  IMPORTING
*"     VALUE(I_FEBEP) LIKE  FEBEP STRUCTURE  FEBEP
*"     VALUE(I_FEBKO) LIKE  FEBKO STRUCTURE  FEBKO
*"     VALUE(I_TESTRUN) TYPE  XFLAG
*"  EXPORTING
*"     VALUE(E_FEBEP) LIKE  FEBEP STRUCTURE  FEBEP
*"     VALUE(E_FEBKO) LIKE  FEBKO STRUCTURE  FEBKO
*"     VALUE(E_MSGTEXT) LIKE  FEBMKA-MESSG
*"     VALUE(E_MSGTYP) LIKE  FEBMKA-MSTYP
*"     VALUE(E_UPDATE) LIKE  FEBMKA-MSTYP
*"  TABLES
*"      T_FEBCL STRUCTURE  FEBCL
*"      T_FEBRE STRUCTURE  FEBRE
*"----------------------------------------------------

LOOP AT t_febre.
  SEARCH t_febre-vwezw FOR 'ATLS-'.
  IF sy-subrc EQ 0.
    t_febcl-kukey = i_febko-kukey.
    t_febcl-esnum = i_febep-esnum.
    t_febcl-csnum = sy-tabix.
    t_febcl-agbuk = i_febko-bukrs.
    t_febcl-koart = 'D'.
    t_febcl-selfd = 'XBLNR'.
    t_febcl-selvon = t_febre-vwezw+sy-fdpos(10).
    APPEND t_febcl.
  ENDIF.
ENDLOOP.
```

Listing 4.2: Beispielcoding des User-Exits

In unserem Beispiel suchen wir gezielt nach Referenzinformationen zu Rechnungen, die sich auf den Verwendungszweck »ATLS-« beziehen. Wir reichern dazu die Informationen in der `t_febcl` an, um darüber die offenen Posten des Kunden zu identifizieren und anschließend ausgleichen zu können.

! User-Exit kombiniert mit Suchmustern

Grundsätzlich kann ein User-Exit in Verbindung mit den Suchmustern eingesetzt werden. In dem Fall müssen Sie dies in Ihrem User-Exit ergänzen (`Refresh t_febcl`), damit die Ergebnisse der Suchmuster nicht überschrieben werden.

Wenn wir unsere Entwicklung soweit abgeschlossen haben, aktivieren wir abschließend das Projekt über den Button [Aktivieren], und die Interpretation der Belege aus dem Kontoauszug kann ab sofort den Funktionsexit durchlaufen.

4.10.2 Business Add-Ins (BAdI) FEB_BADI

In Abschnitt 4.10.1 haben Sie kennengelernt, wie Sie Belege mittels User-Exit finden bzw. interpretieren können. Uns stehen darüber hinaus noch Business Add-Ins (BAdI) zur Verfügung, bei denen wir die Standardbuchungen einer Kontoauszugsposition ändern oder ergänzen können – beispielsweise mit dem *FEB_BADI*, das vor der Standardbuchung aufgerufen wird.

Möchten Sie den Bankdatenzwischenspeicher vor dem Aufruf eines Interpretationsalgorithmus bzw. Suchmusters ändern, so erreichen Sie dies mithilfe des BAdI *FIEB_CHANGE_BS_DATA*, während für die Änderung des Bankzwischenspeichers **nach** der Interpretation das BAdI *FIEB_CHANGE_STATEMNT* zuständig ist.

Haben Sie die Rücklastschriftenverarbeitung im Einsatz, dann können Sie das BAdI *FIEB_RET_CHANGE_DOC* für zusätzliche Belegänderungen nach der Rücknahme des Ausgleichs verwenden sowie das *FIEB_RETURNS_ADDIN* für das Auslesen der Bankgebühren aus dem Verwendungszweck.

4.10.3 Business Transaction Events (BTE)

Als dritte Option für mögliche Erweiterungen möchte ich Ihnen noch kurz die Business Transaction Events (BTE) anhand einiger Prozessschnittstellen vorstellen. Für die Nachbearbeitung der Kontoauszüge stehen Ihnen beispielsweise die Prozessschnittstellen *00002870* (Nachbearbeitung Kontoauszüge in der Baum- und Listdarstellung) oder *00002880* (Nachbearbeitung Kontoauszüge eigener Selektionsbildschirm) über die Transaktion FEBAN zur Verfügung. Möchten Sie die Daten des Kontoauszugs bzw. des Bankzwischenspeichers **vor** der Interpretation des Verwendungszwecks über ein BTE ändern, so bietet sich dafür die Prozessschnittstelle *00002810* (Kontoauszug – Analyse eines Umsatzes) an.

4.11 Vorgänge für die Nachbearbeitung von Kontoauszugspositionen definieren

Bereits mit dem Release SAP ECC 6.0 wurden von der SAP für eine effektive Verbuchung der elektronischen Kontoauszüge die sogenannten *Vorgänge* eingeführt. Über sie werden jeder Kontoauszugsposition betriebswirtschaftliche Sachverhalte wie beispielsweise Scheckzahlungen, Datenträgeraustausch, Zahlungsavise oder Geschäftspartnerzahlungen zugeordnet und interpretiert. Der SAP-Standard umfasst bereits eine Reihe von Vorgängen, die sich für die spätere Nachbearbeitung verwenden, ändern oder auch ausblenden lassen. Darüber hinaus können Sie eigene Vorgänge anlegen, wenn Ihnen keiner der Standardvorgänge für Ihre Prozesse verwendbar erscheint.

Eine Übersicht aller im SAP-Standard ausgelieferten Vorgänge erhalten Sie über den Pflegeview V_FEB_TATYP (siehe Abbildung 4.69).

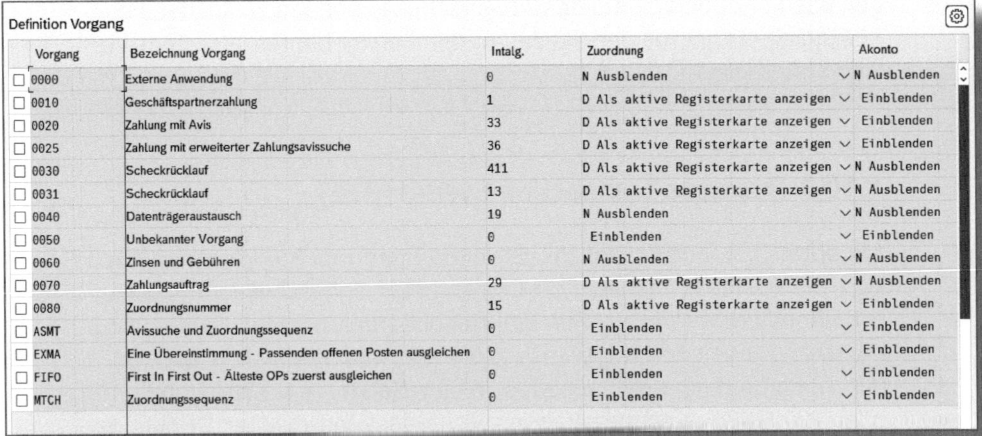

Definition Vorgang

Vorgang	Bezeichnung Vorgang	Intalg.	Zuordnung	Akonto
0000	Externe Anwendung	0	N Ausblenden	N Ausblenden
0010	Geschäftspartnerzahlung	1	D Als aktive Registerkarte anzeigen	Einblenden
0020	Zahlung mit Avis	33	D Als aktive Registerkarte anzeigen	Einblenden
0025	Zahlung mit erweiterter Zahlungsavissuche	36	D Als aktive Registerkarte anzeigen	Einblenden
0030	Scheckrücklauf	411	D Als aktive Registerkarte anzeigen	N Ausblenden
0031	Scheckrücklauf	13	D Als aktive Registerkarte anzeigen	N Ausblenden
0040	Datenträgeraustausch	19	N Ausblenden	N Ausblenden
0050	Unbekannter Vorgang	0	Einblenden	Einblenden
0060	Zinsen und Gebühren	0	N Ausblenden	N Ausblenden
0070	Zahlungsauftrag	29	D Als aktive Registerkarte anzeigen	N Ausblenden
0080	Zuordnungsnummer	15	D Als aktive Registerkarte anzeigen	Einblenden
ASMT	Avissuche und Zuordnungssequenz	0	Einblenden	Einblenden
EXMA	Eine Übereinstimmung - Passenden offenen Posten ausgleichen	0	Einblenden	Einblenden
FIFO	First In First Out - Älteste OPs zuerst ausgleichen	0	Einblenden	Einblenden
MTCH	Zuordnungssequenz	0	Einblenden	Einblenden

Abbildung 4.69: Übersicht der im SAP-Standard ausgelieferten Vorgänge

Verwenden Sie die **Nachbearbeitungstransaktion FEB_BSPROC**, dann können Sie lediglich die folgenden Vorgänge aufrufen bzw. selektieren:

- 0010 Geschäftspartnerzahlungen
- 0020 Zahlung mit Avis
- 0025 Zahlung mit erweiterter Zahlungsavissuche
- 0030 Scheckrücklauf
- 0031 Scheckrücklauf
- 0040 Datenträgeraustausch
- 0050 Unbekannter Vorgang
- 0060 Zinsen und Gebühren
- 0070 Zahlungsauftrag
- 0080 Zuordnungsnummer

Die unter SAP S/4HANA neu hinzugekommenen »Verarbeitungsanweisungen« können Sie mit der FEB_BPSROC nicht aufrufen. Verwenden Sie hingegen die **Fiori-App »Kontoauszugspositionen nachbearbei-**

ten«, stehen Ihnen die nachfolgenden Verarbeitungsanweisungen zur Verfügung:

- 0010 Geschäftspartnerzahlung
- 0025 Zahlung mit erweiterter Zahlungsavissuche
- 0030 Scheckrücklauf
- 0040 Datenträgeraustausch
- 0050 Unbekannter Vorgang
- 0070 Zahlungsauftrag
- 0080 Zuordnungsnummer
- ASMT Avissuche und Zuordnungssequenz
- EXMA Eine Überweisung – passenden offenen Posten ausgleichen
- FIFO First In First Out – älteste OPs zuerst ausgleichen
- MTCH Zuordnungssequenz

Ausblenden und Ändern eines Standardvorgangs

Möchten Sie obsolete Vorgänge ausblenden oder neue hinzupflegen, dann gehen Sie im SAP-Einführungsleitfaden in die IMG-Aktivität VORGANG DEFINIEREN. Sie erreichen das Customizing-Element über FINANZWESEN • BANKBUCHHALTUNG • GESCHÄFTSVORFÄLLE • ZAHLUNGSVERKEHR • ELEKTRONISCHER KONTOAUSZUG • VORGANG DEFINIEREN. Sie befinden sich nun in der Sicht, in der optionale Kundenanpassungen der Standardvorgänge vorgenommen werden können.

Verwendung der Standardeinträge

Sie können alle Standardeinträge im Nummernbereich von 0010 bis 0080 ausblenden, mit Ausnahme des Vorgangs 0050. Der Eintrag 0050 wird immer dann verwendet, wenn keine betriebswirtschaftlichen Vorgänge bei der automatischen Interpretation ermittelt werden konnten, d. h. wenn bei den Buchungsregeln in der Sicht EXTERNE VORGANGSCODES ZU BUCHUNGSREGELN ZUORDNEN (Grundeinstellungen des elektronischen Kontoauszugs) keine Interpretationsalgorithmen zugeordnet worden sind.

Die neuen Vorgänge ASMT, EXMA, FIFO und MTCH lassen sich generell nicht ausblenden.

Wie Sie einen Standardvorgang ausblenden bzw. ändern, zeigt Ihnen Abbildung 4.70. Wählen Sie zunächst einen der vordefinierten Vorgänge (wie etwa in Abbildung 4.69) aus und rufen Sie diesen über einen Doppelklick auf.

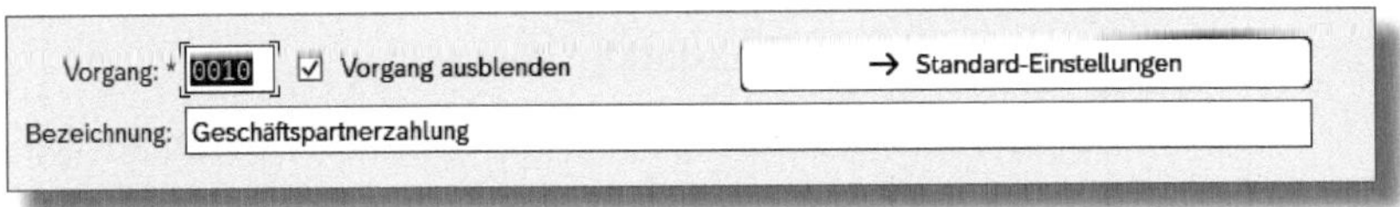

Abbildung 4.70: Ausblenden eines Standardvorgangs

Markieren Sie nun das Ankreuzfeld VORGANG AUSBLENDEN. Über den Button STANDARD-EINSTELLUNGEN springen Sie wieder zu allen von der SAP im Original ausgelieferten Vorgängen (View V_FEB_TATYP) zurück.

Anlage eines kundenspezifischen Vorgangs

Lassen Sie uns einen eigenen Vorgang für einen kundenspezifischen Prozess anlegen. Definieren Sie dazu im ersten Schritt einen frei definierbaren VORGANG sowie eine BEZEICHNUNG und ordnen Sie anschließend dem Vorgang einen INTERPRETATIONSALGORITHMUS zu, über den beim späteren Einlesevorgang bzw. bei der Nachbearbeitung der Kontoauszüge der Verwendungszweck nach Ausgleichsinformationen untersucht werden soll (siehe Abbildung 4.71).

Vorgang: Z010
Bezeichnung: Business Partner Payments
Interpr.Algor: 21 021 Referenzbelegnummern-Suche

Auswahl der Registerkarten

Zuordnung: D Als aktive Registerkarte anzeigen
Akonto: Einblenden
Kontierung: Einblenden
DTA: N Ausblenden

Auswahl der Suchkriterien auf der Registerkarte "Zuordnung"

- [x] Buchungskreis
- [x] Debitor
- [x] Kreditor
- [x] Sachkonto
- [x] Belegnummer
- [x] Buchungsdatum
- [x] Rechnungsbezug
- [x] Betrag der Position
- [x] Referenz
- [x] Zuordnungsnummer
- [ ] Mahnbereich
- [x] Vertragsnummer
- [ ] Sonderhauptbuchkennzeichen
- [x] Referenzschlüssel 1
- [x] Referenzschlüssel 2
- [x] Referenzschlüssel 3
- [x] Positionstext
- [ ] Valutadatum
- [ ] Schecknummer

Auswahl der Kontoarten

- [x] Debitor
- [x] Kreditor
- [x] Sachkonto

Abbildung 4.71: Übersicht eines kundeneigenen Vorgangs

Zusätzlich stehen Ihnen folgende Auswahlkriterien für den neuen Vorgang zur Verfügung:

- AUSWAHL DER REGISTERKARTEN
- AUSWAHL DER SUCHKRITERIEN AUF DER REGISTERKARTE »ZUORDNUNG«
- AUSWAHL DER KONTOARTEN

Die Inhalte dieser drei Kriterien können einfach und schnell für die Interpretation des eigenen Vorgangs angepasst werden. Zur Nachbearbeitung der nicht automatisch zugeordneten Kontoauszugspositionen sind mehrere Kartei- oder Registerkarten verfügbar. Diese lassen sich über AUSWAHL DER REGISTERKARTEN ein- und ausblenden oder nach Bedarf als aktive Registerkarte anzeigen. Ist ein Feld als »aktiv« gekennzeichnet, wird dieses bei der Nachbearbeitung der Kontoauszüge in der Transaktion FEB_BSPROC automatisch in den Vordergrund gesetzt.

Einsatz von Registerkarten in der Nachbearbeitung

Gegenüber der Nachbearbeitungstransaktion FEB_BSPROC haben die Registerkarten in der Nachbearbeitung mit der Fiori-App »Kontoauszugspositionen nachbearbeiten« an Bedeutung verloren bzw. es findet hier keine aktive Steuerung oder Auswahl der Register mehr statt.

Eines der wichtigsten Felder bei der Verarbeitung der Kontoauszüge mithilfe der Transaktion FEB_BSPROC dürfte das Feld ZUORDNUNG sein (vgl. Abschnitt 3.1.2). Über dieses Kriterium werden die Ausgleichsinformationen für den Beleg ermittelt und den Informationen aus dem Kontoauszug zugeordnet. Legen Sie daher im Vorgang fest, welche Suchparameter oder -kriterien für die Belegsuche verwendet werden sollen.

Zum Abschluss wählen Sie noch aus, für welche Kontoart (DEBITOR, KREDITOR oder SACHKONTO) Ihr individueller Vorgang bei der Suche eingesetzt werden soll.

In der Übersicht der Vorgänge (siehe Abbildung 4.72) wird Ihnen exemplarisch aufgezeigt, welche der Standard- bzw. der eigenen Vorgänge für die Verarbeitung ausgeblendet sind und welche verwendet werden können.

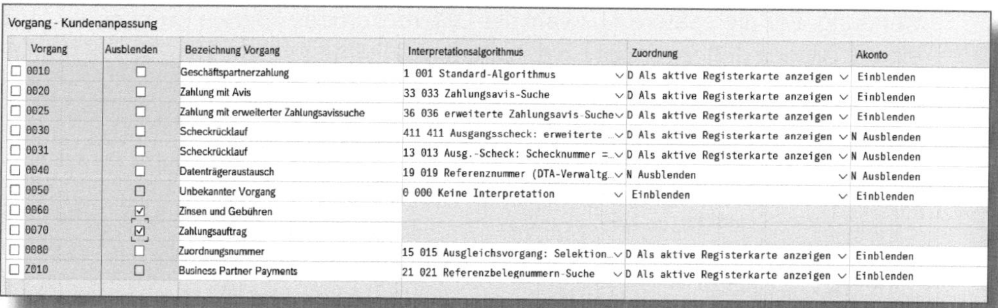

Vorgang - Kundenanpassung

Vorgang	Ausblenden	Bezeichnung Vorgang	Interpretationsalgorithmus	Zuordnung	Akonto
0010	☐	Geschäftspartnerzahlung	1 001 Standard-Algorithmus	D Als aktive Registerkarte anzeigen	Einblenden
0020	☐	Zahlung mit Avis	33 033 Zahlungsavis-Suche	D Als aktive Registerkarte anzeigen	Einblenden
0025	☐	Zahlung mit erweiterter Zahlungsavissuche	36 036 erweiterte Zahlungsavis-Suche	D Als aktive Registerkarte anzeigen	Einblenden
0030	☐	Scheckrücklauf	411 411 Ausgangsscheck: erweiterte ...	D Als aktive Registerkarte anzeigen	N Ausblenden
0031	☐	Scheckrücklauf	13 013 Ausg.-Scheck: Schecknummer =...	D Als aktive Registerkarte anzeigen	N Ausblenden
0040	☐	Datenträgeraustausch	19 019 Referenznummer (DTA-Verwaltg...	N Ausblenden	N Ausblenden
0050	☐	Unbekannter Vorgang	0 000 Keine Interpretation	Einblenden	Einblenden
0060	☑	Zinsen und Gebühren			
0070	☑	Zahlungsauftrag			
0080	☐	Zuordnungsnummer	15 015 Ausgleichsvorgang: Selektion...	D Als aktive Registerkarte anzeigen	Einblenden
Z010	☐	Business Partner Payments	21 021 Referenzbelegnummern-Suche	D Als aktive Registerkarte anzeigen	Einblenden

Abbildung 4.72: Übersicht der Kundenanpassungen von Vorgängen

Ausgeblendete Vorgänge stehen bei der späteren Nachbearbeitung fehlerhafter Belege in der Transaktion FEB_BSPROC nicht mehr zur Verfügung; in der Fiori-App »Kontoauszugspositionen nachbearbeiten« werden sie hingegen angezeigt. Eine buchungskreisabhängige Zuordnung von Vorgängen ist in diesem Zusammenhang derzeit nicht möglich.

Weitere Möglichkeiten für die Untersuchung des Verwendungszwecks bzw. der Zuordnung von Belegen finden Sie im Abschnitt 4.14.

4.12 Regeln für die Ermittlung der Nachbearbeitungsquoten

Im Abschnitt 3.5 haben Sie gelernt, wie Sie Ihre Nachbearbeitungsquoten von elektronischen Kontoauszügen ermitteln bzw. auswerten können. In diesem Abschnitt geht es um das Einstellen der dazugehörigen Differenzgründe bzw. Durchschnittskosten.

4.12.1 Differenzgründe definieren

Definieren wir zunächst die Differenzgründe und navigieren dazu im SAP-Einführungsleitfaden über FINANZWESEN • BANKBUCHHALTUNG • GESCHÄFTSVORFÄLLE • ZAHLUNGSVERKEHR • ELEKTRONISCHER KONTOAUSZUG • REPROCESSING ANALYSIS • DIFFERENZGRÜNDE DEFINIEREN in die Anwendung. Für die spätere Auswahl der Differenzgründe können wir nun eigene Gründe definieren bzw. hier hinterlegen (siehe Abbildung 4.73).

Grund für Nachbearbeitung

NBG	Nachbearbeitungsgr.
01	Fehlende oder unzureichende Verwendungszweckinformationen
02	Unvollständige Stammdaten
03	Fehlende Konfiguration
04	Toleranzbeträge zu lang
05	Falscher Zahlungsbetrag

Abbildung 4.73: Differenzgründe definieren

Die SAP liefert dazu bereits einige Beispiele aus, die bei Bedarf angepasst bzw. ergänzt werden können.

4.12.2 Durchschnittskosten für die Nachbearbeitung definieren

Zusätzlich zu den Differenzen bei der Kontoauszugsnachbearbeitung können die sich daraus ergebenden Kosten ermittelt werden. Tragen Sie dazu pro Buchungskreis bzw. Gesellschaft die Durchschnittskosten ein, die Sie zuvor für diesen Prozess berechnet haben, indem Sie im Menü über FINANZWESEN • BANKBUCHHALTUNG • GESCHÄFTSVORFÄLLE • ZAHLUNGSVERKEHR • ELEKTRONISCHER KONTOAUSZUG • REPROCESSING ANALYSIS zu DURCHSCHNITTSKOSTEN FÜR NACHBEARBEITUNG DEFINIEREN navigieren und die entsprechenden Beträge hinterlegen (siehe Abbildung 4.74).

Durchschnittskosten für Eingangszahlungsnachbearbeitung

BuKr	Gesellschaftsname	Durchschnittskosten für Nachbearbeitung	Währg
1010	Company Code 1010	4,50	EUR
1710	Company Code 1710	3,75	USD

Abbildung 4.74: Durchschnittskosten für die Eingangszahlungsnachbearbeitung

4.13 Einstellungen für die Rückläufer- bzw. Rücklastschriftverarbeitung

In zahlreichen Unternehmen ist der Lastschrifteinzug ein geläufiges Zahlungsverkehrsinstrument, um offene Forderungen von den Kunden einzuziehen. Durch einen möglichen Widerspruch oder bei mangelnder Deckung führt die Bank des Bezogenen die Lastschrift nicht aus, was zu Rücklastschriften bzw. Rückläufern führt. In dem Fall wird dem Zahlungsempfänger der Betrag inklusive Gebühren wieder belastet.

Gegenüber den ersten SEPA-Regelwerken (Single Euro Payments Area), in denen beispielsweise die Sequenzen (Periodizität) sehr streng geregelt waren, gab es in den vergangenen Jahren Vereinfachungen, die sich auch auf die Prozesse in SAP erleichternd ausgewirkt haben. So kann seit November 2016 für die erstmalige Lastschrift die Sequenz »RCUR« anstelle der bis dahin vorgegebenen »FRST« verwendet werden, was auch das Setzen der Sequenz im Fall einer Rücklastschrift vereinfacht, da bis dahin immer die korrekte Reihenfolge zwischen Erst- und Folgelastschriften berücksichtigt werden musste.

Wenn wir uns die Anforderungen an eine Verarbeitung von Rücklastschriften im Detail ansehen, so dürfte der Fokus im Regelfall auf folgenden Aktionen liegen:

- Erstellen der ursprünglichen Forderung
- Verbuchen von eigenen und fremden Gebühren
- Setzen von Mahn- und Zahlsperren
- Korrektur des Skontobetrags
- Korrektur des Mandatsstatus

Um die jeweiligen Einstellungsmöglichkeiten im SAP-Standard anzuschauen, wechseln wir im SAP-Einführungsleitfaden über Finanzwesen • Bankbuchhaltung • Geschäftsvorfälle • Zahlungsverkehr • Elektronischer Kontoauszug • Rückläuferverarbeitung einrichten in das Set-up.

Wir finden dort eine Dialogstruktur mit mehreren Optionen für Einstellungen zur Verarbeitung von Rückläufern (siehe Abbildung 4.75).

1. Interne Rückläufergründe externen Gründen zuweisen

Wir wählen zunächst das Bankkonto und den Bankschlüssel für die Hausbankkonten, für die wir die Verarbeitung integrieren möchten. Wir ordnen der Bank einen Vorgangstyp zu und tragen in der Spalte Externer Vorgang den Geschäftsvorfallcode ein – in unserem Fall sind es Schlüssel aus einem SWIFT MT940-Kontoauszug. Dieser enthält ebenso wie ein CAMT.05x-Kontoauszug einen externen Rückläufergrund, der beschreibt, warum es zu einer Rücklastschrift gekommen ist. Diesen Schlüssel tragen wir in die Spalte Externer Rückläufergrund ein.

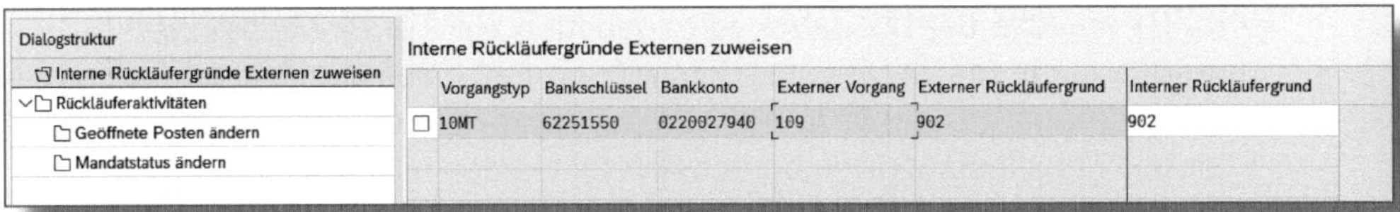

Dialogstruktur
- Interne Rückläufergründe Externen zuweisen
- Rückläuferaktivitäten
  - Geöffnete Posten ändern
  - Mandatstatus ändern

Interne Rückläufergründe Externen zuweisen

Vorgangstyp	Bankschlüssel	Bankkonto	Externer Vorgang	Externer Rückläufergrund	Interner Rückläufergrund
10MT	62251550	0220027940	109	902	902

Abbildung 4.75: Zuweisung interne zu externen Rückläufergründen

Im Beispiel der SWIFT MT940-Datei finden Sie diese Schlüssel im Feld :86 (Unterfeld ?34 Textschlüsselergänzung). Im Fall eines CAMT.053 sind die SEPA-Codes in den XML-Return-Informationen <RtrInf> enthalten (siehe Listing 4.3):

```
<RtrInf>
  <Rsn>
    <Cd>AC01</Cd>
  </Rsn>
  <AddtlInf>IBAN fehlerhaft</AddtlInf>
</RtrInf>
```

Listing 4.3: Rückgabegrund einer SEPA-Lastschrift im CAMT-Kontoauszug

Wir werden im weiteren Verlauf ein Mapping auf einen internen Schlüssel vornehmen und hinterlegen dazu im Feld INTERNER RÜCKLÄUFERGRUND den zugehörigen Schlüsselwert.

Übersicht der externen Rückläufergründe

Eine Übersicht der gültigen SEPA-Codes und der dazugehörigen Textschlüsselergänzungen finden Sie unter *www.ebics.de*. In der Rubrik »Datenformate« findet man jeweils die gültige Version der Anlage 3 des DFÜ-Abkommens.

2. Rückläuferaktivitäten

Nachdem wir die internen Rückläufergründe definiert haben, hinterlegen wir im nächsten Schritt die entsprechenden RÜCKLÄUFERAKTIVITÄTEN und wechseln dazu in den gleichnamigen Abschnitt (siehe Abbildung 4.76). Dort selektieren wir in den Spalten RÜCKLÄUFER-BUCHUNGSREGEL und GEBÜHREN-BUCHUNGSREGEL die zuvor definierten Regeln, mit denen wir die Rücklastschrift wie auch die angefallenen Gebühren verbuchen. Abschließend markieren wir noch die RÜCKNAHME DES AUSGLEICHS, über die bei der späteren Verbuchung des Kontoauszugs die Transaktion FBRA die Rücknahme des Ausgleichs ermöglicht.

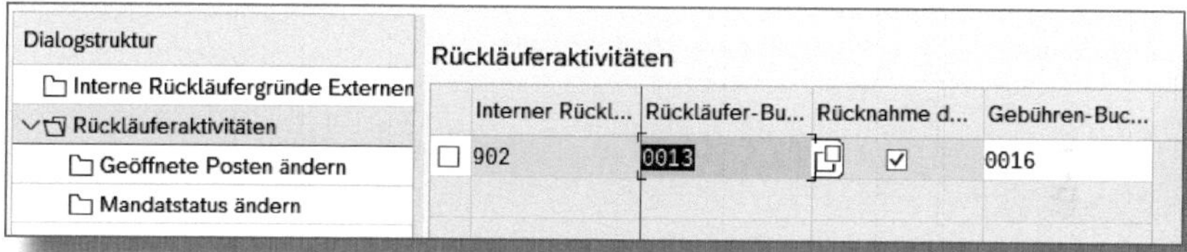

Abbildung 4.76: Definition von Rückläuferaktivitäten

Buchungsregel für die Rücknahme des Ausgleichs

Bei der Auswahl einer geeigneten Buchungsregel empfiehlt es sich, die Verbuchung über die Buchungsbereiche 1 (Hauptbuch) und 2 (Nebenbuch) zu steuern. Verwenden Sie dazu im Nebenbuch die Buchungsart 7 für den Ausgleich des Personenkontos im Soll.

> Für die Beleginterpretation ordnen Sie dem externen Schlüssel des Kontoauszugs den Interpretationsalgorithmus »060 Belegnummernsuche für Ausgleichsbelege« zu. Achten Sie dabei auf die Mitgabe des passenden Belegnummernkreises Ihrer Ausgleichsbelege.

Nachdem wir diese Einstellungen hinterlegt haben, markieren wir unsere Rückläuferaktivität und wechseln in den nächsten Abschnitt.

3. Geöffnete Posten ändern

Hier hinterlegen wir nun im Feld MAHNSPERRE SETZEN einen passenden Schlüssel (siehe Abbildung 4.77), um die im Anschluss erstellten offenen Posten zunächst aus dem Mahnverfahren auszuschließen. Außerdem können wir sie über einen Eintrag in der Spalte ZAHLSPERRE SETZEN bis auf Weiteres auch aus den Zahlläufen ausschließen.

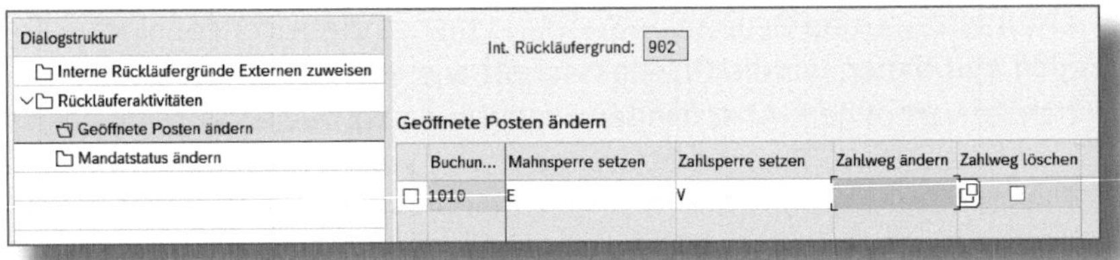

Abbildung 4.77: Geöffnete Posten ändern

Optional lässt sich der ZAHLWEG ÄNDERN oder LÖSCHEN.

4. Mandatsstatus ändern

Dieser letzte Eintrag wurde mit der Einführung von SEPA hinzugefügt, um Rücklastschriften auch in der zugehörigen Mandatsverwaltung kennzeichnen zu können. Durch die Mitgabe der Mandats-ID in der SWIFT MT940- wie auch CAMT.053-Datei können wir das Mandat eindeutig identifizieren und zuordnen.

Wie Sie in Abbildung 4.78 sehen, ist in der Spalte VERWENDUNG ENTFERNEN ein Haken, wodurch die Verwendung des SEPA-Mandats aus dem letzten Zahllauf zurückgesetzt wird.

Das Zurücksetzen der letzten Verwendung ist dann sinnvoll, wenn die Ersteinreichung einer Lastschrift von der Bank abgelehnt wurde und die Folgelastschrift wieder als Erstlastschrift gekennzeichnet werden muss. Aufgrund der seit dem Jahr 2016 gelockerten Periodizität ist diese Einstellung mittlerweile aber eher obsolet.

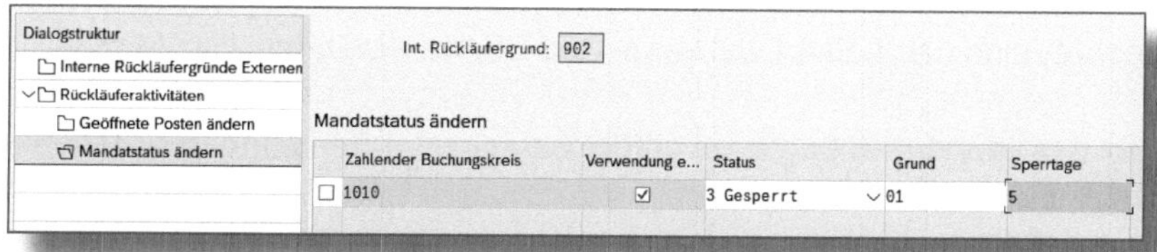

Abbildung 4.78: Anpassungen des Mandatsstatus

Über das Feld STATUS können Sie dem Mandat einen aktuellen Bearbeitungsstatus zuweisen (siehe Abbildung 4.79). So können Sie beispielsweise ein Mandat auf »gesperrt« setzen, wenn dessen Korrektur erforderlich ist (beispielsweise, weil dort eine falsche IBAN hinterlegt wurde).

Sperrgründe für Rücklastschriften

Über die Transaktion SEPA_RC_CUST können Sie den Grund für eine Statusänderung festlegen. Mit der Transaktion SEPA_STATUS_CUST lassen sich darüber hinaus Regeln für manuelle Statusänderungen definieren, welche die automatischen Statusänderungen aus der Rückläuferverarbeitung übersteuern.

In der Spalte GRUND hinterlegen Sie den Anlass für die Mandatsänderung.

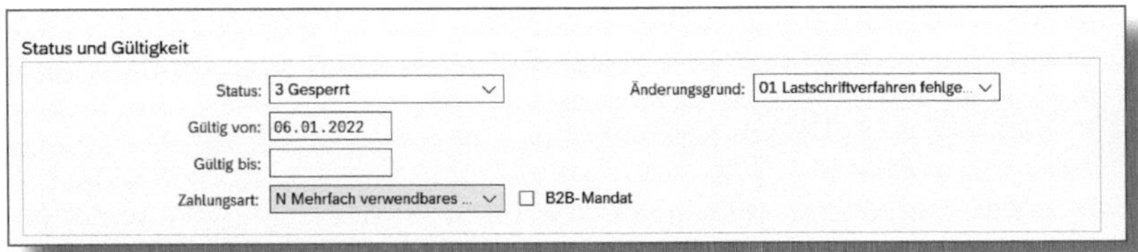

Abbildung 4.79: Änderungsgrund eines SEPA-Mandats

Über das Feld SPERRTAGE legen Sie abschließend fest, wie lange das Mandat nicht verwendet werden darf. Die Berechnung der Sperrtage richtet sich nach dem GÜLTIG-AB- und GÜLTIG-BIS-Datum des Mandats.

Ist das Mandat unbegrenzt gültig, beginnt die Berechnung der Sperrfrist ab dem Buchungsdatum der Rücklastschrift. Besitzt das Mandat ein definiertes Gültigkeitsdatum, wird berechnet, ob es auch nach der Sperrfrist noch verwendet werden kann. Liegt der Zeitpunkt der Berechnung nach Ablauf der Gültigkeit des Mandats, kann es für einen weiteren oder wiederholten Einzug nicht mehr genutzt werden.

BAdI: Verarbeitung von Rückläufern

Im SAP-Standard dient für die Ermittlung von Rückläufergründen und deren Gebühren das BAdI FIEB_RETURNS_ADDIN. Navigieren Sie dazu im Einführungsleitfaden über GESCHÄFTSVORFÄLLE • ZAHLUNGSVERKEHR • ELEKTRONISCHER KONTOAUSZUG • BUSINESS ADD-INS (BADIS) • BADI: VERARBEITUNG VON RÜCKLÄUFERN und legen Sie die Implementierung an. Dieses BAdI wird direkt nach dem Einlesen der Kontoauszugsdaten aufgerufen und prüft:

- Ist der Einzelposten ein Rückläufer?
- Sind Bankgebühren im Verwendungszweck enthalten?

Dazu wird der Verwendungszweck des Einzelpostens (T_FEBRE) nach dem Rückläufergrund und den Gebühren der Bank durchsucht. Das BAdI wird im SAP-Standard bereits mit einem Beispiel-Coding ausgeliefert (siehe Abbildung 4.80), das Sie für die Interpretation der Kontoauszüge (Textschlüssel oder »SEPA Reason Code«) individuell anpassen können.

Methode: IF_EX_FIEB_RETURNS_ADDIN~CHANGE_RETURN_CHARGES aktiv

```
method IF_EX_FIEB_RETURNS_ADDIN~CHANGE_RETURN_CHARGES .

* if a return reason was found by the standard this example coding will
* only search for ths charges in the references. If it was not found it
* also looks for a return reason.

  data: l_febre type febre,
        l_ref_string type string,
        l_search_pattern type string,
        l_offset type i,
        l_raw_amount type string,
        l_rc type fieb_ret_charges.

  if not c_return_charges is initial.
* you can decide if you want to change or delete this charges-entry
* for example: if the standard has found a return reason but not
* the charges amount
* search it in the references and fill it then:
    if c_return_charges-kwbtr is initial.
      loop at t_febre into l_febre.
        concatenate l_ref_string l_febre-VWEZW into l_ref_string.
      endloop.
* for example, the return_charges in the references
* look always like this: 'Bank Charges: 10,00':
      l_search_pattern = 'Bank Charges:'. "#EC NOTEXT
      find l_search_pattern in l_ref_string match offset l_offset.
      if sy-subrc = 0.
* string 'Bank Charges: ' has length 14 and the amount has length 5
        l_offset = l_offset + 14.
        l_raw_amount = l_ref_string+l_offset(5).
        replace ',' with '.' into l_raw_amount.
        call function 'CURRENCY_AMOUNT_IDOC_TO_SAP'
          EXPORTING
            currency    = i_febko-waers
            idoc_amount = l_raw_amount
          IMPORTING
            sap_amount  = c_return_charges-kwbtr
          EXCEPTIONS
            others      = 0.
      endif.
    endif.
  else.
* no charges and no return reason was found by the standard
```

Abbildung 4.80: Beispielcoding für die Ermittlung der Rückläufergebühren

Verarbeiten Sie Ihre Rücklastschriften über CAMT.053-Kontoauszüge, können Sie die Ermittlung der Gebühren auch über eine XSLT-Transformation (vgl. Abschnitt 4.17) steuern. Die Rückläufergründe lassen sich über die Transformation direkt dem Tabellenfeld FEBEP-KKREF zuweisen (CAMT.053.001.08) (siehe Listing 4.4).

```
  <RtrInf>
...
    <Rsn>
      <Cd>AC01</Cd>
    </Rsn>
    <AddtlInf>IBAN fehlerhaft</AddtlInf>
...
  </RtrInf>
```

Listing 4.4: Rückgabegründe einer SEPA-Lastschrift im CAMT-Kontoauszug

Die in der Datei enthaltenen Gebühren können Sie dem Tabellenfeld FEBEP-SPESK zuordnen (CAMT.053.001.08). Das Beispiel zeigt eine getrennte Auflistung der eigenen und fremden Gebühren (siehe Listing 4.5):

```
<Chrgs>
<!--Eigententgelt -->
<Rcrd>
<Amt Ccy="EUR">3</Amt>
<CdtDbtInd>DBIT</CdtDbtInd>
<ChrgInclInd>true</ChrgInclInd>
<Agt><FinInstnId><BICFI>BANKDEFFXXX</BICFI></FinInstnId></Agt>
</Rcrd>
<!--Fremdentgelt -->
<Rcrd>
<Amt Ccy="EUR">4</Amt>
<CdtDbtInd>DBIT</CdtDbtInd>
<ChrgInclInd>true</ChrgInclInd>
<Agt><FinInstnId><BICFI>COBADEFFXXX</BICFI></FinInstnId></Agt>
</Rcrd>
</Chrgs>
```

Listing 4.5: Gebühren einer SEPA-Lastschrift im CAMT-Kontoauszug

Alternativ werden die Beträge auch kumuliert übermittelt. Die Verwendung des BAdI wäre in diesem Fall obsolet.

Wir haben bisher gesehen, welche Möglichkeiten der SAP-Standard bereitstellt, um die Gebühren aus der Rücklastschrift zu ermitteln und der Verbuchung im elektronischen Kontoauszug zuzuordnen. Für die Erstellung der ursprünglichen Forderung benötigen wir mit dem BAdI FEB_BADI allerdings noch eine zusätzliche Erweiterung, um den Buchungsstoff anzureichern (siehe Abbildung 4.81).

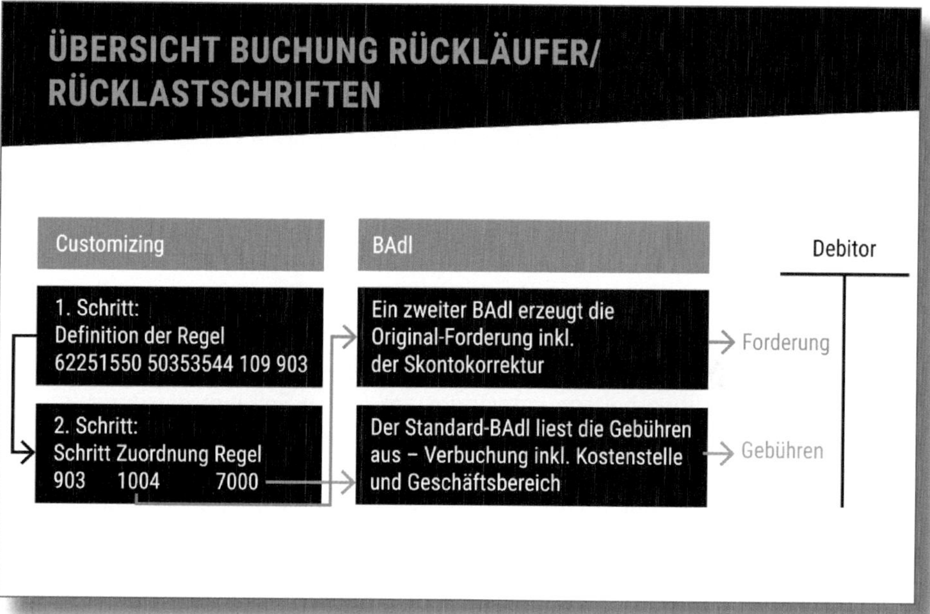

Abbildung 4.81: Verbuchungslogik von Rückläufern

Vor der Verbuchung des Belegs wird die Methode CHANGE_POSTING_DATA aufgerufen, die Sie für die Änderung der Buchungsdaten verwenden können.

4.14 Regeln für die Verarbeitung von Kontoauszugspositionen

Im Abschnitt 4.6 haben Sie kennengelernt, wie Sie die einzelnen Kontoauszugspositionen mithilfe der Interpretationsalgorithmen auswerten und anschließend verbuchen. Diese Möglichkeit der Analyse und Verarbeitung wird allgemein auch als eine *Verarbeitungsregel* bezeichnet. Die Regel selbst besteht immer aus einem »Vorgang« und einem »Algorithmus« für die Belegidentifikation.

Mit SAP S/4HANA OP 2021 wurden die Möglichkeiten bzw. Werkzeuge zur Optimierung der Kontoauszugsverarbeitung noch einmal erweitert. In den nachfolgenden Abschnitten schauen wir uns die neuen Werkzeuge etwas genauer an.

Blicken wir zunächst auf die im SAP-Standard ausgelieferten Verarbeitungsanweisungen und Zuweisungsalgorithmen bzw. an welcher Stelle und in welchem Zusammenhang diese in der elektronischen Kontoauszugsverarbeitung Verwendung finden.

Verarbeitungsanweisungen

Die Verarbeitungsanweisungen werden in den Fiori-Apps »Nachbearbeitungsregeln für Kontoauszüge verwalten« und »Kontoauszugspositionen nachbearbeiten« verwendet. Im ersten Fall legt die Verarbeitungsanweisung fest, wie die Nachbearbeitungsregel die jeweiligen Kontoauszugspositionen verwerten soll, im zweiten Fall können Sie über eine *Reinterpretation* im Rahmen der Kontoauszugsnachbearbeitung die Belegfindung nochmals starten.

Wie einleitend bereits kurz erwähnt, ist eine Verarbeitungsanweisung immer mit einem Zuweisungs- bzw. Interpretationsalgorithmus verbunden.

Tabelle 4.2 zeigt die im SAP-Standard verfügbaren Verarbeitungsanweisungen mit dem jeweiligen Algorithmus:

Verarbeitungsanweisung	Zuweisungsalgorithmus
FIFO	FIFO_BASIC
EXMA	ONE_EXACT_MATCH
MTCH	MATCHING_SEQUENCE
ASMT	ADVICE_ASSGNMNT_AND_MATCH_SEQ

Tabelle 4.2: Verarbeitungsanweisungen mit den dazugehörigen Zuweisungsalgorithmen

Verwendung von Verarbeitungsanweisungen

Die hier ausgelieferten Verarbeitungsanweisungen können im Kontext der Kontoauszugsnachbearbeitung nur mit der Fiori-App »Kontoauszugspositionen nachbearbeiten« genutzt werden. In der Kontoauszugsnachbearbeitung über die GUI-Transaktion FEB_BSPROC stehen diese nicht zur Verfügung.

Zuweisungsalgorithmen

Zuweisungsalgorithmen sind vergleichbar mit den Interpretationsalgorithmen, mit deren Hilfe Sie Informationen aus dem Kontoauszug bzw. den Kontoauszugspositionen wie auch bei Lockbox-Kontoauszügen verarbeiten können. Sie unterscheiden sich dahingehend, dass Interpretationsalgorithmen die Referenzen direkt aus dem Verwendungszweck nutzen, um die passenden offenen Posten zu finden, wohingegen Zuweisungsalgorithmen die offenen Posten finden und diese für die Buchung bzw. den Ausgleich sammeln. Zuweisungsalgorithmen können Daten verwenden aus:

- dem Betrag der Kontoauszugs- oder Lockbox-Positionen,
- Geschäftspartnerinformationen (beispielsweise die Bankverbindung oder Name bzw. ID eines Geschäftspartners),
- Referenzen aus dem Verwendungszweck von Kontoauszügen oder Zahlungsavisen.

Schauen wir uns nun die verschiedenen Zuweisungsalgorithmen etwas näher an und beginnen mit dem:

FIFO_BASIC

Dieser Algorithmus arbeitet nach dem »First-In-First-Out«-Prinzip, bei dem zunächst die ältesten offenen Posten ausgeglichen werden. Dahinter liegt ein Parameter *Datumstyp*, der die Positionen nach dem Buchungsdatum auswählt und den ältesten offenen Posten bucht, sofern der Betrag der Kundenzahlung mit der Kontoauszugsposition übereinstimmt – Teilzahlungen werden in dem Zusammenhang nicht unterstützt.

Die Selektion selbst führt die Suche in chronologischer Reihenfolge durch – beginnend bei der ältesten bis hin zur neuesten Position – und gleicht die Summen der offenen Posten mit dem Überweisungsbetrag ab. Entspricht am Ende die Summe der Selektion nicht der der offenen Posten, wird der Zuweisungsalgorithmus nicht angewendet.

Der FIFO_BASIC-Algorithmus eignet sich insbesondere dann, wenn im Verwendungszweck keinerlei Ausgleichsinformationen angegeben sind.

Der hinter EXMA liegende Zuweisungsalgorithmus ONE_EXACT_MATCH durchsucht die offenen Posten und wählt für den Ausgleich nur einen einzelnen offenen Posten aus. Voraussetzung ist, dass die Belegposition einen genau übereinstimmenden Betrag enthalten muss. Findet der Algorithmus mehr als einen Beleg, der den gleichen Betrag enthält, so wird der Beleg ausgewählt, der das älteste Buchungsdatum aufweist.

Der Algorithmus ist analog zum FIFO_BASIC einsetzbar, wenn im Verwendungszweck keinerlei Ausgleichsinformationen angegeben sind.

MATCHING_SEQUENCE

Dieser Zuweisungsalgorithmus ist für die Verarbeitung von Zahlungsavisen vorgesehen. Er nutzt Informationen zum Buchungsbeleg, der Referenz bzw. dem Referenzschlüssel.

ADVICE_ASSGNMNT_AND_MATCH_SEQ

Dieser Zuweisungsalgorithmus enthält ebenfalls eine Logik, die speziell für die Verarbeitung von eingehenden Zahlungsavisen definiert ist. Über den Algorithmus kann definiert werden, ob die Suche von Belegen über die Referenz, die Kontonummer oder den Betrag erfolgen und ob bzw. wie lange eine Suche wiederholt werden soll.

> **! Einschränkungen der Zuweisungsalgorithmen**
>
> Die beiden Algorithmen FIFO_BASIC und ONE_EXACT_MATCH können Sie ausschließlich für Eingangszahlungen und für offene Posten von Debitorenkonten einsetzen. Die Verarbeitung erlaubt nur Soll- und keine Habenposten.

Lassen Sie uns schnell noch einen Blick auf das Customizing der Zuweisungsalgorithmen werfen. Wir navigieren dazu im IMG-Einführungsleitfaden über FINANZWESEN • BANKBUCHHALTUNG • GESCHÄFTSVORFÄLLE • ZAHLUNGSVERKEHR • ELEKTRONISCHER KONTOAUSZUG • VERARBEITUNGSANWEISUNG DEFINIEREN in die Anwendung (siehe Abbildung 4.82).

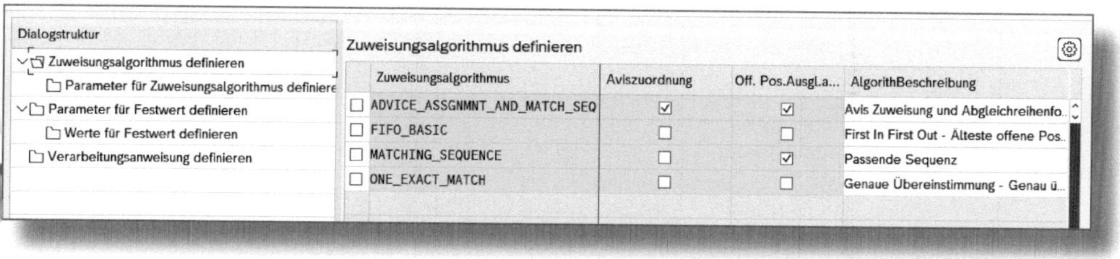

Zuweisungsalgorithmus	Aviszuordnung	Off. Pos.Ausgl.a...	AlgorithBeschreibung
ADVICE_ASSGNMNT_AND_MATCH_SEQ	☑	☑	Avis Zuweisung und Abgleichreihenfo...
FIFO_BASIC	☐	☐	First In First Out - Älteste offene Pos...
MATCHING_SEQUENCE	☐	☑	Passende Sequenz
ONE_EXACT_MATCH	☐	☐	Genaue Übereinstimmung - Genau ü...

Abbildung 4.82: Customizing der Zuweisungsalgorithmen

In der Dialogstruktur finden wir zunächst den Abschnitt ZUWEISUNGSALGORITHMUS DEFINIEREN, der die von der SAP vordefinierten Zuweisungsalgorithmen enthält, die wir an der Stelle ohne Anpassungen verwenden können. Dem Zuweisungsalgorithmus selbst können Sie über PARAMETER FÜR ZUWEISUNGSALGORITHMUS DEFINIEREN eigene Parameter hinterlegen. So können Sie beispielsweise über den Festwertparameter TIMETYPE den Buchungszeitpunkt bzw. den Zeitpunkt der Buchung mitgeben.

4.15 Zahlungsverrechnungsgruppen definieren

In der Fiori-App »Nachbearbeitungsregeln für Kontoauszüge verwalten« (vgl. Abschnitt 3.4) steht Ihnen ab dem Release SAP S/4HANA

2021 eine neue Bedingung bzw. ein Attribut für die Verbuchung bzw. den Ausgleich gemäß einer definierten Abfolge zur Verfügung. Mithilfe der *Zahlungsverrechnungsgruppe* können Sie Geschäftspartner für die Zuordnung der Bedingungen in Gruppen zusammenfassen.

Navigieren Sie dazu im SAP-Einführungsleitfaden über Finanzwesen • Bankbuchhaltung • Geschäftsvorfälle • Zahlungsverkehr • Elektronischer Kontoauszug • Zahlungsverrechnungsgruppen definieren in die Anwendung und legen Sie dort, wie in Abbildung 4.83 gezeigt, in der Spalte ZverrGr.ID einen eindeutigen Schlüssel an. Tragen Sie anschließend im Feld Zahlungsverrechnungsgruppenname noch eine Bezeichnung für den Schlüssel ein und speichern Sie Ihre Eingaben.

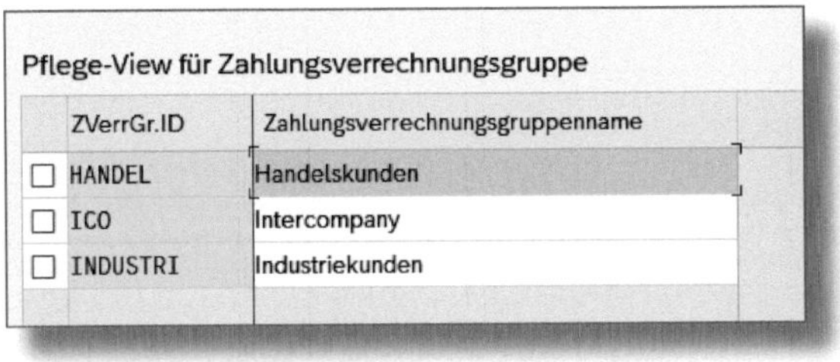

Pflege-View für Zahlungsverrechnungsgruppe

ZVerrGr.ID	Zahlungsverrechnungsgruppenname
HANDEL	Handelskunden
ICO	Intercompany
INDUSTRI	Industriekunden

Abbildung 4.83: Übersicht von Zahlungsverrechnungsgruppen

Die hier angelegten Schlüssel müssen Sie noch analog in den Stammdaten Ihres Geschäftspartners hinterlegen. Wechseln Sie dazu in die Pflege Ihrer Geschäftspartner über die Transaktion »BP« und wählen Sie dort die dazugehörige Geschäftspartnerrolle aus. Wechseln Sie dann auf den Buchungskreis, für den Sie die Änderung durchführen möchten. Selektieren Sie im Feld ZahlVerrechGr.-ID einen Schlüssel und speichern Sie wiederum Ihre Eingaben (siehe Abbildung 4.84).

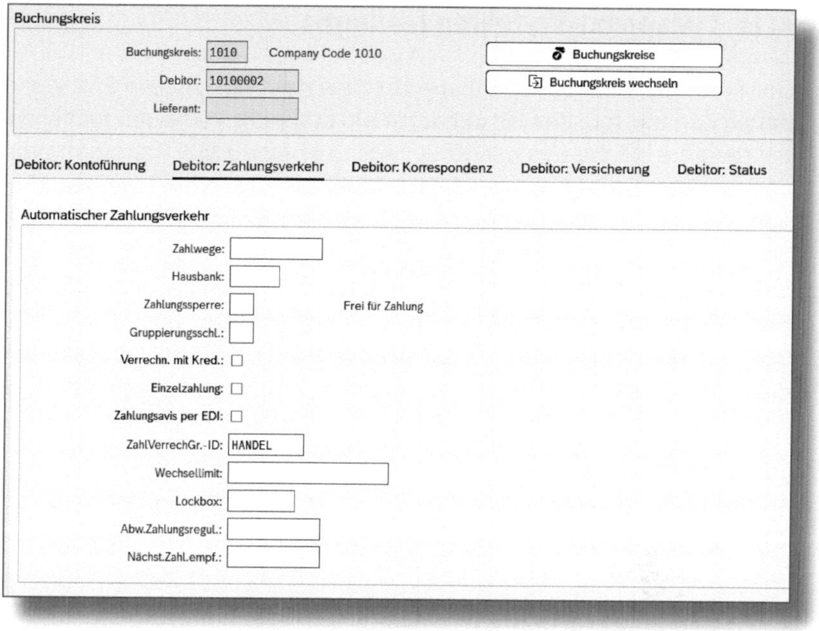

Buchungskreis
Buchungskreis: 1010 Company Code 1010
Debitor: 10100002
Lieferant:
Buchungskreise
Buchungskreis wechseln
Debitor: Kontoführung | Debitor: Zahlungsverkehr | Debitor: Korrespondenz | Debitor: Versicherung | Debitor: Status
Automatischer Zahlungsverkehr
Zahlwege:
Hausbank:
Zahlungssperre: Frei für Zahlung
Gruppierungsschl.:
Verrechn. mit Kred.:
Einzelzahlung:
Zahlungsavis per EDI:
ZahlVerrechGr.-ID: HANDEL
Wechsellimit:
Lockbox:
Abw.Zahlungsregul.:
Nächst.Zahl.empf.:

Abbildung 4.84: Zuordnung der Zahlungsverrechnungsgruppe im Stammsatz des Geschäftspartners

4.16 XML- und bankspezifische Formate

Werfen wir nun noch einen Blick auf die Konfigurationsmöglichkeiten der XML- bzw. bankspezifischen Formate, die uns im SAP-Standard zur Verfügung stehen. Bereits seit SAP ECC 6.0 EhP6 wird die Verarbeitung der gängigen ISO 20022-Nachrichtentypen CAMT.053, CAMT.054 und PAIN.002 unterstützt. Mit SAP S/4HANA wurden die Formate für die elektronische Kontoauszugsverarbeitung ergänzt bzw. erweitert und mit zusätzlichen XSLT-Transformationen ausgeliefert. Betrachten wir zunächst die Einstellungen für das Mapping-Verfahren.

4.16.1 Mapping-Verfahren festlegen

Damit wir die XML- bzw. bankspezifischen Kontoauszüge in SAP verarbeiten können, müssen wir zunächst ein Mapping-Verfahren festlegen, bei dem die Inhalte aus den XML-Tags über eine XSLT-Transformation den internen SAP-Strukturen (FEB*-Tabellen) zugeordnet werden können.

Sie erreichen die XML- und formatspezifischen Einstellungen für die Kontoauszugsverarbeitung im Einführungsleitfaden über FINANZWESEN • BANKBUCHHALTUNG • GESCHÄFTSVORFÄLLE • ZAHLUNGSVERKEHR • ELEKTRONISCHER KONTOAUSZUG • FORMAT XML UND BANKSPEZIFISCHE FORMATE • MAPPING-VERFAHREN HINTERLEGEN (siehe Abbildung 4.85).

Mapping-Verfahren für Kntoauszugsformat

Format des elektronischen Auszugs	Formatbeschreibung	Transformation	Filterwert für BAdI
/PF1/CAMT.053.001.02	camt.053.001.02 Kontoauszug ISO 20022	FIEB_CAMT053_V2_TO_FEB	PF_ISO_X
/PF1/CAMT.054.001.07	camt.054.001.02 Details zum Kontoauszug ISO 20022		CAMT.054.001.07PF
BOC		EPIC_EXAMPLE_CN_BOC_BST_FEB	
CAMT.052.001.02	camt.052.001.02 Intraday-Kontoauszug ISO 20022	FIEB_CAMT052_V2_TO_FEB	CAMT.052.001
CAMT.053.001.02	camt.053.001.02 Kontoauszug ISO 20022	FIEB_CAMT053_V2_TO_FEB	
CAMT.053.001.02 AT		FIEB_CAMT053_V2_AT	
CAMT.053.001.02 CZ		FIEB_CAMT053_V2_TO_FEB	CAMT053_CZ
CAMT.053.001.02 HR		/CCEE/HR_CAMT053_V2_TO_FEB	
CAMT.053.001.02 PF	camt.053.001.02 Kontoauszug ISO 20022	FIEB_CAMT053_V2_TO_FEB	PF_ISO_X
CAMT.053.001.02 SK		FIEB_CAMT053_V2_TO_FEB	CAMT053_SK
CAMT.053.001.04 ISR	camt.053.001.02 Kontoauszug ISO 20022	FIEB_CAMT053_V4_ISR_TO_FEB	
CAMT.053.001.08	camt.053.001.08 Kontoauszug ISO 20022 CGI	FIEB_CAMT053_V8_TO_FEB	
CAMT.054.001.02	camt.054.001.02 Details zum Kontoauszug ISO 20022	FIEB_CAMT054_V2_TO_FEB	CAMT.054.001
CAMT.054.001.04 ISR	camt.054.001.02 Details zum Kontoauszug ISO 20022	FIEB_CAMT054_V4_ISR_TO_FEB	CAMT.054.001
CAMT.054.001.08		FIEB_CAMT054_V8_TO_FEB	
CCB		EPIC_EXAMPLE_CN_CCB_BST_FEB	
DP_CAMT.053.001.02		FIEB_CAMT053_V2_TO_FEB	DP_CAMT.053.001.02
FEBRABAN CNAB 750			FEBRABAN_CNAB_750
FR_CFONB_BOE_002			FR_CFONB_BOE_002
FSN_CAMT.053.001.02	camt.053.001.02 Kontoauszug ISO 20022	FIEB_CAMT053_V2_TO_FEB	FSN_CAMT.053.001.02
ICBC		EPIC_EXAMPLE_CN_ICBC_QBILL_F...	
IT_CBI			IT_CBI
IT_CBI_RIB_002			IT_CBI_RIB_002
NO_AUTOGIR_BBS			NO_AUTOGIRO
NO_OCR			NO_OCR
NO_TELEPAY			NO_TELEPAY
NZ_BNZ			NZ_BNZ

Abbildung 4.85: Mapping-Verfahren für Kontoauszugsformat

An der Stelle legen wir zunächst ein FORMAT DES ELEKTRONISCHEN AUSZUGS im kundeneigenen Namensraum fest, hinterlegen eine BESCHREIBUNG und eine TRANSFORMATION, über die im weiteren Verlauf die XML-Tags des Auszugs den vorgesehenen FEB*-Strukturen zugeordnet werden. Den Prozess des Mappings über XSLT-Transformationen schauen wir uns im Abschnitt 4.17 noch etwas genauer an.

! FEB_FILE_HANDLING und kundeneigene Mapping-Verfahren

Wenn Sie kundeneigene Mapping-Verfahren anlegen und über die Transaktion FEB_FILE_HANDLING verarbeiten, müssen Sie diese zusätzlich in der Tabelle FIEB_FMTGRP_X hinterlegen, um Fehler beim Import zu vermeiden (siehe dazu auch SAP-Hinweis 3029453 – Error FEB_BSIMP129 in FEB_FILE_HANDLING for customized transformation).

In der Spalte FILTERWERT FÜR BADI hinterlegen wir formatspezifisch noch ein BAdI, das wir für die Verarbeitung der Kontoauszüge benötigen, nachdem die XSLT-Transformation durchlaufen ist. So ordnen wir beispielsweise dem Format CAMT.054 das BAdI CAMT.054.001 zu, welches:

- den Verbuchungsstatus aller Belegpositionen kontrolliert,
- eine Auszugsnummer vergibt, falls diese im Sammler nicht enthalten ist und
- die Hausbank über die Bankleitzahl und Kontonummer ermittelt, falls die IBAN nicht vorhanden ist.

4.16.2 Mapping-Format festlegen

Neben dem Mapping-Verfahren können im SAP-System Mapping-Formate hinterlegt werden, die Sie beim Einlesen eines Kontoauszugs alternativ zum empfangenen Originalformat nutzen können. Somit lassen sich beispielsweise landes- oder bankspezifische Formate einfach und schnell auf die jeweiligen XML-Strukturen transferieren.

Voraussetzung für diese Funktionalität ist, dass für die Zuordnung des proprietären Formats ein entsprechendes Mapping-Verfahren hinterlegt worden ist (siehe Abbildung 4.86).

Mapping-Format des Kontoauszugs

Format des elektr. Auszugs	L/R	Bankschlüssel	Externe Bankkontonummer/IBAN	Mapping-Format des Kontoauszugs
ZCAMT.053.001.02	DE	62251550	DE71622515500220027935	Z_CAMT.053.001.02

Abbildung 4.86: Definition eines Mapping-Formats für einen Kontoauszug

Alternativ zu dieser Möglichkeit können über den Report DMEECONVERT Dateien konvertiert und weiterverarbeitet werden – siehe dazu auch Abschnitt 6.4.

BAdI: Splitten und Parsen

Im SAP-Standard ist im Regelfall eine Reihe von BAdI-Implementierungen für das »Splitten und Parsen« aktiv, welche die Verarbeitung der Kontoauszüge über die Transaktion RFEBKA00 bzw. FEB_FILE_HANDLING unterstützen. Dabei wird zunächst die Methode »SPLIT« durchlaufen, bei der die Kontoauszüge in »logische Kontoauszüge« aufgeteilt werden. Anschließend ermittelt das System anhand der Methode »PARSE« Detailinformationen aus den Kontoauszügen.

BAdI: Mapping des Kontoauszugs auf interne Strukturen

Das BAdI »Mapping des Kontoauszugs auf interne Strukturen« kann im Rahmen der Verarbeitung der Kontoauszüge über den Report RFEBKA00 bzw. FEB_FILE_HANDLING verwendet werden. In der Regel erfolgt das Mapping der XML-Tags über eine XSLT-Transformation und alternativ – sofern Sie nur ABAP nutzen – über das BAdI. Bei der Verarbeitung von CAMT.054-Nachrichten wird die BAdI-Implementierung

FIEB_MAPPING_CAMT054001 aufgerufen und ergänzt beispielsweise bei Bedarf die Daten aus der XSLT-Transformation FIEB_CAMT054_V2_TO_FEB (siehe Abschnitt 4.16).

4.17 XSLT-Transformationen

Im Abschnitt 4.16 habe ich das Zusammenspiel zwischen den Mapping-Verfahren und Transformationen angesprochen. Im Vergleich zum Report RFEKA400, über den die Verarbeitung der SWIFT MT940-Dateien gesteuert wird, können XML-Kontoauszüge nicht direkt in SAP verarbeitet werden.

Für die Transformation der XML-Kontoauszüge wird von der SAP eine *Extensible Stylesheet Language Transformation (XSLT)* eingesetzt, welche die XML-Tags aus dem Kontoauszug in die dafür vorgesehenen FEB*-Felder mappt.

! XSLT-Transformation

Die von der SAP im Standard ausgelieferten XSLT-Transformationen orientieren sich an den »Common Global Implementation (CGI)«-Standards, die in Teilen von den Standards der Deutschen Kreditwirtschaft (DK) abweichen können. Entdecken Sie eine solche Abweichung in der Zuordnung bzw. späteren Feldbelegung, empfiehlt es sich, eine eigene XSLT-Transformation anzulegen.

Bedingt durch bank- bzw. landesspezifische Belegungen der einzelnen XML-Tags in einer Kontoauszugsdatei kann es sein, dass Sie diese Tags nicht immer mit den Standard-XSLT-Transformationen umsetzen können. Ein unternehmensweiter Rollout lässt sich aber flexibel gestalten. So können Sie beispielsweise, wie Abbildung 4.87 zeigt, bank- oder länderspezifische Anpassungen an den Standard-XSLT-Transformationen vornehmen, indem Sie diese kopieren und im kundeneigenen Namensraum anpassen bzw. dem MAPPING-VERFAHREN zuordnen.

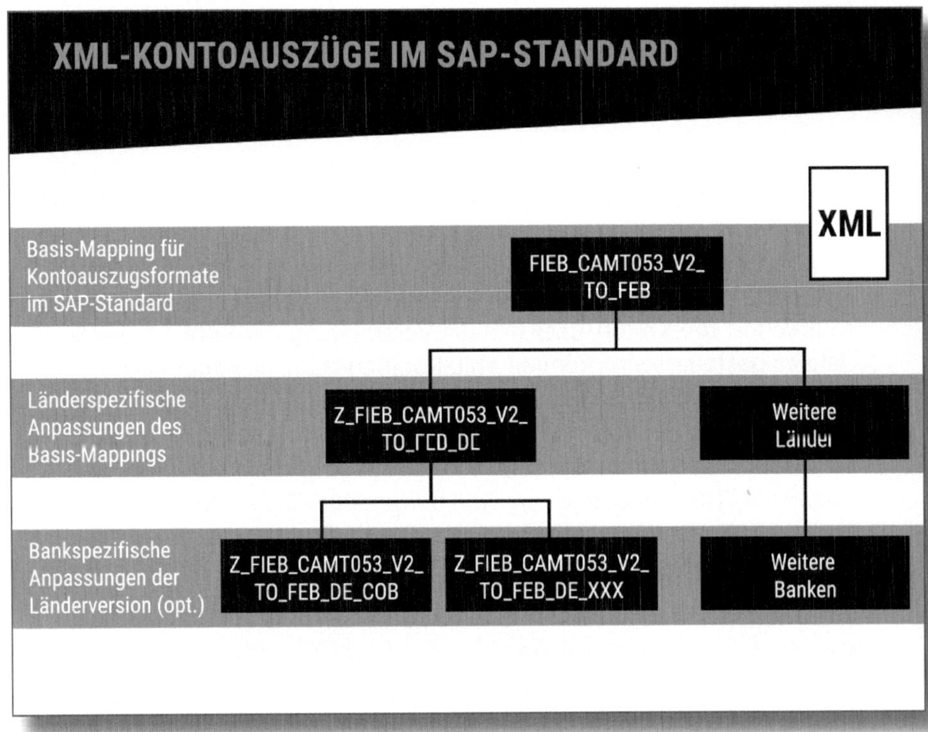

Abbildung 4.87: Anpassungsmöglichkeiten der XSLT-Transformationen

4.17.1 Transformation Editor

Für die zuvor angesprochene Anpassung bzw. die Anlage von XSLT-Transformationen bietet die SAP einen *Transformation Editor* an, den wir direkt über eine der Transaktionen XSLT_TOOL oder STRANS aufrufen können (siehe Abbildung 4.88). Lassen Sie uns nun eine XSLT-Transformation näher anschauen, mit deren Hilfe die Inhalte aus dem XML-Dokument in die für die Kontoauszugsverarbeitung notwendigen FEB*-Tabellenfelder transformiert werden. Dazu wählen wir eine der vorhandenen TRANSFORMATIONEN aus und klicken auf den Button [Anzeigen].

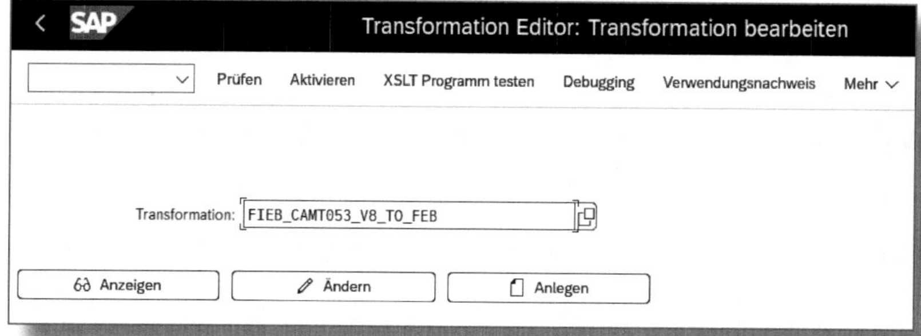

Abbildung 4.88: Transformation Editor

Wir erhalten daraufhin den genauen Aufbau der Transformation (siehe Abbildung 4.89), über die wir die XML-Tags den jeweiligen FEB*-Feldern zuweisen wollen. Welche Formatversion die Transformation jeweils unterstützt, können Sie dem Namensraum (siehe zweite Zeile) entnehmen – in unserem Beispiel ist es ein CAMT.053.001.08-Format.

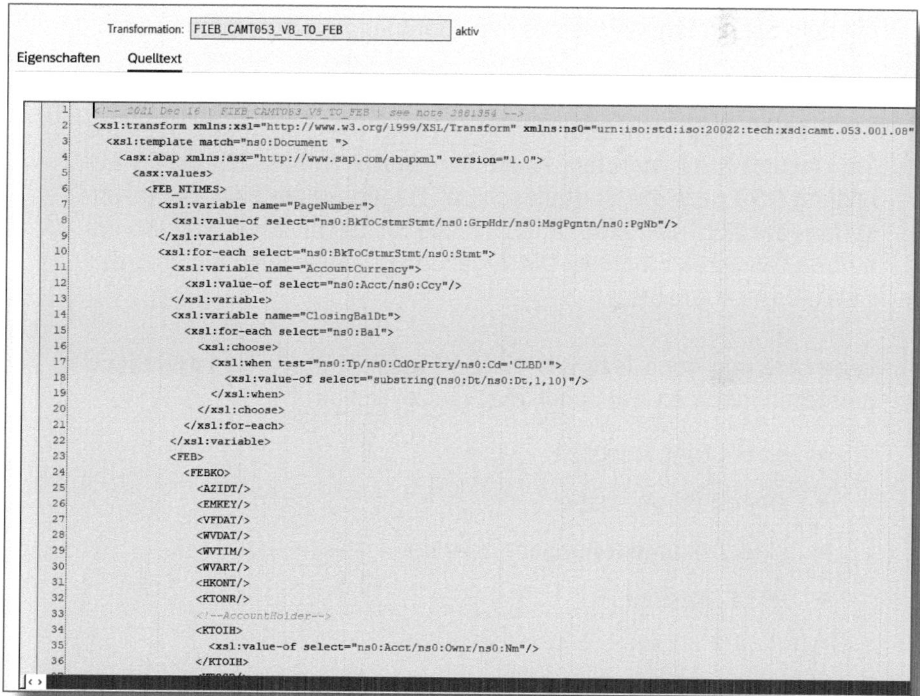

Transformation: FIEB_CAMT053_V8_TO_FEB aktiv

Eigenschaften Quelltext

```
1  <!-- 2021 Dec 16 | FIEB_CAMT053_V8_TO_FEB | see note 2881354 -->
2  <xsl:transform xmlns:xsl="http://www.w3.org/1999/XSL/Transform" xmlns:ns0="urn:iso:std:iso:20022:tech:xsd:camt.053.001.08"
3    <xsl:template match="ns0:Document ">
4      <asx:abap xmlns:asx="http://www.sap.com/abapxml" version="1.0">
5        <asx:values>
6          <FEB_NTIMES>
7            <xsl:variable name="PageNumber">
8              <xsl:value-of select="ns0:BkToCstmrStmt/ns0:GrpHdr/ns0:MsgPgntn/ns0:PgNb"/>
9            </xsl:variable>
10           <xsl:for-each select="ns0:BkToCstmrStmt/ns0:Stmt">
11             <xsl:variable name="AccountCurrency">
12               <xsl:value-of select="ns0:Acct/ns0:Ccy"/>
13             </xsl:variable>
14             <xsl:variable name="ClosingBalDt">
15               <xsl:for-each select="ns0:Bal">
16                 <xsl:choose>
17                   <xsl:when test="ns0:Tp/ns0:CdOrPrtry/ns0:Cd='CLBD'">
18                     <xsl:value-of select="substring(ns0:Dt/ns0:Dt,1,10)"/>
19                   </xsl:when>
20                 </xsl:choose>
21               </xsl:for-each>
22             </xsl:variable>
23             <FEB>
24               <FEBKO>
25                 <AZIDT/>
26                 <EMKEY/>
27                 <VFDAT/>
28                 <WVDAT/>
29                 <WVTIM/>
30                 <WVART/>
31                 <HKONT/>
32                 <KTONR/>
33                 <!--AccountHolder-->
34                 <KTOIH>
35                   <xsl:value-of select="ns0:Acct/ns0:Ownr/ns0:Nm"/>
36                 </KTOIH>
```

Abbildung 4.89: Übersicht einer Standardtransformation

Das Beispielcoding zeigt Ihnen die Zuordnung der XML-Tags zu den FEB*-Tabellen. So wird beispielsweise in der Zeile 34 der Kontoinhaber des Bankkontos ermittelt. Über ein »value-of select« wird in dem dazugehörigen XML-Tag der Wert bzw. das dahinterliegende Konto ermittelt und in die Tabelle FEBKO bzw. das Feld KTOIH geschrieben.

Müssen bzw. möchten Sie an der XSLT-Transformation Anpassungen vornehmen, so empfiehlt es sich, die bestehende Transformation in den kundeneigenen Namensraum zu kopieren, dort formatspezifisch anzupassen und anschließend über den XSLT-Tester zu validieren.

4.17.2 Der XSLT-Tester

Haben Sie eine eigene XSLT-Transformation erstellt bzw. definiert oder möchten Sie bestehende Transformationen validieren, so steht Ihnen dafür im SAP-Standard der sogenannte XSLT-TESTER zur Verfügung, mit dem Sie die Ergebnisse aus den Zuordnungen überprüfen können.

Sie können dieses Test-Tool entweder direkt aus der Transaktion XSLT_TOOL über den Button [XSLT Programm testen] oder alternativ über die Transaktion XSLT aufrufen. Nach dem Aufruf öffnet sich der in Abbildung 4.90 gezeigte Startbildschirm. Tragen Sie im Feld TRANSFORMATION die XSLT-Transformation ein, die Sie gegen einen XML-Kontoauszug validieren möchten. Die zugehörige Datei wählen Sie über den QUELL-DATEIPFAD aus.

Legen Sie nun noch fest, wie Sie die Ergebnisse der Transformation darstellen möchten. Sie haben die Wahl zwischen:

- einer String-Ausgabe,
- einer Datei-Ausgabe,
- einer Dokument-Ausgabe oder der
- HTML-Ansicht.

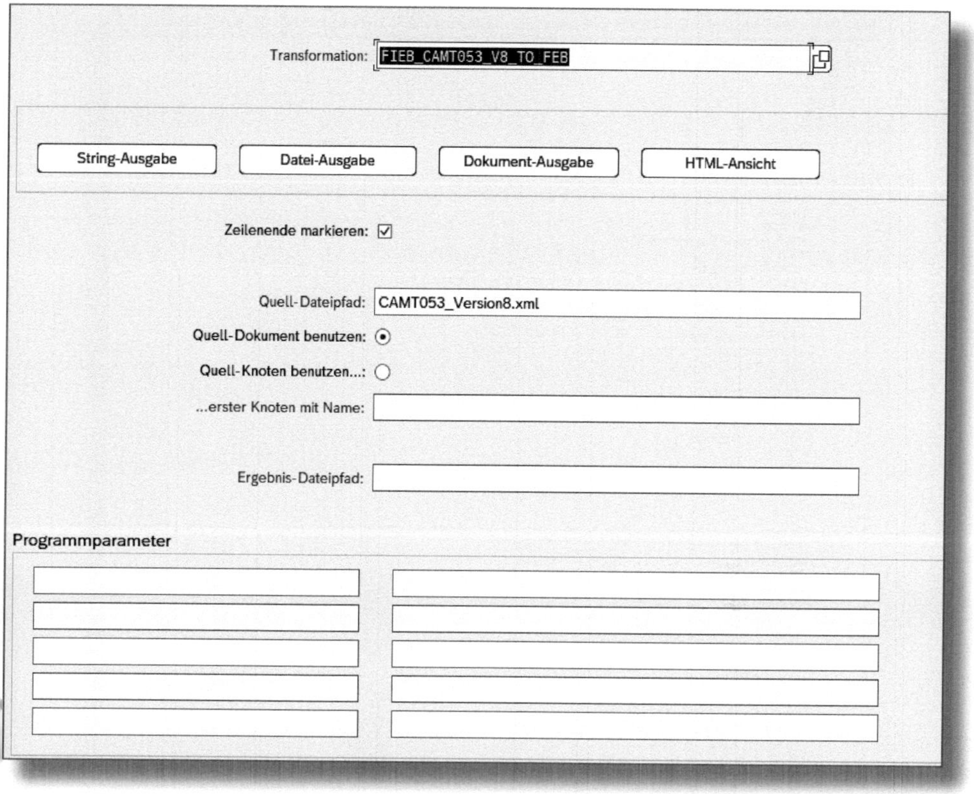

Transformation: FIEB_CAMT053_V8_TO_FEB

String-Ausgabe | Datei-Ausgabe | Dokument-Ausgabe | HTML-Ansicht

Zeilenende markieren:

Quell-Dateipfad: CAMT053_Version8.xml

Quell-Dokument benutzen:

Quell-Knoten benutzen...:

...erster Knoten mit Name:

Ergebnis-Dateipfad:

Programmparameter

Abbildung 4.90: Verarbeitungsmöglichkeiten des XSLT-Testers

Wir entscheiden uns an der Stelle für die HTML-ANSICHT und klicken dazu auf den gleichnamigen Button.

Daraufhin erhalten wir eine Übersicht der XML-Tags aus unserem Kontoauszug und deren spätere Zuordnung zu den Zielfeldern (siehe Abbildung 4.91).

This XML file does not appear to have any style information associated with it. The document tree is shown below.


```
▾<asx:abap xmlns:asx="http://www.sap.com/abapxml" xmlns:ns0="urn:iso:std:iso:20022:tech:xsd:camt.053.001.08" version="1.0">
  ▾<asx:values>
    ▾<FEB_NTIMES>
      ▾<FEB>
        ▾<FEBKO>
           <AZIDT/>
           <EMKEY/>
           <VFDAT/>
           <WVDAT/>
           <WVTIM/>
           <WVART/>
           <HKONT/>
           <KTONR/>
           <KTOIH>Kontoinhaber Name</KTOIH>
           <KTOSB/>
           <AZNUM>50</AZNUM>
           <AZSNR/>
           <AZDAT>2022-06-20</AZDAT>
           <BUKRS/>
           <KTOPL/>
           <WAERS>EUR</WAERS>
           <SSVOZ>H</SSVOZ>
           <SSBTR>0.00</SSBTR>
           <SSTYP/>
           <ESVOZ>H</ESVOZ>
           <ESBTR>4952.28</ESBTR>
           <ESTYP/>
           <WAERS>EUR</WAERS>
           <SUMSO/>
           <SUMHA/>
           <ESDMB/>
           <BLAUF/>
           <ELAUF/>
           <HZINS/>
           <TEILN/>
           <BKTOA>CACC</BKTOA>
           <ANZES/>
           <HBKID/>
           <HKTID/>
           <BKREF/>
           <DSART/>
           <XVERD/>
           <XBENR/>
           <XBTYP/>
           <SEQ_NUMBER/>
           <SEQ_STATUS/>
           <INPUT_FORMAT>53</INPUT_FORMAT>
           <BANKKEY>COBADEFFXXX</BANKKEY>
           <BANKACC>DE11111111111111111111</BANKACC>
           <AZPGNO/>
        </FEBKO>
```


Abbildung 4.91: Ergebnisse einer XSLT-Transformation

4.18 Fazit

Mit S/4HANA ist im Funktionsbereich des elektronischen Kontoauszugs neben etablierten Funktionen, wie beispielsweise der Verarbeitung von XML-Kontoauszügen, eine Reihe interessanter Neuerungen dazugekommen. So wurden beispielsweise die Grundeinstellungen für die Kontoauszugsverarbeitung um die Funktion des »Bankabstimmkontos« erweitert, um die Anzahl der Bankverrechnungskonten zu reduzieren bzw. effektiv über die Einstellungen im elektronischen Kontoauszug zu steuern. Der Import von Kontoauszügen über SAP Fiori wurde kontinuierlich verbessert, ebenso die Belegfindung durch die

Verarbeitungsanweisungen oder die Verarbeitungsregeln, die ohne Customizing im Fachbereich definiert werden können. Einige der Neuerungen sind explizit für den Einsatz mit Fiori-Apps konzipiert, insbesondere in der Nachbearbeitung von Kontoauszügen mit der FEB_BSPROC in der SAP GUI werden diese Neuerungen jedoch größtenteils nicht unterstützt.

5 SAP Cash Application

Mit dem Release SAP S/4HANA 1709 wurde von der SAP die erste Version von SAP Cash Application angeboten. Die Idee hinter dieser Lösung ist, die Prozesse in der Verarbeitung elektronischer Kontoauszüge bzw. Zahlungsavise auf der Basis künstlicher Intelligenz (SAP AI Core) zu verbessern. Ich gebe Ihnen in diesem Kapitel eine kurze Übersicht über den Funktionsumfang sowie eine Zusammenstellung der wichtigsten Einstellungen, die Sie in Ihrem S/4HANA-System durchführen müssen, um SAP Cash Application nutzen zu können.

In den vergangenen Kapiteln haben Sie anhand zahlreicher Beispiele die Möglichkeiten kennengelernt, die uns der SAP-Standard bietet, um die Prozesse rund um die elektronische Kontoauszugsverarbeitung effizient zu gestalten und somit den Aufwand in der Nachbearbeitung von fehlerhaften Belegpositionen so gering wie möglich zu halten. Neben den dort beschriebenen Instrumenten können Sie die Verarbeitung Ihrer Kontoauszüge mithilfe künstlicher Intelligenz noch weiter optimieren.

Mithilfe der damals noch unter dem Namen *SAP Leonardo Machine Learning Foundation* zusammengefassten Funktionen konnte im Release S/4HANA OP 1709 FPS4 erstmalig die Verarbeitung elektronischer Kontoauszüge auf Basis automatischer Trainingsprozesse angelernt und mit den daraus resultierenden Ableitungsregeln optimiert werden. Darüber hinaus ließen sich mit diesem Lösungsansatz auch unstrukturierte Zahlungsavis-Dateien extrahieren und für den Ausgleich von Zahlungseingängen verwenden.

SAP Cash Application bietet dafür eine Bündelung von Cloud-Microservices, die das Ziel haben, den Order-To-Cash-Prozess in der Debitoren- bzw. Kreditorenbuchhaltung zu vereinfachen, indem komplexe Zuordnungen von Belegen aus dem Kontoauszug an SAP Cash Application übergeben werden, wo dann der automatisierte Abgleich der Rechnungen erfolgt.

Mittlerweile ist SAP Cash Application Bestandteil des *SAP AI Core Service* und kann über die lizenzpflichtigen Scope Items 1MV für die automatisierte Verarbeitung von elektronischen Kontoauszügen bzw. 48Q für die automatische Avisverarbeitung eingesetzt werden.

! Rebranding der SAP Cloud Platform

SAP Cash Application ist eine Cloud-Lösung, die ursprünglich unter der Marke »SAP Cloud Platform (SAP CPI)« bereitgestellt wurde. Diese wurde im Jahr 2021 in »SAP Business Technology Platform (SAP BTP)« unbenannt.

5.1 Übersicht und Funktionen von Cash Application

Sehen wir uns zunächst den Funktionsumfang von SAP Cash Application etwas genauer an und welche Buchungen sich darüber optimieren lassen. Neben dem klassischen Abgleich bzw. Ausgleich von offenen Forderungen auf den Debitorenkonten sowie der Identifikation des Geschäftspartners kann auch die Verbuchung kreditorischer Lastschrifteinzüge (SEPA Direct Debit) automatisiert werden.

Damit die Kontoauszugspositionen automatisch ausgeglichen werden können bzw. damit wir Vorschläge für das automatische Lernen erhalten, müssen wir zunächst ein Modell für das maschinelle Lernen erstellen. Dazu müssen wir Jobs einplanen, die auf Basis von historischen Buchungen bzw. Transaktionen lernen und daraus Kontovorschläge für die automatische Verbuchung ableiten bzw. auf Grundlage der erstellten Kontovorschläge die Kontoauszugspositionen auch automatisch verbuchen. Für diese Vorschläge bzw. den Ausgleich müssen zusätzlich alle offenen Forderungen sowie die Kontoauszugspositionen an SAP Cash Application gesendet werden. Für diesen Cloud-Service stellt die SAP eigene Mandanten zur Verfügung, die in Test- und Produktivmandanten getrennt sind. Der *Testmandant* wird für den Lernprozess verwendet, über den auch das Lernmodell erstellt wird.

Erhalten Sie von Ihren Kunden ein Zahlungsavis, welches sich auf einen Zahlungseingang bezieht, dann haben Sie im Bereich von SAP Cash Application analog zum Ausgleich offener Posten die Möglichkeit, die Informationen aus dem Avis zu extrahieren und die damit gewonnenen Daten für den späteren Ausgleich der offenen Posten zu verwenden.

In Abbildung 5.1 sehen Sie, wie der Datenaustausch durchlaufen wird: In einem ersten Trainings- bzw. Lernprozess wird zunächst ein Modell auf Grundlage der historischen Ausgleichsinformationen erstellt, das im weiteren Verlauf auf Basis der elektronischen Kontoauszüge Ausgleichsvorschläge für die offenen Posten zurückliefert. Analog zur Verarbeitung der elektronischen Kontoauszüge finden wir das gleiche Prinzip bei den elektronischen Zahlungsavisen.

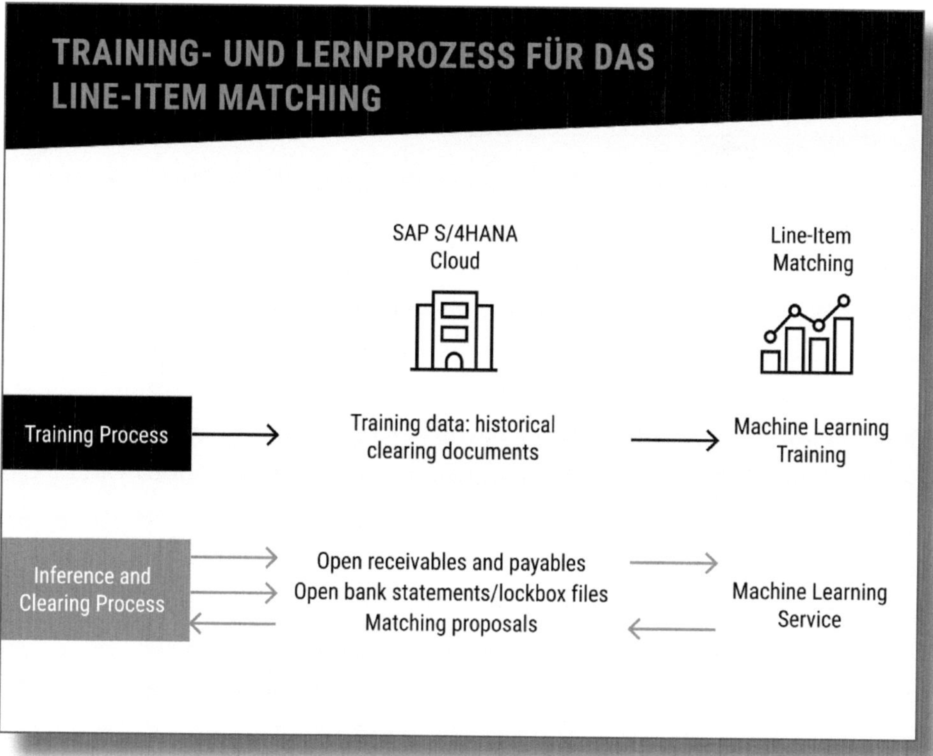

Abbildung 5.1: Datenaustausch in Cash Application

Nachdem die Belegpositionen des Kontoauszugs interpretiert worden sind, werden die Ergebnisse von SAP Cash Application an mehrere Stellen der Kontoauszugsnachbearbeitung zurückgeliefert. Zum einen finden Sie die interpretierten Belege in der Fiori-App »Kontoauszugspositionen nachbearbeiten«, wo Sie den Verarbeitungsprozess in SAP Cash Application über das Register Protokoll nachvollziehen können, zum anderen in der App »Nachbearbeitungsregeln für Kontoauszüge verwalten«. In dem Zusammenhang haben Sie die Option, Vorschläge für Nachbearbeitungsregeln von SAP Cash Application zu erhalten, die Sie im weiteren Verlauf automatisieren können.

Lockbox

Neben den hier erwähnten Lösungen für die Verarbeitung elektronischer Kontoauszüge bzw. Zahlungsavise kann SAP Cash Application auch für die Verarbeitung von Lockbox-Kontoauszügen verwendet werden.

5.1.1 Integration von SAP Cash Application (1MV)

Kommen wir nun zur Integration von SAP Cash Application in SAP S/4HANA bzw. zu den Voraussetzungen, die dafür erfüllt sein müssen. Wie bereits erwähnt, steht Ihnen das Scope Item 1MV erstmalig unter SAP S/4HANA mit dem Release 1709 FPS4 zur Verfügung. Der Einsatz von SAP Cash Application ist darüber hinaus bereits mit dem SAP ERP 6.0 SPS 14 wie auch unter allen Cloud-Editionen von SAP S/4HANA möglich.

Voraussetzungen

Damit Sie SAP Cash Application in Ihrem ERP-System (egal, ob ECC oder S/4HANA) verwenden können, müssen Sie zunächst das Customizing für die elektronische Kontoauszugsverarbeitung ausprägen (siehe Abschnitt 4.6). Da SAP Cash Application für den Ausgleich von offenen Posten ausgelegt ist, erstellen Sie dazu Buchungsregeln, die diesen Ausgleich ermöglichen. Einen ersten Überblick über Ihre aktuelle Buchungslogik und die Anzahl der verarbeiteten Belege bzw. Kontoauszüge erhalten Sie mithilfe des Reports ML_CASH_APP_STATS (siehe Abbildung 5.2).

Programm ML_CASHAPP_STATS

Company Code	Year	Total BS Item FEBEP	Cleared BS Itm(1) VB1OK & VB2OK= T	Open BS Item VB1OK / VB2OK= F	Customer Itm(2) KOART = D	KOART = S	Compressed Item from T033F	NBBLN or AKBLN is Filled	BELNR is Filled	NBBLN & AKBLN is Empty
1010		140	0	140	135	140	0	1	0	139
1010	2022	12	1	11	12	12	0	1	0	11
1710	2017	1	1	0	1	1	0	1	0	0
1710	2018	5	2	3	4	4	0	2	0	3

Company Code	Year	CASHAPP (1) & (2)
1010		0
1010	2022	1
1710	2017	1
1710	2018	2

Abbildung 5.2: Übersicht der Buchungslogik und verarbeiteten Belege

Eine weitere Voraussetzung für die Verarbeitung über SAP Cash Application ist der tägliche Import Ihrer elektronischen Kontoauszüge, der wahlweise automatisiert oder mithilfe der Apps »Eingangszahlungsdateien verwalten« bzw. »Kontoauszüge verwalten« für die Anlage manueller Kontoauszüge erfolgen kann.

! Batch-Input-Verarbeitung

Bitte beachten Sie, dass Sie Kontoauszüge im Zusammenhang mit SAP Cash Application nicht als Batch-Input verarbeiten können (Transaktion SM35). Die für die Belegbuchung bzw. den Ausgleich benötigten Informationen werden nicht in den Tabellen FEBEP-BELNR, FEBEP-NBBLNR und FEBEP-AKBLN registriert.

Zu guter Letzt sollten für das Trainingsmodell mindestens 10.000 historische Kontoauszugspositionen vorhanden sein, die für die späteren Trainings- bzw. Lernszenarien verwendet werden können.

Implementierung von SAP Cash Application

Nachdem die Voraussetzungen für die Integration abgestimmt sind, erfolgt nun die Implementierung auf dem S/4HANA-System. Wir wechseln dazu im SAP-Einführungsleitfaden in die Grundeinstellungen für SAP Cash Application über den Pfad INTEGRATION MIT ANDEREN SAP-KOMPONENTEN • INTEGRATION FÜR MASCHINELLES LERNEN • SAP CASH APPLICATION • GRUNDEINSTELLUNGEN. Hier aktivieren wir gemäß Abbildung 5.3 mittels Haken in dem oben links dafür vorgesehenen Feld das *Machine Learning*.

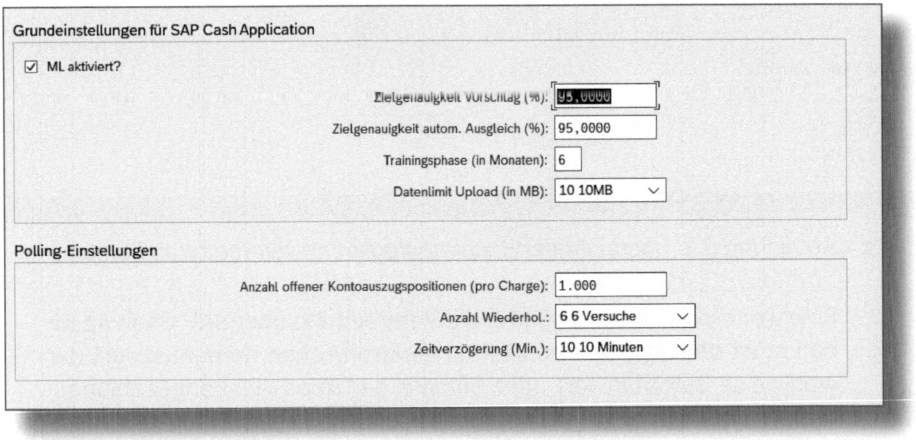

Abbildung 5.3: Grundeinstellungen für Cash Application

Hinterlegen Sie anschließend die ZIELGENAUIGKEIT für die offenen Positionsvorschläge sowie für den automatischen Ausgleich. Der Wert für den automatischen Ausgleich muss höher als oder gleich dem Wert für den Vorschlag sein. Hinterlegen Sie nun noch einen Wert für Ihre TRAININGSPHASE (IN MONATEN), also den Zeitraum, in dem Trainingsdaten gesammelt werden sollen. Legen Sie als weitere Einstellung ein DATENLIMIT fest, das Sie aus dem Backend an SAP Cash Application übertragen können.

Die Einstellungen für die Zielgenauigkeiten gelten global für alle Buchungskreise – möchten Sie pro Buchungskreis unterschiedliche Genauigkeiten einstellen, so ist dies über INTEGRATION MIT ANDEREN SAP-KOMPONENTEN • INTEGRATION FÜR MASCHINELLES LERNEN • SAP

CASH APPLICATION • ZIELGENAUIGKEIT AUF BUCHUNGSKREISEBENE FESTLEGEN durchführbar (siehe Abbildung 5.4).

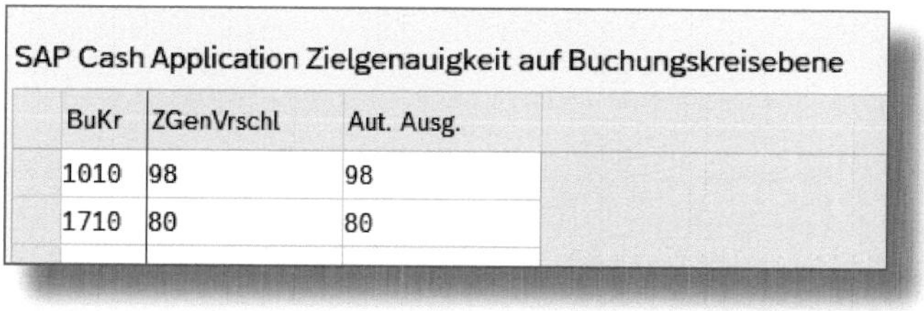

SAP Cash Application Zielgenauigkeit auf Buchungskreisebene

BuKr	ZGenVrschl	Aut. Ausg.
1010	98	98
1710	80	80

Abbildung 5.4: Einstellungen der Zielgenauigkeit auf Buchungskreisebene

Im Abschnitt POLLING-EINSTELLUNGEN können Sie die ANZAHL DER OFFENEN KONTOAUSZUGSPOSITIONEN hinterlegen, die in die Cloud versendet werden, wie auch die ANZAHL der WIEDERHOLUNGEN für den Abruf von Ergebnissen und den zeitlichen Abstand zwischen den Abrufversuchen.

Verbinden wir nun das S/4HANA-System mit SAP Cash Application. Hierfür bestehen zwei Optionen:

1. **Anbindung über Web Dynpro** (sofern in Ihrem System aktiv) – Voraussetzung dafür sind die aktiven SICF-Services
   - FPM_S4ML_CONFIG_WIZ,
   - FPM_S4ML_SETUP_WIZ und
   - OA2C_CONFIG.
2. **S4ML Configurations Wizard**
   Rufen Sie den Konfigurationsassistenten mithilfe der Transaktion S4ML_CASHAPP_CONFIG auf. Tragen Sie dort Ihre SM59 RFC-Destination ein.

Nachdem Sie die Verbindung zu SAP Cash Application hergestellt haben, sollten Sie sie testen. Sie können einen Verbindungstest ohne den Versand von Daten mithilfe der Transaktion SM59 durchführen – das zurückgegebene Ergebnis sollte ein HTTP-Status 405 sein, oder Sie testen die Konnektivität durch das Senden offener Posten.

Für die zweite Option starten Sie das Programm ML_CASH_APP_DATA_POST und wählen offene Posten aus, die in der BSID-Tabelle vorhanden sind (siehe Abbildung 5.5).

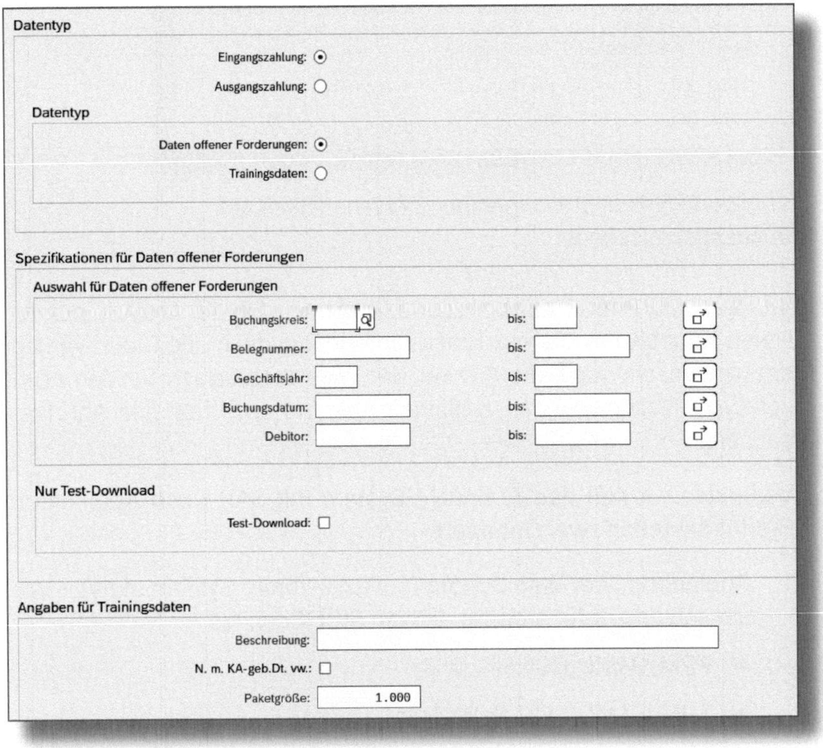

Datentyp

Eingangszahlung: ◉

Ausgangszahlung: ○

Datentyp

Daten offener Forderungen: ◉

Trainingsdaten: ○

Spezifikationen für Daten offener Forderungen

Auswahl für Daten offener Forderungen

Buchungskreis: bis:

Belegnummer: bis:

Geschäftsjahr: bis:

Buchungsdatum: bis:

Debitor: bis:

Nur Test-Download

Test-Download: ☐

Angaben für Trainingsdaten

Beschreibung:

N. m. KA-geb.Dt. vw.: ☐

Paketgröße: 1.000

Abbildung 5.5: Versand von offenen Posten in die Cloud-Umgebung

Konnte die Verbindung zu SAP Cash Application erfolgreich hergestellt werden, erhalten Sie eine Empfangsbestätigung über den gelungenen Upload.

Training und Debitoren-Jobs einplanen

Wie bereits eingangs erwähnt, setzt das Konzept von SAP Cash Application auf der Basis der Verarbeitung historischer Daten bzw. Verbuchungen auf. Dazu erfolgt eine Extraktion von Trainingsdaten, wobei

Kontoauszüge und deren ausgeglichene Rechnungen bzw. Gutschriften extrahiert und anschließend in die Cloud gesendet werden.

Danach wird der Trainingsprozess gestartet, der am Ende einen Benchmark-Bericht ausgibt. Neben dem Versand historischer Daten ist zusätzlich der Versand offener Posten notwendig, über den im weiteren Verlauf die sogenannte *Inferenz* erfolgt. Dabei werden offene Kontoauszugspositionen an SAP Cash Application gesendet und im Anschluss – nach dem Matching der Belegpositionen – wird ein *Inferenzergebnis* zurückgeliefert.

Kriterien, die für die Inferenz gültig sind

Damit eine Kontoauszugsposition zur Inferenz gesendet werden kann, müssen bestimmte Voraussetzungen erfüllt sein:

- Die Buchungsregel muss die Buchungsart 7 oder 8 beinhalten.
- Der Status des Belegs muss als »offen« gekennzeichnet sein (VB1OK und VB2OK müssen leer sein).
- Die Position darf zuvor nicht manuell geändert worden sein.

Das Ergebnis der Inferenz selbst ist im Register PROTOKOLL der jeweiligen Kontoauszugsnachbearbeitung (Nachbearbeitung über Fiori-App oder Transaktion FEB_BSPROC) hinterlegt.

Nach der Beschreibung des Trainingskonzepts mit den dahinterliegenden Aktivitäten erstellen wir nun die dazu passenden Jobs. Es stehen uns diverse *Jobvorlagen* zur Verfügung, die wir für die Einplanung verwenden können.

Funktionsweise der Jobvorlage

Die Jobvorlage verarbeitet nur Daten bzw. Buchungen und Ausgleiche von Belegen, die über die Anwendungen der Kontoauszugsverarbeitung gebucht worden sind. Buchungen, die nicht über die Nachbearbeitung erfolgt sind, werden nicht als Trainingsdaten verwendet.

Zunächst legen wir einen Trainingsjob an, mit dem wir das Modell von SAP Cash Application anhand der historischen Daten trainieren können. Rufen Sie dazu die App »Debitoren-Jobs einplanen« (ID F2366) auf und wählen Sie die Vorlage SAP CASH APPLICATION: TRAINING. Legen Sie dort das BUCHUNGSDATUM für den Zeitraum fest, den Sie für Trainingszwecke einplanen möchten (siehe Abbildung 5.6), schränken Sie auf einen BUCHUNGSKREIS ein und hinterlegen Sie eine BUCHUNGSREGEL für Ihre Kontoauszüge.

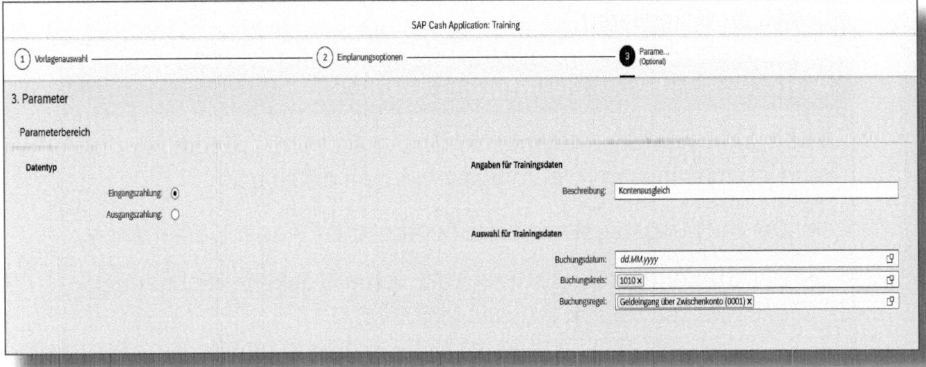

Abbildung 5.6: Anlage eines Cash-Application-Trainingsjobs

Über den DATENTYP links bestimmen Sie, ob Trainingsdaten für EINGANGS- oder AUSGANGSZAHLUNGEN übermittelt werden sollen. Planen Sie anschließend den Job für das Ersttraining ein. Ein Job kann für weitere *Auffrischungstrainings* mehrmals eingeplant werden.

Der nächste Job, den wir für den Prozess benötigen, ist der periodische Upload von offenen Posten. Wir verwenden dazu die Vorlage SAP CASH APPLICATION: UPLOAD OFFENER POSTEN, die wir ebenfalls über die Fiori-App »Debitoren-Jobs einplanen« prozessieren können (siehe Abbildung 5.7). Auch hier legen Sie über den Datentyp fest, ob Sie Eingangs- oder Ausgangsbelege hochladen möchten.

Des Weiteren können Sie im Abschnitt AUSWÄHLEN FÜR DATEN OFFENER POSTEN die Werte der offenen Posten für den Upload definieren bzw. einschränken.

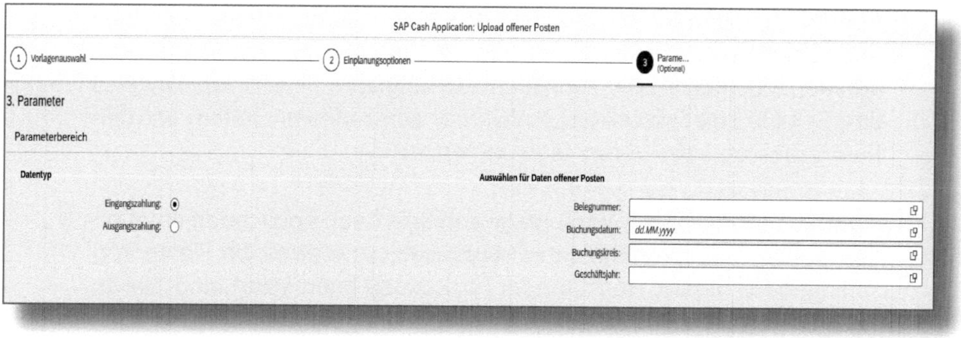

Abbildung 5.7: Anlage eines Jobs zum Upload offener Posten

Der dritte und letzte periodische Job, den wir einplanen, ist die Rückgabe der Ergebnisse von SAP Cash Application. Wir verwenden dazu ebenfalls die App »Debitoren-Jobs einplanen« und wählen dazu die Vorlage SAP CASH APPLICATION: AUTOMATISCHE KONTOAUSZUGSNACHBEARBEITUNG aus. Diese Vorlage bietet uns eine Reihe von Möglichkeiten, wie wir mit den Ergebnissen aus SAP Cash Application im Rahmen der Kontoauszugsnachbearbeitung weiter verfahren (siehe Abbildung 5.8).

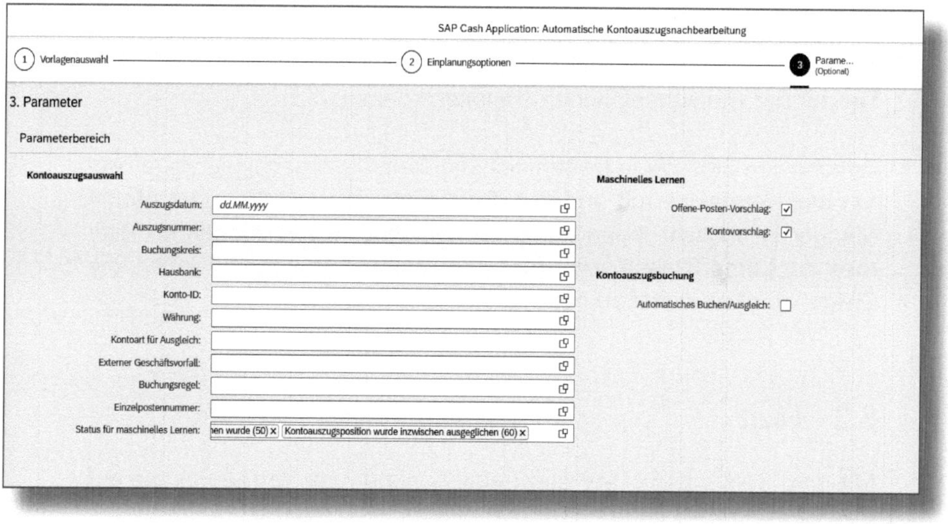

Abbildung 5.8: Anlage eines Jobs für die automatische Kontoauszugsnachbearbeitung

Außerdem finden wir im Abschnitt Kontoauszugsauswahl zahlreiche Auswahloptionen für Positionen, die wir aus SAP Cash Application verarbeiten möchten – oder auch nicht. So können wir hier beispielsweise den Status für maschinelles Lernen einschränken, indem wir den Rückgabestatus der Vorschläge begrenzen.

Falls Sie ausschließlich Vorschläge von SAP Cash Application empfangen wollen, markieren Sie unter Maschinelles Lernen, ob Sie an Vorschlägen für Offene Posten oder für Konten interessiert sind. Sollen die identifizierten Positionen automatisch ausgeglichen werden, dann markieren Sie unter Kontoauszugsbuchung das Feld Automatisches Buchen/Ausgleich.

5.1.2 Model Manager

Neben den Einstellungen in Ihrem S/4HANA-System steht Ihnen in der Cloud-Anwendung mit dem *Model Manager* noch ein weiteres Tool zur Verfügung, das Sie für die Überwachung und Verwaltung aller maschineller Lernmodelle nutzen können. Nach dem erfolgreichen Onboarding haben Sie Zugriff auf ein Cockpit, über das Sie die Trainingsmodelle wie auch die durchgeführten Trainingsläufe inklusive Status und Verlauf der Trainingseinheiten einsehen können.

Anhand von Statistiken lassen sich die Trainingsergebnisse visualisieren und Vergleiche mit anderen Trainingsläufen erstellen. Der Model Manger ermöglicht Ihnen damit umfassende Auswertungen im Rahmen der Lernprozesse von SAP Cash Application und hilft Ihnen, die Zielgenauigkeit weiter zu optimieren.

5.2 Fazit

Mit dem Scope Item 1MV steht eine Funktion zur Verfügung, die auf die automatische Verarbeitung von Eingangszahlungen optimiert ist. Durch den Einsatz von künstlicher Intelligenz zusammen mit einem dahinterliegenden Datenmodell ist diese Lösung eine ideale Kombination für den Massenzahlungsverkehr mit einem hohen Anteil an Zahlungseingängen. Dadurch kann der manuelle Nachbearbeitungsaufwand reduziert und über die unterschiedlichen bzw. periodischen Trainingsläufe eine gleichbleibende Qualität erreicht werden.

Mit dem Scope Item 4X8 haben wir ein vergleichbares Szenario, mit dem sich die Verarbeitung von Kontoauszügen optimieren lässt. Dieses Modell ist eher für die Breite ausgelegt, d. h., der Fokus liegt weniger auf dem Massenzahlungsverkehr und dessen Ausgleich, vielmehr können darüber beispielsweise Belege für die Hauptbuchhaltung automatisiert werden.

6 Der Werkzeugkasten für den elektronischen Kontoauszug

Im letzten Kapitel möchte ich Ihnen noch einige Hilfsmittel im SAP-Standard zeigen, mit denen Sie Ihr Set-up in der elektronischen Kontoauszugsverarbeitung weiter optimieren können. Stellen Sie sich daraus Ihren eigenen kleinen »Werkzeugkasten« zusammen, mit dessen Hilfe Sie bestehende Prozesse ausbauen.

Im SAP-Standard sind oftmals kleine, aber hilfreiche Funktionen in Form von Reports, Transaktionen oder Fiori-Apps versteckt, die nicht unbedingt auf Anhieb zu finden sind. In den nachfolgenden Abschnitten zeige ich Ihnen ein paar ausgewählte Funktionalitäten, mit deren Hilfe Sie Ihre Prozesse in der elektronischen Kontoauszugsverarbeitung bei Bedarf einfacher und effizienter gestalten können.

6.1 Erstellen von Dateien in unterschiedlichen Codepages

In seltenen Fällen kann es vorkommen, dass Ihre Hausbank eine über die *Payment Medium Workbench (PMW)* erstellte Zahlungsdatei in einer ANSI-Kodierung anfordert. Sie können dies zum einen erreichen, indem Sie in der Transaktion OBPM3 in den DOWNLOAD-EINSTELLUNGEN die CODEPAGE *1160* eintragen (siehe Abbildung 6.1).

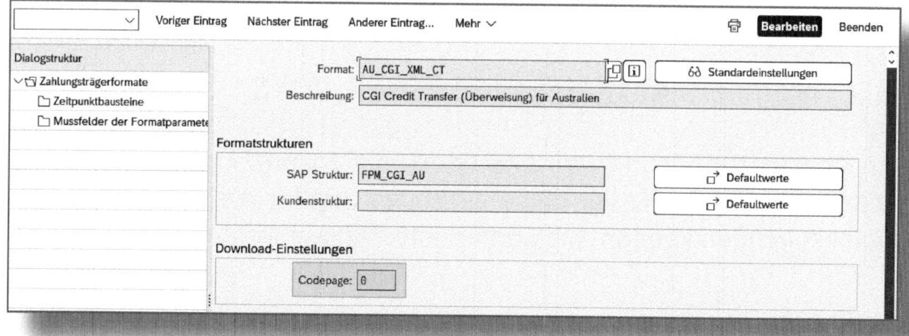

Abbildung 6.1: Definition der Codepage für den Download von Datenträgern

Zum anderen ist der Report FEB_MOVE_FILE geeignet, die Dateien in die geforderte Codepage zu konvertieren. Dazu starten Sie den Report, wählen das VERZEICHNIS mit Ihrer ORIGINALDATEI aus und tragen anschließend den DATEINAMEN sowie die ursprüngliche Codepage (SAP-ZEICHENSATZ) ein. Für die Konvertierung hinterlegen Sie analog dazu das Zielverzeichnis sowie den Dateinamen und die Codepage, unter der Sie die Datei abschließend speichern möchten (siehe Abbildung 6.2).

Originaldatei: Verzeichnis:	/tmp/ELKO/import/
Originaldatei: Dateiname:	Test16.txt
Originaldatei: SAP-Zeichensatz:	4120
Zieldatei: Verzeichnis:	/tmp/ELKO/archiv/
Zieldatei: Dateiname:	Ausgang2.txt
Zieldatei: SAP-Zeichensatz:	1160

Abbildung 6.2: Verzeichnisse für die Konvertierung von Dateien

! Auswahl der Verzeichnisse

Bei der Verarbeitung der Dateien werden die für die Transaktion FEB_FILE_HANDLING im Customizing hinterlegten Verzeichnisse verwendet. Die Originaldatei muss somit in einem Verzeichnis mit der Verwendung 1 (Dateien einlesen) liegen, die Zieldatei wird in ein Verzeichnis mit der Verwendung 3 (Dateien ablegen) geschrieben.

6.2 Reguläre Ausdrücke mit REGEX_TOYS

Im Abschnitt 4.7 haben wir uns den Funktionsumfang von Suchmustern angeschaut, wie wir diese aufbauen und für die Beleginterpretation verwenden können. Die Suchmuster für den elektronischen Kontoauszug setzen auf den *regulären Ausdrücken*, auch »Regex« genannt, auf. Bei Suchmustern werden die regulären Ausdrücke überwiegend für das Suchen und Ersetzen von Zeichenketten verwendet. Sie umfassen einen vorgegebenen Zeichenvorrat, der auf drei Operationen aufsetzt:

- Alternative,
- Verkettung und
- Wiederholungen.

Die Herausforderung für den Einsatz der Suchmuster in der elektronischen Kontoauszugsverarbeitung dürfte sein: »Wie kann ich über das Customizing der Suchmuster hinaus Tests durchführen, um ein besseres Verständnis für reguläre Ausdrücke zu bekommen?« Für diese Art Tests steht Ihnen im SAP-Standard der Report DEMO_REGEX_TOY zur Verfügung. Er wird bereits mit einem kleinen Beispiel ausgeliefert, das die Funktion der regulären Ausdrücke erläutert. Führen Sie das Beispiel aus, indem Sie in das Feld Regex den folgenden regulären Ausdruck eintragen:

```
(.AT)|(\<.at\>)
```

Diese Gruppe bzw. Bedingung enthält an der ersten Stelle eine Folge von drei Zeichen: (.AT). Das erste Zeichen (Punkt) ist in dem Fall ein beliebiges Einzelzeichen, die beiden darauffolgenden Zeichen sind ein `A` und ein `T`. Im zweiten Teil der Bedingung ist das erste Zeichen (Punkt) ebenfalls ein beliebiges Einzelzeichen, gefolgt von einem `at`. Hier setzen wir noch die beiden Zeichen `\<` und `\>` ein, um leere Zeichenketten am Wortanfang bzw. Wortende zu identifizieren.

Klicken Sie anschließend auf den Button Ausführen. Sie erhalten die in Abbildung 6.3 hervorgehobenen Übereinstimmungen.

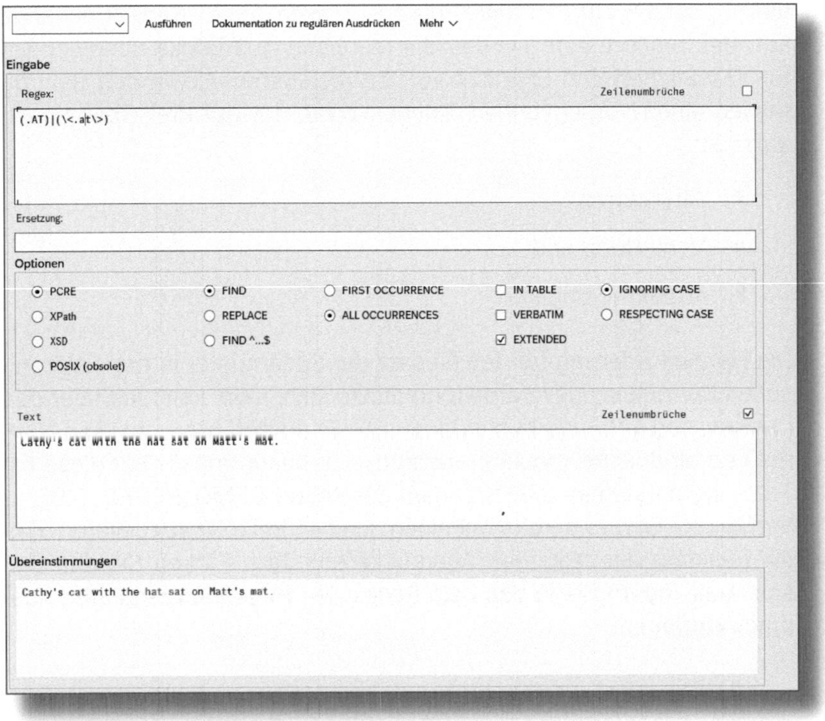

Abbildung 6.3: Übersicht der DEMO_REGEX_TOY

Schauen wir uns nun die gefundenen Übereinstimmungen im Detail an bzw. wie diese ermittelt wurden. Durch die Option IGNORING CASE wird in diesem Beispiel bei Übereinstimmungen die **Groß- und Kleinschreibung nicht berücksichtigt**, sodass alle Teilfolgen identifiziert werden, die mit »at« enden. In dem Fall sind es die Folgen »Cat«, »cat«, »hat«, »sat«, »Mat« und »mat«. Diese stimmen mit dem Ausdruck `.AT` überein. Mit dem Ausdruck `\<.at\>` stimmen die Bereiche »cat«, »hat«, »sat« und »mat« überein.

Hätten wir bei der Suche die **Groß- und Kleinschreibung berücksichtigt** (RESPECTING CASE), dann hätten wir mit dem Ausdruck .AT keine Fundstellen identifiziert. An der Stelle würden wir die Folgen »cat«, »hat«, »sat« und »mat« lediglich über den Ausdruck `\<.at\>` identifizieren.

Eine ausführliche DOKUMENTATION ZU DEN REGULÄREN AUSDRÜCKEN erhalten Sie, indem Sie auf den Button [Dokumentation zu regulären Ausdrücken] klicken, über den Sie direkt in die ABAP-Schlüsselwortdokumentation abspringen können.

6.3 Formatdaten für Eingangsdateien von Banken zuordnen

Mit dem Release SAP S/4HANA OP 2021 ist für das Formatmapping mit »Formatdaten für Eingangsdateien von Bank zuordnen« (ID F5608) eine neue Fiori-App verfügbar, mit deren Hilfe Sie ein Mapping für Ihre eingehenden Kontoauszüge anlegen können. Im Unterschied zu einem Formatmapping für XML-Kontoauszüge, das Sie mithilfe der in Abschnitt 4.16 beschriebenen Werkzeuge erstellen, ist mit dieser Fiori-App derzeit (S/4HANA OP2021 FPS2) lediglich das Mapping eingehender Kontoauszüge auf Basis von flachen Strukturen möglich. Vergleichbare Funktionalitäten finden Sie auch bei der Formatkonvertierung mit der *Data Medium Exchange Engine (DMEE)*. Weitere Informationen dazu finden Sie im Abschnitt 6.4.

Im SAP-Standard wird Ihnen bereits ein Standard-Mapping für SWIFT MT940-Kontoauszüge ausgeliefert, welches Sie als Formatvorlage für Ihre kundenspezifischen Mappings nutzen können (siehe Abbildung 6.4).

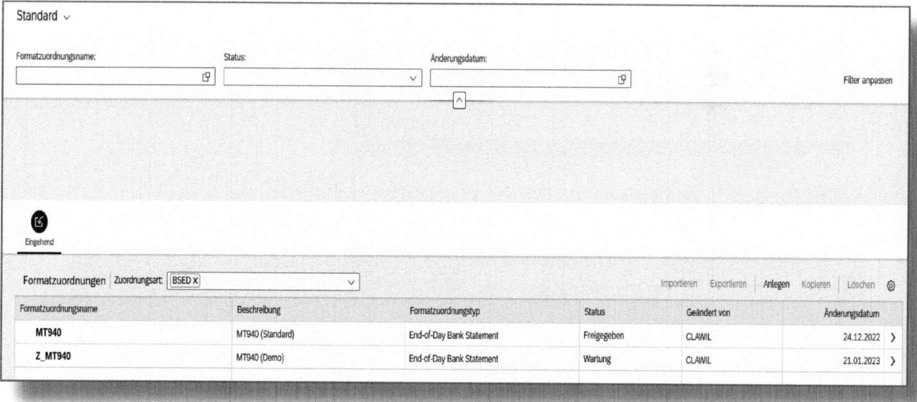

Abbildung 6.4: Formatvorlagen für Eingangsdateien

Die hier angelegten bzw. aktiven Formatzuordnungen können Sie anschließend beim Import von Kontoauszügen über die Fiori-App »Eingangszahlungsdateien verwalten« auswählen. In den nachfolgenden Abschnitten befassen wir uns mit den Möglichkeiten, die uns die Fiori-App bei der Anlage bzw. Verwaltung von Formaten zur Verfügung stellt.

Formatzuordnung anlegen

Über den Button Anlegen und die Zuordnungsart BSED legen wir nun ein Mapping an. Benennen Sie dazu im Feld NAME DER NEUEN FORMATZUORDNUNG das Mapping, hinterlegen Sie eine BESCHREIBUNG und wählen Sie unter FORMAT EINGEBEN das Mappingformat aus. Aktuell ist, wie oben angemerkt, an der Stelle nur die FLACHE STRUKTUR auswählbar. Hinterlegen Sie abschließend in der ZUORDNUNGSART noch den Wert BSED und bestätigen Sie die Eingabe mit OK (siehe Abbildung 6.5).

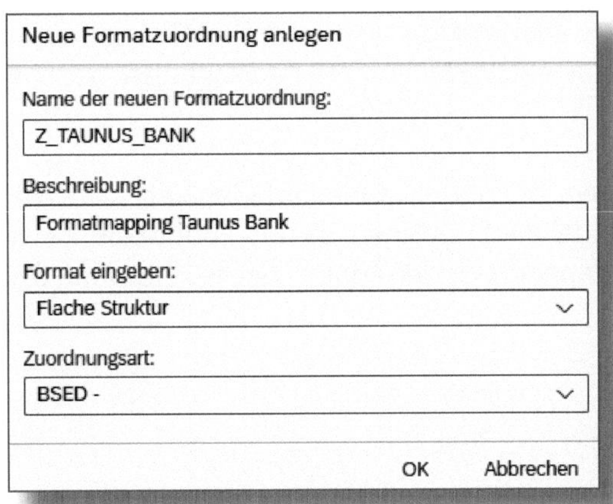

Abbildung 6.5: Anlage einer neuen Formatzuordnung

> **! Name der Formatzuordnung**
>
> Bitte beachten Sie, dass Sie die Formatzuordnungen in Ihrem kundeneigenen Namensraum anlegen.

Nachdem Sie das Format angelegt haben, befindet sich das Mapping im »Wartungsmodus«. Um das Mapping bearbeiten zu können, wechseln Sie über den BEARBEITEN-Button in die PFLEGEVERSION. Wenn Sie bereits mit der DMEE oder der erweiterten Data Medium Exchange Engine (DMEEX) gearbeitet haben, dann dürften Ihnen die Funktionen vertraut vorkommen, die Sie hier für Ihr Mapping finden (siehe Abbildung 6.6).

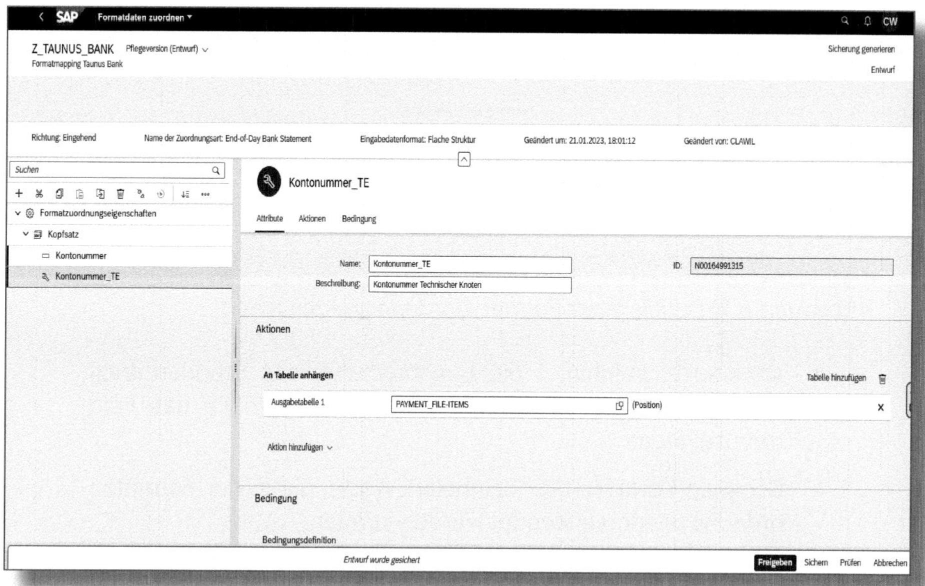

Abbildung 6.6: Übersicht des Formatmappings

So sehen Sie beispielsweise in der linken Hälfte die FORMATZUORDNUNGSEIGENSCHAFTEN, über die Sie Ihr eigentliches Mapping definieren. Diese enthalten die allgemeinen Eigenschaften des Mappings wie auch das jeweilige Verhalten der Eingangsformatzuordnung (siehe Abbildung 6.7).

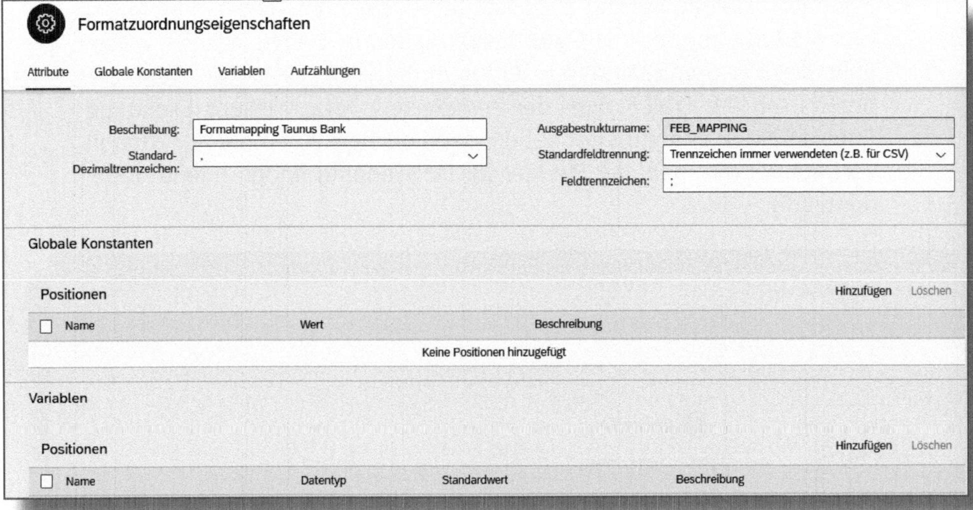

Abbildung 6.7: Details einer Formatzuordnungseigenschaft

- ATTRIBUTE: beinhaltet die Beschreibung, das Standard-Dezimaltrennzeichen, die Standardfeldtrennung sowie das Feldtrennzeichen.
- GLOBALE KONSTANTEN: beinhaltet Werte, die in der Formatzuordnung wiederverwendet werden können.
- VARIABLEN: beinhaltet unterschiedliche Positionen, die in der Formatzuordnung wiederverwendet werden können.
- AUFZÄHLUNGEN: beinhaltet eine Liste von Werten, die in der Formatzuordnung wiederverwendbar sind bzw. auf die referenziert werden kann.

Legen Sie einen neuen Knoten an, indem Sie auf den +-Button (vgl. Abbildung 6.6) klicken. Wählen Sie nun zunächst einen der folgenden Knotentypen aus:

- DATENSATZGRUPPEN: werden zum Gruppieren von Sätzen verwendet, die wiederum Datensätze, andere bzw. zusätzliche Datensatzgruppen oder Aktionsknoten enthalten können.

- Datensatz: umfasst einen Block an Informationen der Eingabedatei.
- Feldgruppen: werden zum Gruppieren von Feldern verwendet, die Felder, andere bzw. weitere Feldgruppen bzw. weitere Aktionsknoten enthalten können.
- Felder: beinhalten im Regelfall einen Datensatz an Eingabedaten. Im Feld wird angegeben, wie der Eingabefeldwert zugeordnet und später verarbeitet werden soll (Zielstruktur).
- Aktionsknoten: umfassen eine oder mehrere Aktionen, die beim Erreichen des Knotens bei der Verarbeitung der Eingabedatei durchgeführt werden.

Im Bearbeitungsmodus des Formatzuordnungsbaums können Sie eine Reihe von Aktionen durchführen. Markieren Sie dazu einen Knoten, um:

- neue Knoten anzulegen, wahlweise auf der gleichen oder untergeordneten Ebene,
- einen Knoten auszuschneiden, um ihn an anderer Stelle wieder einzufügen,
- einen Knoten zu kopieren,
- einen Knoten einzufügen,
- einen Knoten zu löschen,
- einen Knoten zu aktivieren oder zu deaktivieren,
- einen Knoten auf den Originalwert zurückzusetzen.

In Abhängigkeit davon, welchen Knotentyp Sie ausgewählt haben, können Sie nun noch die Knoteneigenschaften für das Mapping festlegen (siehe Abbildung 6.8).

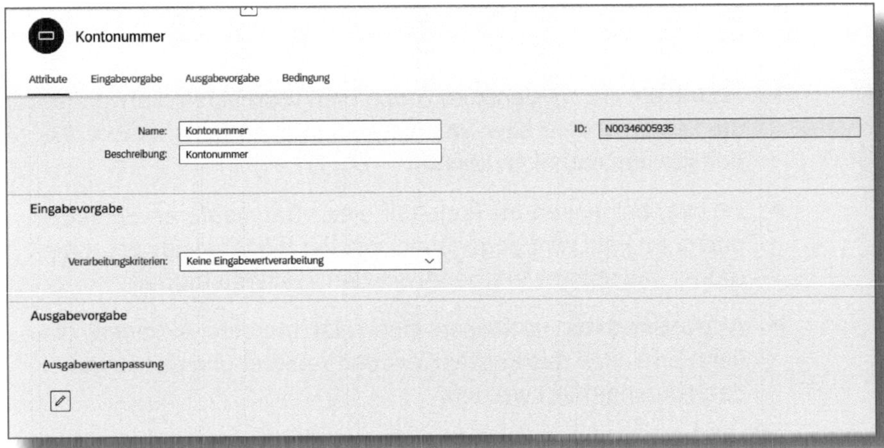

Abbildung 6.8: Details bzw. Knoteneigenschaften von Attributen

- ATTRIBUTE: enthält die allgemeinen Daten zu einem Knoten wie NAME, BESCHREIBUNG und die Knoten-ID.
- EINGABEVORGABE: ist nur für den Knotentyp »Feld« verfügbar und prüft bzw. definiert die Verarbeitungskriterien der Eingangsdatei.
- AUSGABEVORGABE: ist nur für den Knotentyp »Feld« verfügbar und legt fest, welcher vordefinierten Ausgabestruktur der Eingabewert zugeordnet werden soll.
- AKTIONEN: werden nur in Verbindung mit dem Aktionsknoten ausgeführt. In dem Zusammenhang können Ausgabetabellen für die verarbeiteten Eingabedateien angehängt sowie Variablen ausgewählt werden.
- BEDINGUNG: Legen Sie an der Stelle fest, ob ein Knoten in der Formatzuordnung beim Parsen der Datei verarbeitet werden soll. Über unterschiedliche Ausdrücke, beispielsweise Operatoren, Funktionen, globale Konstanten usw., können die Bedingungen gesteuert werden.

Sobald Sie alle Einstellungen vorgenommen haben, klicken Sie auf den Button PRÜFEN, um Ihr Mapping zu testen. Sind alle Zuordnungen korrekt durchgeführt, SICHERN Sie Ihre Einstellungen, die zunächst in einer

Pflegeversion gespeichert werden. Für die produktive Verwendung Ihres Mappings klicken Sie nun auf den FREIGEBEN-Button – Sie werden aufgefordert, einen Transportauftrag anzugeben. Gleichzeitig wird das Mapping nochmals auf mögliche Fehler geprüft. Sind in dem Mapping noch Fehler enthalten, müssen Sie diese zunächst korrigieren. Ist das Mapping fehlerfrei, kann es transportiert und für den Import von Kontoauszügen verwendet werden.

Formatzuordnungen kopieren

Möchten Sie eine neue Formatzuordnung anlegen, so können Sie stattdessen eine bestehende Zuordnung kopieren und ggf. ändern. Markieren Sie dazu in der Übersicht eine Formatzuordnung, die den Status FREIGEGEBEN hat, und klicken Sie auf den KOPIEREN-Button (siehe Abbildung 6.9).

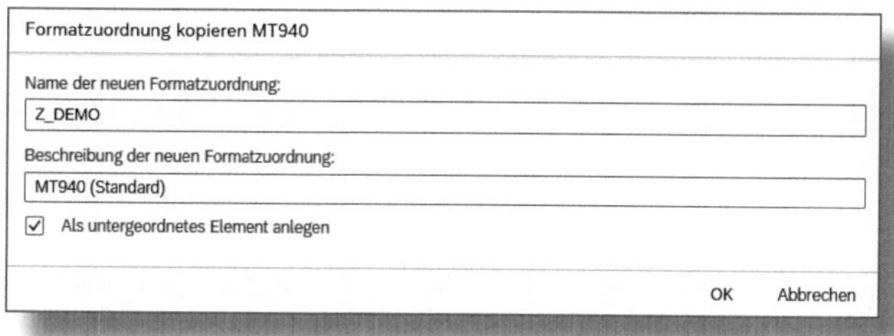

Abbildung 6.9: Kopieren einer Formatzuordnung

Hinterlegen Sie nun im Feld NAME DER NEUEN FORMATZUORDNUNG den Formatnamen im kundeneigenen Namensraum sowie eine BESCHREIBUNG DER NEUEN FORMATZUORDNUNG und setzen Sie einen Haken im Feld ALS UNTERGEORDNETES ELEMENT ANLEGEN. Drücken Sie anschließend den OK-Button – Sie haben nun eine neue Formatzuordnung im Wartungsmodus angelegt.

> **Kopieren von Formatzuordnungen**
>
> Beachten Sie beim Kopieren von Formatzuordnungen, dass Sie Zuordnungen, die den Status *Wartung* bzw. *Pflege* besitzen, nicht kopieren können.

Formatzuordnungen löschen

Möchten Sie eine Formatzuordnung entfernen, die nicht mehr benötigt wird, so markieren Sie die Zuordnung und klicken auf den Button Löschen. Bestätigen Sie die Eingabe – die Formatzuordnung wird anschließend gelöscht und aus der Hierarchie entfernt.

6.4 Formatkonvertierung eingehender DTA-Dateien mit DMEECONVERT

Im letzten Abschnitt haben Sie gesehen, welche Möglichkeiten die Fiori-Apps für eine Konvertierung eingehender Kontoauszüge bieten. Eine weitere Lösung ist ein Formatmapping über die Data DMEE. Diese Möglichkeit der Konvertierung steht bereits seit SAP ECC 6.0 zur Verfügung und kann auch unter S/4HANA weiterhin genutzt werden. Schauen wir uns dazu das von SAP ausgelieferte Beispiel etwas näher an.

Rufen Sie die Transaktion DMEE auf und wählen Sie als Baumtyp *MCSH* aus – als Formatbaum selektieren wir SAP_EXAMPLE (siehe Abbildung 6.10). Klicken Sie anschließend auf den Button Anzeigen, um das Beispielmapping aufzurufen.

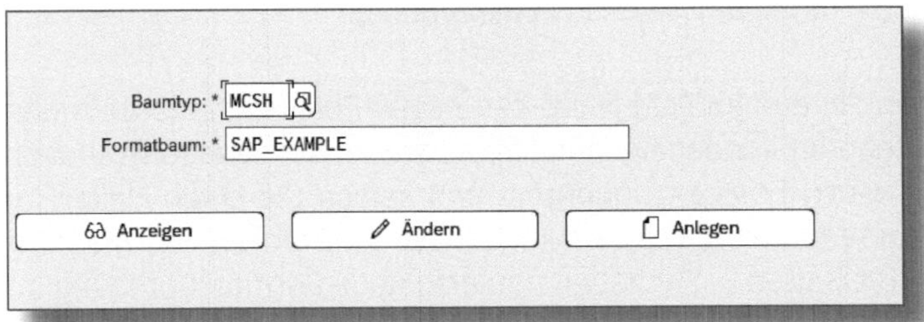

Abbildung 6.10: Formatkonvertierung eingehender Kontoauszüge

Während das Mapping die eingehenden Kontoauszüge über die Fiori-Apps einem SWIFT MT940-Format zuordnet, werden über das Formatmapping in der DMEE die Dateien in ein *Multicash-Format* konvertiert, und im weiteren Verlauf werden dazu eine *Auszug.txt*- und *Umsatz.txt*-

Datei erstellt. Das Mapping selbst baut auf einer flachen Dateistruktur auf und enthält vergleichbare Elemente wie beim Formatmapping ausgehender Zahlungsträger (siehe Abbildung 6.11). Sie können an der Stelle Segmente anlegen (links), die einen Satz in der Zieldatei darstellen, sowie Elemente (rechts), die ein Feld in der Zieldatei enthalten.

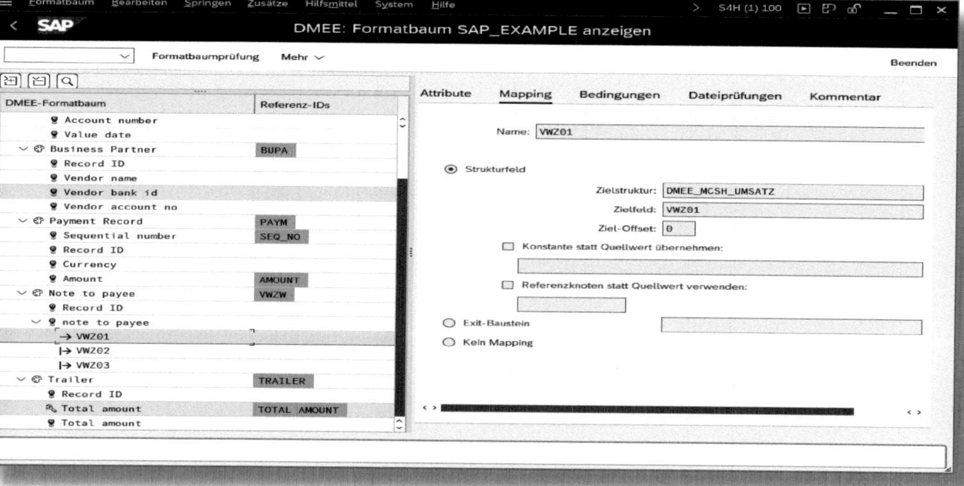

Abbildung 6.11: Beispielformatbaum eines Mappings

Für das Mapping selbst verwenden Sie die Strukturen und Zielfelder aus der DMEE_MCSH_AUSZUG bzw. DMEE_MCSH_UMSATZ.

Formatbaum SAP_EXAMPLE

Mit dem Formatbaum SAP_EXAMPLE haben Sie eine passende Vorlage für Ihre kunden- bzw. bankspezifischen Kontoauszüge. Kopieren Sie den Beispielbaum in Ihren eigenen Kundennamensraum und passen Sie das Mapping bei Bedarf nach Ihren Bedürfnissen an. Das Multicash-Format bietet Ihnen dazu eine Reihe von Feldern an, die Sie für ein umfangreiches Mapping verwenden können. Beachten Sie, dass die Testtools beim Typ MCSH nicht zur Verfügung stehen.

Nachdem wir auf Basis des ausgelieferten Formatbaums einen eigenen Baum bzw. ein Mapping erstellt haben, schauen wir uns den nächsten Schritt in der Verarbeitungskette an. Wir starten dazu den Report DMEECONVERT, um die eingehende Datei in das Multicash-Format zu konvertieren und anschließend direkt an die Kontoauszugsverarbeitung weiterzuleiten (siehe Abbildung 6.12).

Dazu hinterlegen Sie im Abschnitt der DMEE FORMATANGABEN Ihren zuvor definierten FORMATBAUM und hinterlegen in der Rubrik der eingehenden DTA-DATEI das Verzeichnis sowie den Dateinamen Ihres Kontoauszugs.

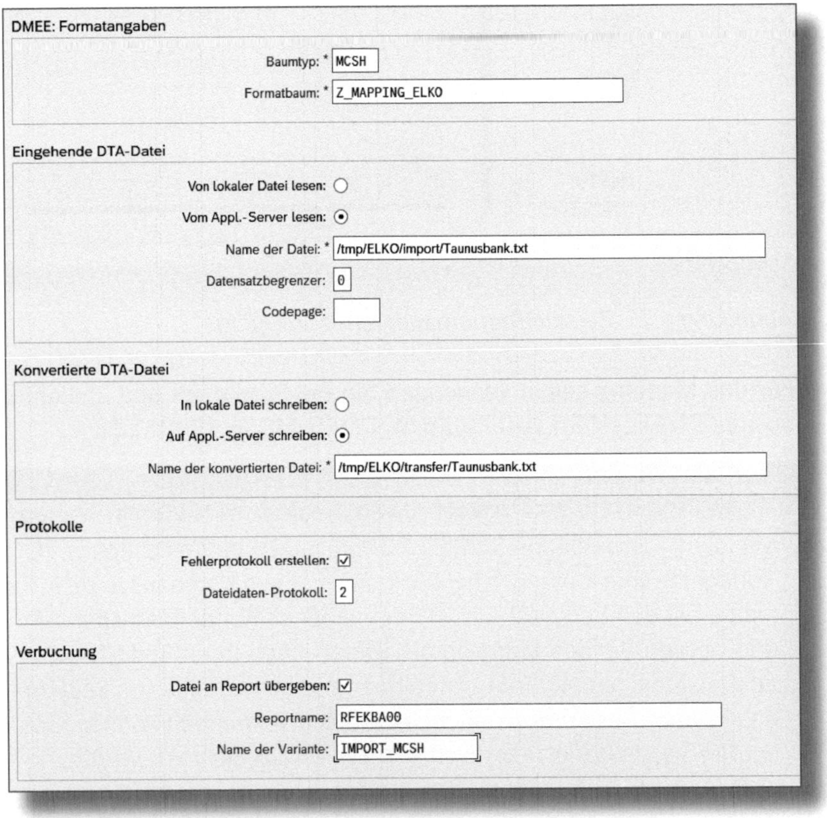

DMEE: Formatangaben
Baumtyp: * MCSH
Formatbaum: * Z_MAPPING_ELKO

Eingehende DTA-Datei
Von lokaler Datei lesen: ○
Vom Appl.-Server lesen: ⦿
Name der Datei: * /tmp/ELKO/import/Taunusbank.txt
Datensatzbegrenzer: 0
Codepage:

Konvertierte DTA-Datei
In lokale Datei schreiben: ○
Auf Appl.-Server schreiben: ⦿
Name der konvertierten Datei: * /tmp/ELKO/transfer/Taunusbank.txt

Protokolle
Fehlerprotokoll erstellen: ☑
Dateidaten-Protokoll: 2

Verbuchung
Datei an Report übergeben: ☑
Reportname: RFEKBA00
Name der Variante: IMPORT_MCSH

Abbildung 6.12: Detailübersicht des Reports DMEECONVERT

Hinterlegen Sie nun im Abschnitt Konvertierte DTA-Datei den Dateinamen und das Verzeichnis, unter dem die Datei nach der erfolgten Konvertierung gespeichert werden soll. Möchten Sie eine Protokollierung der Verarbeitung, dann markieren Sie das Feld Fehlerprotokoll erstellen und wählen dazu ein Dateidaten-Protokoll aus. Zum Abschluss rufen wir noch die Verbuchung der Kontoauszüge auf. Markieren Sie dazu das Feld Datei an Report übergeben und tragen Sie als Reportname *RFEBKA00* ein. Hinterlegen Sie noch den Namen der Variante, die Sie für die Verbuchung angelegt haben.

Starten Sie den Report mit den definierten Parametern. Die ursprüngliche Datei durchläuft nun die Konvertierung und erzeugt dabei die Dateien im Multicash-Format – auf Basis dieser Daten werden abschließend direkt der Import und die Verbuchung der Kontoauszüge gestartet.

6.5 Geschäftspartneridentifikation

Nicht immer ist es möglich, den Geschäftspartner im elektronischen Kontoauszug über den Verwendungszweck zu identifizieren bzw. es ist wünschenswert, einen Geschäftspartner zu erkennen, um auf diesem Weg die zu regulierenden Belege zu finden und auszugleichen.

Diese Anforderung ist nicht neu bzw. diese Möglichkeit besteht bereits seit dem Release ECC 6.0. Im Report RFEBBU10, also beim Interpretieren der Verwendungszweckzeilen, erfolgt die Suche nach dem Geschäftspartner. Dazu werden der Bankschlüssel wie auch das Bankkonto gesucht und dem Geschäftspartner zugeordnet – sofern diese in den Stammsätzen der Debitoren bzw. Kreditoren gepflegt sind.

Unter S/4HANA wurde die Identifikation des Geschäftspartners im elektronischen Kontoauszug nochmals erweitert. Sie können nun über den Identifikationstyp FARAP0 (ID from Payment Files), der im SAP-Standard neu ausgeliefert wurde, eine Ableitung des Geschäftspartners ermöglichen. Sie finden diesen im IMG-Einführungsleitfaden unter Anwendungsübergreifende Komponenten • SAP-Geschäfts-

Partner • Geschäftspartner • Grundeinstellungen • Identifikationsnummern • Identifikationstypen definieren (siehe Abbildung 6.13).

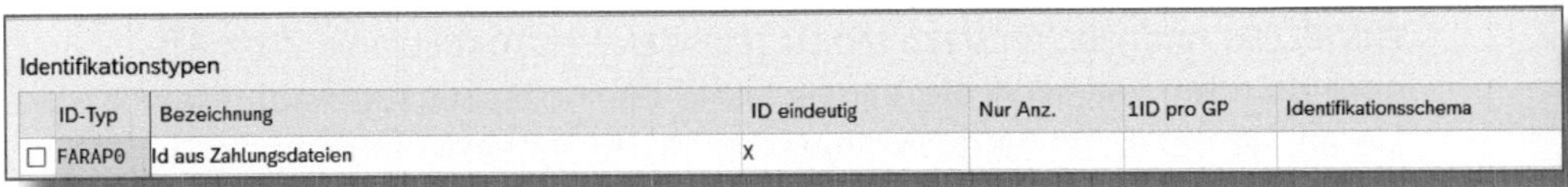

Identifikationstypen

	ID-Typ	Bezeichnung	ID eindeutig	Nur Anz.	1ID pro GP	Identifikationsschema
☐	FARAP0	Id aus Zahlungsdateien	X			

Abbildung 6.13: Identifikationstyp (ID-Typ) FARAP0 zur Geschäftspartneridentifikation

Im Menüpfad Anwendungsübergreifende Komponenten • SAP-Geschäftspartner • Geschäftspartner • Grundeinstellungen • Identifikationsnummern • Identifikationsarten definieren finden Sie die zugehörige Identifikationsart. Wechseln Sie nun in die Pflege des Geschäftspartners und hinterlegen Sie dort in der allgemeinen Geschäftspartnerrolle im Register Identifikation unter der ID-Art eine eindeutige Identifikation, die Sie aus dem Zahlungsbeleg ableiten und dem Geschäftspartner zuordnen können (siehe Abbildung 6.14).

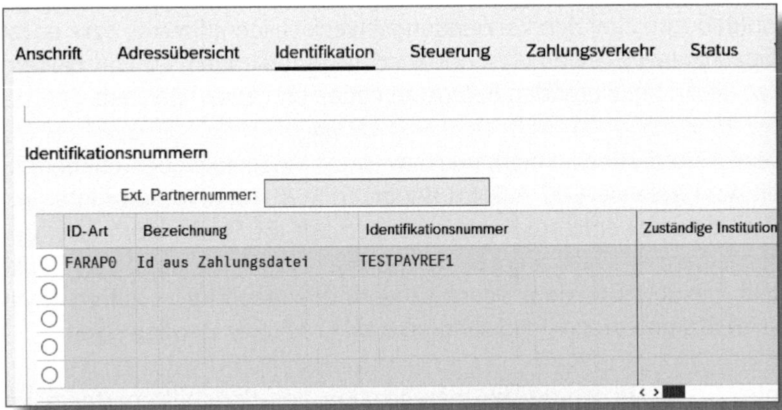

Anschrift | Adressübersicht | Identifikation | Steuerung | Zahlungsverkehr | Status

Identifikationsnummern

Ext. Partnernummer:

	ID-Art	Bezeichnung	Identifikationsnummer	Zuständige Institution
○	FARAP0	Id aus Zahlungsdatei	TESTPAYREF1	
○				
○				
○				
○				

Abbildung 6.14: Zuordnung der ID-Art im Geschäftspartner

Das System kann an der Stelle den Geschäftspartner aber nur dann identifizieren, wenn Sie ihm zusätzlich die Rollen *Debitor FLCU00* bzw. *Kreditor FLVN00* zuordnen.

In einem weiteren Schritt müssen Sie noch das Business Add-In (BAdI) FAR_IDENTIFY_FILE_BUPA implementieren, welches die Eingabedaten und den identifizierten Geschäftspartner übergibt.

Bei der Ermittlung des Geschäftspartners wird zunächst die Suche über die Bankverbindung durchlaufen. Ist diese nicht erfolgreich, wird in einem zweiten Schritt versucht, den Geschäftspartner über den ID-Typ zu ermitteln. In beiden Fällen wird in einem letzten Schritt das BAdI für die Geschäftspartnerfindung einer Zahlungsdatei aufgerufen.

Testreport zur Geschäftspartneridentifikation

Mit dem Report RP_FAR_IDENTIFY_FILE_BUPA steht Ihnen ein Testprogramm zur Verfügung, über das Sie die Ermittlung der Geschäftspartner testen können.

7 Ausblick

Im Rahmen des Customizings oder auch im Tagesgeschäft kommt nicht selten die Frage auf »Das müsste doch gehen?« oder »Fehlt da nicht etwas, was wir für unsere Prozesse benötigen?«, und man beginnt oftmals mit einer Eigenentwicklung, um diese vermeintlichen Lücken zu schließen. Der SAP-Standard bietet eine Reihe von Werkzeugen in Form von Reports – unter SAP S/4HANA nun verstärkt auch in Fiori-Apps – mit denen sich die Prozesse in der elektronischen Kontoauszugsverarbeitung optimieren lassen – man muss nur wissen, wo sie verborgen sind.

Sie haben in diesem Buch einige dieser Hilfsmittel kennengelernt, mit denen Sie beispielsweise Ihre Kenntnisse der regulären Ausdrücke vertiefen oder auch ein Formatmapping für proprietäre Kontoauszugsformate erstellen können – in der SAP GUI oder alternativ in einer der neuen Fiori-Apps. Weitere Tipps und Tricks gibt es natürlich reichlich, würden aber den Rahmen an der Stelle sprengen.

Um Ihren persönlichen »Werkzeugkasten« aktuell zu halten, lohnt sich der regelmäßige Besuch der Seite *www.wikipamyents.de*, wo wir immer wieder kleinere Tools für die erleichterte Administration sowie die elektronische Verarbeitung von Kontoauszügen vorstellen.

A Über den Autor

Claus Wild begann seine berufliche Laufbahn als SAP-Inhouse-Berater eines internationalen Konzerns. 25 Jahre lang betreute er als Projektmanager insbesondere den Zahlungsverkehr und das Cash Management. Außerdem entwickelte er Konzepte für die Integration von FinTech-Lösungen in den SAP-Zahlungsverkehr.

Claus Wild ist Gründer und Geschäftsführer der Payyxtron GmbH. Seit 2018 bietet er mit seiner Firma Beratungen zum Cash- und Liquiditätsmanagement und zum elektronischen Zahlungsverkehr mit SAP an. Darüber hinaus ist er in diesen Bereichen als Trainer für die SAP tätig. Des Weiteren betreibt er im Namen der Payyxtron GmbH das Forum www.wikipayments.de. Dort gibt er praxisnahe Tipps zur Effektivitätssteigerung rund um das Cash- und Liquiditätsmanagement sowie den Zahlungsverkehr mit SAP.

Zu seinen Veröffentlichungen bei Espresso Tutorials gehören die Bücher »SEPA und SAP«, »Neuerungen im Kontoauszug in SAP® ERP«, »Schnelleinstieg in SAP S/4HANA Finance« sowie das nun vorliegende »Praxishandbuch Kontoauszug in SAP S/4HANA«.

B Index

C

D

E

F

G

P

R

S

T

U

V

W

X

Z

C Disclaimer

Die in diesem Werk wiedergegebenen Gebrauchsnamen, Handelsnamen, Warenbezeichnungen usw. können auch ohne besondere Kennzeichnung Marken sein und als solche den gesetzlichen Bestimmungen unterliegen. Sämtliche in diesem Werk abgedruckten Bildschirmabzüge unterliegen dem Urheberrecht der SAP SE, Dietmar-Hopp-Allee 16, 69190 Walldorf.

In dieser Publikation wird auf Produkte der SAP SE Bezug genommen. SAP, R/3, SAP NetWeaver, Duet, PartnerEdge, ByDesign, SAP BusinessObjects Explorer, StreamWork und weitere im Text erwähnte SAP-Produkte und -Dienstleistungen sowie die entsprechenden Logos sind Marken oder eingetragene Marken der SAP SE in Deutschland und anderen Ländern. Business Objects und das Business-Objects-Logo, BusinessObjects, Crystal Reports, Crystal Decisions, Web Intelligence, Xcelsius und andere im Text erwähnte Business-Objects-Produkte und -Dienstleistungen sowie die entsprechenden Logos sind Marken oder eingetragene Marken der Business Objects Software Ltd. Business Objects ist ein Unternehmen der SAP SE. Sybase und Adaptive Server, iAnywhere, Sybase 365, SQL Anywhere und weitere im Text erwähnte Sybase-Produkte und -Dienstleistungen sowie die entsprechenden Logos sind Marken oder eingetragene Marken der Sybase Inc. Sybase ist ein Unternehmen der SAP SE. Alle anderen Namen von Produkten und Dienstleistungen sind Marken der jeweiligen Firmen. Die Angaben im Text sind unverbindlich und dienen lediglich zu Informationszwecken. Produkte können länderspezifische Unterschiede aufweisen.

Der SAP-Konzern übernimmt keinerlei Haftung oder Garantie für Fehler oder Unvollständigkeiten in dieser Publikation. Der SAP-Konzern steht lediglich für SAP-Produkte und -Dienstleistungen nach der Maßgabe ein, die in der Vereinbarung über die jeweiligen Produkte und Dienstleistungen ausdrücklich geregelt ist. Aus den in dieser Publikation enthaltenen Informationen ergibt sich keine weiterführende Haftung.

Weitere Bücher von Espresso Tutorials

Marc Müller:

Praxishandbuch SAP®-Zahllauf –

2., erweiterte Auflage

- Payment Medium Workbench (PMW) und Data Medium Exchange Engine (DMEE) verständlich erklärt
- Praxisbeispiele und Tipps für den Zahlungsverkehr im In- und Ausland
- Customizing für Kontenfindung, Zahlwegzusätze, Avisversand und Formularsteuerung
- Was ändert sich mit der Einführung von SAP S/4HANA?

http://5249.espresso-tutorials.de

Claus Wild:

Praxishandbuch Cash Management in SAP S/4HANA® Finance

- Grundlagen der neuen Bankkontenverwaltung (BAM)
- Funktionsmerkmale von Cash Operations, ELKO und Liquiditätssteuerung
- One Exposure from Operations als zentraler Datenspeicherort
- Inkl. grundlegender Einstellungen im SAP S/4HANA-Customizing

http://5250.espresso-tutorials.de

Karlheinz Weber, Christine Frühwirth:

Praxishandbuch Kreditorenbuchhaltung in SAP S/4HANA®

- Purchase-to-Pay: von der Bestellung bis zur Zahlung
- Periodenabschluss und Analysemöglichkeiten im Kreditorenbereich
- Details und Tipps zu den relevanten Fiori-Apps
- Vermittlung anhand eines durchgängigen Praxisbeispiels

http://5471.espresso-tutorials.de

Prof. Dr. Peter Preuss, Martin Schmidt:

Konzernreporting mit SAP S/4HANA® Finance for Group Reporting

- Grundlagen des Group Reportings
- Systemeinstellungen zu den Konsolidierungsfunktionen
- Konzerndatenanalyse mit Fiori Analytical Apps
- Zahlreiche Anwendungsbeispiele

http://5491.espresso-tutorials.de

Janet Salmon:

Schnelleinstieg in SAP S/4HANA® Finance –
2., erweiterte Auflage

- Grundlagen von SAP S/4HANA Finance
- Die neue Architektur und SAP Fiori
- Migrationsschritte für SAP S/4HANA Finance
- Alternative Bereitstellungsoptionen

http://5554.espresso-tutorials.de

Karlheinz Weber, Christine Werschitz:

Praxishandbuch Debitorenbuchhaltung in SAP S/4HANA® (FI-AR)

- Order-to-Cash: vom Kundenauftrag bis zum Zahlungseingang
- Periodenabschluss und Analysemöglichkeiten im Debitorenbereich
- Details und Tipps zu den relevanten Fiori-Apps
- Vermittlung anhand eines durchgängigen Praxisbeispiels

https://es-tu.de/JT6d